月刊誌

毎月20日発売
本体954円

予約購読のおすすめ

本誌の性格上、配本書店が限られます。**郵送料弊社負担**にて確実にお手元へ届くお得な予約購読をご利用下さい。

年間 11000円
　　　（本誌12冊）

半年 5500円
　　　（本誌6冊）

予約購読料は**税込み価格**です。

なお、SGCライブラリのご注文については、予約購読者の方には、商品到着後のお支払いにて承ります。

お申し込みはとじ込みの振替用紙をご利用下さい！

サイエンス社

数理科学特集一覧

63 年/7～19 年/12 省略
2020 年/1 量子異常の拡がり
/2 ネットワークから見る世界
/3 理論と計算の物理学
/4 結び目的思考法のすすめ
/5 微分方程式の《解》とは何か
/6 冷却原子で探る量子物理の
　最前線
/7 AI 時代の数理
/8 ラマヌジャン
/9 統計的思考法のすすめ
/10 現代数学の捉え方［代数編］
/11 情報幾何学の探究
/12 トポロジー的思考法のすすめ
2021 年/1 時空概念と物理学の発展
/2 保型形式を考える
/3 カイラリティとは何か
/4 非ユークリッド幾何学の数理
/5 力学から現代物理へ
/6 現代数学の眺め
/7 スピンと物理
/8 《計算》とは何か
/9 数理モデリングと生命科学
/10 線形代数の考え方
/11 統計物理が拓く
　数理科学の世界
/12 離散数学に親しむ

2022 年/1 普遍的概念から拡がる
　物理の世界
/2 テンソルネットワークの進展
/3 ポテンシャルを探る
/4 マヨラナ粒子をめぐって
/5 微積分と線形代数
/6 集合・位相の考え方
/7 宇宙の謎と魅力
/8 複素解析の探究
/9 数学はいかにして解決するか
/10 電磁気学と現代物理
/11 作用素・演算子と数理科学
/12 量子多体系の物理と数理
2023 年/1 理論物理に立ちはだかる
　「符号問題」
/2 極値問題を考える
/3 統計物理の視点で捉える
　確率論
/4 微積分から始まる解析学の
　厳密性
/5 数理で読み解く物理学の世界
/6 トポロジカルデータ解析の
　拡がり
/7 代数方程式から入る代数学の
　世界
/8 微分形式で書く・考える
/9 情報と数理科学

/10 素粒子物理と物性物理
/11 身近な幾何学の世界
/12 身近な現象の量子論
2024 年/1 重力と量子力学
/2 曲線と曲面を考える
/3 《グレブナー基底》のすすめ
/4 データサイエンスと数理モデル
/5 トポロジカル物質の
　物理と数理
/6 様々な視点で捉えなおす
　〈時間〉の概念
/7 数理に現れる双対性
/8 不動点の世界
/9 位相的 K 理論をめぐって
/10 生成 AI のしくみと数理
/11 拡がりゆく圏論
/12 使う数学，使える数学
2025 年/1 量子力学の軌跡
/2 原子核・ハドロン物理学の探究
/3 量子群の世界
/4 《多様体》の探求

「数理科学」のバックナンバーは下記の書店・生協の自然科学書売場で特別販売しております

紀伊國屋書店本店(新　宿)
くまざわ書店八王子店
書泉グランデ(神　田)
三 省 堂 本 店(神　田)
ジュンク堂池袋本店
丸善丸の内本店(東京駅前)
丸 善 日 本 橋 店
MARUZEN 多摩センター店
丸善ラゾーナ川崎店
ジュンク堂吉祥寺店
ブックファースト新宿店
ジュンク堂立川高島屋店
ブックファースト青葉台店(横　浜)
有隣堂伊勢佐木町本店(横　浜)
有 隣 堂 西 口(横　浜)
有 隣 堂 アトレ川崎店
有 隣 堂 厚 木 店
くまざわ書店橋本店
ジュンク堂盛岡店
丸 善 津 田 沼 店
ジュンク堂新潟店
ジュンク堂大阪本店
紀伊國屋書店梅田店(大　　阪)

MARUZEN & ジュンク堂梅田店
ジュンク堂三宮店
ジュンク堂三宮駅前店
喜久屋書店倉敷店
MARUZEN 広 島 店
紀伊國屋書店福岡本店
ジュンク堂福岡
丸 善 博 多 店
ジュンク堂鹿児島店
紀伊國屋書店新潟店
紀伊國屋書店札幌店
MARUZEN & ジュンク堂札幌店
ジュンク堂秋田店
ジュンク堂郡山店
鹿島ブックセンター(いわき)

──大学生協・売店──
東 京 大 学 本郷・駒場
東京工業大学 大岡山・長津田
東京理科大学 新宿
早稲田大学 理工学部
慶応義塾大学 矢上台
福 井 大 学
筑 波 大 学 大学会館書籍部
埼 玉 大 学
名古屋工業大学・愛知教育大学
大阪大学・神戸大学 ランス
京 都 大 学・九州工業大学
東 北 大 学 理薬・工学
室蘭工業大学
徳 島 大 学 常三島
愛 媛 大 学 城北
山 形 大 学 小白川
島 根 大 学
北 海 道 大 学 クラーク店
熊 本 大 学
名 古 屋 大 学
広 島 大 学 (北１店)
九 州 大 学 (理系)

SGCライブラリ-199

微分方程式の数値解析と
データサイエンス

宮武 勇登・佐藤 峻 共著

サイエンス社

SGCライブラリ

表示価格はすべて税抜きです

(The Library for Senior & Graduate Courses)

近年，特に大学理工系の大学院の充実はめざましいものがあります．しかしながら学部上級課程並びに大学院課程の学術的テキスト・参考書はきわめて少ないのが現状であります．本ライブラリはこれらの状況を踏まえ，広く研究者をも対象とし，**数理科学諸分野および諸分野の相互に関連する領域**から，現代的テーマやトピックスを順次とりあげ，時代の要請に応える魅力的なライブラリを構築してゆこうとするものです．装丁の色調は，

数学・応用数理・統計系（黄緑），**物理学系**（黄色），**情報科学系**（桃色），

脳科学・生命科学系（橙色），**数理工学系**（紫），**経済学等社会科学系**（水色）と大別し，漸次各分野の今日的主要テーマの網羅・集成をはかってまいります．

※ SGC1〜135 省略（品切含）

136 例題形式で探求する代数学のエッセンス
小林正典著　本体 2130 円

139 ブラックホールの数理
石橋明浩著　本体 2315 円

140 格子場の理論入門
大川正典・石川健一共著　本体 2407 円

141 複雑系科学への招待
坂口英継・本庄春雄共著　本体 2176 円

143 ゲージヒッグス統合理論
細谷裕著　本体 2315 円

145 重点解説 岩澤理論
福田隆著　本体 2315 円

146 相対性理論講義
米谷民明著　本体 2315 円

147 極小曲面論入門
川上裕・藤森祥一共著　本体 2250 円

148 結晶基底と幾何結晶
中島俊樹著　本体 2204 円

151 物理系のための 複素幾何入門
秦泉寺雅夫著　本体 2454 円

152 粗幾何学入門
深谷友宏著　本体 2320 円

154 新版 情報幾何学の新展開
甘利俊一著　本体 2600 円

155 圏と表現論
浅芝秀人著　本体 2600 円

156 数理流体力学への招待
米田剛著　本体 2100 円

158 M 理論と行列模型
森山翔文著　本体 2300 円

159 例題形式で探求する複素解析と幾何構造の対話
志賀啓成著　本体 2100 円

160 時系列解析入門 [第 2 版]
宮野尚哉・後藤田浩共著　本体 2200 円

163 例題形式で探求する集合・位相
丹下基生著　本体 2300 円

165 弦理論と可積分性
佐藤勇二著　本体 2500 円

166 ニュートリノの物理学
林青司著　本体 2400 円

170 一般相対論を超える重力理論と宇宙論
向山信治著　本体 2200 円

171 気体液体相転移の古典論と量子論
國府俊一郎著　本体 2200 円

172 曲面上のグラフ理論
中本敦浩・小関健太共著　本体 2400 円

174 調和解析への招待
澤野嘉宏著　本体 2200 円

175 演習形式で学ぶ特殊相対性理論
前田恵一・田辺誠共著　本体 2200 円

176 確率論と関数論
厚地淳著　本体 2300 円

178 空間グラフのトポロジー
新國亮著　本体 2300 円

179 量子多体系の対称性とトポロジー
渡辺悠樹著　本体 2300 円

180 リーマン積分からルベーグ積分へ
小川卓克著　本体 2300 円

181 重点解説 微分方程式とモジュライ空間
廣惠一希著　本体 2300 円

183 行列解析から学ぶ量子情報の数理
日合文雄著　本体 2600 円

184 物性物理とトポロジー
窪田陽介著　本体 2500 円

185 深層学習と統計神経力学
甘利俊一著　本体 2200 円

186 電磁気学探求ノート
和田純夫著　本体 2650 円

187 線形代数を基礎とする 応用数理入門
佐藤一宏著　本体 2800 円

188 重力理論解析への招待
泉圭介著　本体 2200 円

189 サイバーグ–ウィッテン方程式
笹平裕史著　本体 2100 円

190 スペクトルグラフ理論
吉田悠一著　本体 2200 円

191 量子多体物理と人工ニューラルネットワーク
野村悠祐・吉岡信行共著　本体 2100 円

192 組合せ最適化への招待
垣村尚徳著　本体 2400 円

193 物性物理のための 場の理論・グリーン関数[第 2 版]
小形正男著　本体 2700 円

194 演習形式で学ぶ一般相対性理論
前田恵一・田辺誠共著　本体 2600 円

195 測度距離空間の幾何学への招待
塩谷隆著　本体 2800 円

196 圏論的ホモトピー論への誘い
栗林勝彦著　本体 2200 円

197 重点解説 モンテカルロ法と準モンテカルロ法
鈴木航介・合田隆共著　本体 2300 円

198 量子電磁力学への招待
早川雅司著　本体 2400 円

199 微分方程式の数値解析とデータサイエンス
宮武勇登・佐藤峻共著　本体 2300 円

まえがき

近年，データサイエンスの分野において微分方程式が積極的に活用されている．データサイエンスの定義は文脈に依存するが，具体的には以下のような応用が挙げられる：

- 現象の観測データに基づく微分方程式のパラメータ推定．
- 画像処理分野における微分方程式の活用（ニューラルネットワークを微分方程式で記述する ODE-Net などを含む）．

前者は古くから研究されている問題設定であるのに対し，後者は相対的には新しいトピックである．しかし，いずれもデータを活用し，多くの場合「逆問題」的問題背景があるという共通点がある．

微分方程式を現代科学で応用する際には，解の理論的考察に加えて，数値計算による近似解の構成が不可欠である．一般的な微分方程式の数値解析の入門書では，精度の高い解法やその数学的理論が説明されている．主に順問題を精度良く解くことに焦点が置かれていることが多いものの，これらの手法はデータサイエンスにおいても有用である．しかし，数値解析の専門家から見ると，必ずしも適切ではない解法が選択されていたり，より適切な手法が存在するような場合も少なくない．一方で，データサイエンスを意識して開発された数値解法が，順問題として物理分野で現れる微分方程式を解くための数値解法として応用される例も増えている．こうした状況を踏まえ，データサイエンスへの応用や関連を意識した微分方程式の数値解析の入門的書籍を執筆することにした．

微分方程式と一口に言っても，常微分方程式，偏微分方程式，確率微分方程式など，対象は広範である（それぞれ，さらに多くの分類がある）．さらに，数値解法にも多様なアプローチが存在し，例えば偏微分方程式に対する空間離散化手法だけを取っても，差分法，有限要素法，有限体積法など多岐にわたる．本書では，これらを広く浅く扱うのではなく，常微分方程式の初期値問題と，Runge–Kutta 法などに代表される一段法に特化することにした．第 1 章でも各章の内容も含め，このあたりのところを述べている．

第 2 章では，常微分方程式の数値解法に関する基本的な内容を体系的にまとめた．一段法に絞って議論しているため，多段法などその他の重要な手法については割愛していることもあり，この章だけで常微分方程式の数値解法の全体像を網羅することはできないが，研究の歴史からはじめ，過去 40 年近くにわたって大きく発展した構造保存数値解法の考え方までを幅広く紹介し，専門的な文献に進む前の準備として役立つことを意識して執筆した．第 3 章以降は独立した構成となっており，各章で必要な第 2 章の内容には適宜リンクを付したため，関心のある章から読み始めることができる．

本書は，幅広い読者層を意識し，事前知識を極力少なくして理解できるよう配慮している．ただし，数学的な理解を深めるために，多様体の基礎知識，連続最適化の理論，ベイズ推定などの基本

概念が役立つ場面もある．重要な定理については，技巧的な証明や特殊な手法を除き，できる限り証明を付すよう努めた．

本書で用いた数値計算は Julia で行っており，そのプログラムの一部は

$$\text{https://github.com/yutomiyatake/numerical\_analysis\_data\_book}$$

で順次公開予定である．

本書の内容の一部は，著者の一人である宮武が大阪大学理学部数学科・大学院理学研究科数学専攻・大学院情報科学研究科情報基礎数学専攻で担当した講義に基づいている．受講学生からの質問やフィードバックにより内容が改善され，また，ウェブで公開した講義ノートに対する様々な方からの問い合わせも，本書の執筆において貴重な参考となった．さらに，本書の数値計算のためのプログラムには，その一部で，大阪大学大学院情報科学研究科情報基礎数学専攻の元大学院生である原修也氏の協力を得た．最後に，「数理科学」編集部の大溝良平氏には，企画段階から出版に至るまで多大なご支援をいただいた．以上の方々に，深く感謝申し上げたい．

2025 年 2 月

宮武勇登・佐藤峻

目　次

第1章　微分方程式およびその数値解法とデータサイエンス	1
1.1　微分方程式とデータサイエンス	1
1.2　本書で扱う微分方程式の数値計算	2
1.3　本書の構成	3

第2章　常微分方程式とその数値解法	5
2.1　常微分方程式の初期値問題	5
2.2　Runge–Kutta 法	8
2.2.1　Euler 法	8
2.2.2　Runge–Kutta 法	10
2.2.3　Runge–Kutta 法の（より一般に一段法の）精度	13
2.2.4　陽的 Runge–Kutta 法の精度についての諸注意	16
2.2.5　Runge–Kutta 法の安定性	19
2.3　構造保存数値解法	23
2.3.1　構造保存数値解法の概略	23
2.3.2　調和振動子に対する数値計算の考察	24
2.3.3　2 次の保存量を再現する Runge–Kutta 法	26
2.3.4　分離型 Runge–Kutta 法と双線形形式保存の再現	28
2.4　ハミルトン系と勾配系に対する構造保存解法	32
2.4.1　離散勾配法	34
2.4.2　シンプレクティック解法	37
2.5　合成解法	39
2.5.1　数値解法の対称性	39
2.5.2　合成解法	40
2.6　分解解法	44
2.6.1　Lie–Trotter 分解	44
2.6.2　Strang 分解	45
2.6.3　分解解法の例	45
2.7　Stiefel 多様体上の微分方程式に対する数値解法	46
2.7.1　ラグランジュの未定乗数法の利用	47
2.7.2　射影法の利用	48
2.7.3　接空間のパラメータ付けの利用	48

第 3 章	随伴法	**50**
3.1	問題設定	50
3.2	随伴法	52
	3.2.1　勾配の評価：連続版	52
	3.2.2　ラグランジュの未定乗数法による随伴方程式の導出	54
3.3	シンプレクティック随伴法	55
3.4	2 次の随伴法とその離散版	59
3.5	数値実験	61
	3.5.1　調和振動子	62
	3.5.2　Allen–Cahn 方程式	63

第 4 章	動的低ランク近似	**66**
4.1	行列の低ランク近似	66
4.2	本章で用いる記号の定義	71
4.3	動的低ランク近似	73
4.4	動的低ランク近似の $\dot{Y}(t)$ の表現	74
4.5	動的低ランク近似の微分方程式表現の離散化	76
	4.5.1　シンプレクティック Runge–Kutta 法	77
	4.5.2　射影を組み合わせた分解解法	77
	4.5.3　陽的な分解解法	78
4.6	数値実験	80
4.7	離散化のロバスト性	81
4.8	関連する話題	84
	4.8.1　逆問題・非逐次データ同化への応用	84
	4.8.2　高次元偏微分方程式の数値計算への応用	85

第 5 章	最適化	**91**
5.1	最適化手法と常微分方程式	91
5.2	代表的な常微分方程式 1：最急降下 ODE	92
5.3	最急降下 ODE の収束レート	93
5.4	最急降下法の収束レート	95
5.5	安定性の高い陽的解法による最適化手法	98
5.6	代表的な常微分方程式 2：Nesterov ODE	102
5.7	Nesterov ODE の収束レート	103
5.8	加速勾配法の線形多段階法としての解釈	105
5.9	種々の数値解法の適用例	107

第 6 章　モデル縮減　　112

6.1　モデル縮減の基本的な考え方 112

6.2　Galerkin 射影 113

6.3　POD（固有直交分解） 114

6.4　誤差評価 115

6.5　演算量 118

6.6　離散型経験的補間法：DEIM 119

6.7　KdV 方程式を通した縮減モデルの理解 122

6.8　構造保存モデル縮減 128

　　6.8.1　ハミルトン系 128

　　6.8.2　エネルギー保存系 130

第 7 章　微分方程式の数値計算の不確実性定量化　　132

7.1　微分方程式のパラメータや初期値の推定 132

　　7.1.1　問題設定 132

　　7.1.2　推定手法 133

7.2　微分方程式の数値計算の誤差が推定に与える影響 135

　　7.2.1　最尤推定 135

　　7.2.2　ベイズ推定 138

7.3　微分方程式の数値計算の誤差の定量的評価手法の概略 140

　　7.3.1　確率的手法：ODE フィルタ・スムーザー 141

　　7.3.2　確率的手法：摂動型解法 142

7.4　非確率的手法：単調回帰 142

　　7.4.1　単調回帰に基づく手法 142

　　7.4.2　最尤推定 144

　　7.4.3　ベイズ推定 145

　　7.4.4　数値実験 150

参考文献　　154

索　引　　161

第 1 章
微分方程式およびその数値解法とデータサイエンス

本章では，まず微分方程式とデータサイエンスの関係について簡単に解説し，本書で扱う微分方程式の数値計算，本書の構成を述べる．

1.1 微分方程式とデータサイエンス

微分方程式（differential equations）は，自然科学，工学，経済学など多岐にわたる学問領域で活用されている．物理学におけるニュートンの運動方程式やシュレディンガー方程式が微分方程式で記述されることを筆頭に，化学における反応速度方程式や生物学における捕食者–被食者モデル，経済学における成長モデルなど，枚挙にいとまがない．このように，現代科学の多くの領域で，微分方程式は非常に重要であり，気象予報のように日々の生活に直結するものも少なくない．

微分方程式を活用するといっても，まずは関心のある現象を微分方程式で表現するモデル化から考えなければならないことも多い．また，微分方程式の解法には解析的な手法と数値的な手法があり，そのどちらの理解も，科学技術を推進する上で重要であるといえる．

近年，データサイエンスの領域においても，微分方程式が積極的に活用されている．一言にデータサイエンスといっても，様々な立場からの説明があり得るが，本書の中では，計算機の利用が必要となるような量のデータを扱う研究分野全般を指すこととする．例えば，デジタル画像の処理や，物理現象の観測データからその現象を記述する微分方程式のパラメータを推定する問題などが挙げられる．

データサイエンスは比較的新しい研究領域であるが，データを活用する学問領域や活動は古くから存在している．例えば，ニュートンは Principia の中で，ニュートンの運動方程式に対するニュートン流の離散化によって，ケプラーの第二法則を説明できることを示している [92]．ケプラーの第二法則は，当時と

しては膨大な観測データから導かれた現象論的な法則であることを考えると，現代の言葉でいえば，ニュートンは当時すでに．データ，微分方程式，さらに微分方程式の数値解法に関する研究を行っていたといえる．その後も，物理法則の発見や支配方程式の導出には，観測データと微分方程式の数値計算が重要な役割を果たしてきたことは明らかであろう．近年の情報科学分野における微分方程式を用いたモデリングも，このような研究の歴史から大きな影響を受けている．

　データサイエンスの領域で微分方程式を活用する際には，多くの場合，数値的な近似計算が不可欠である．数値解法は，現代的な計算機の登場以前から研究されており，膨大な知見が蓄積されているため，教科書や専門書を参考に適切な手法を選択するのが一般的である．実際，考える問題によっては，Euler法やRunge–Kutta法の適用で十分なこともある．しかし，問題や微分方程式の構造に着目すれば，より効率的で高品質な計算が可能となることもある．そこで本書では，いくつかの例を取り上げながら，データサイエンスにおいて微分方程式を数値計算するときの数値計算手法の選択や構築について，その考え方を紹介していきたい．

注意 1.1. 支配方程式の導出を説明する物理学などの入門書や，数学における微分方程式論の入門書，微分方程式の数値解法の入門書では，データの活用について正面から論じられることは少ない．実際，背景として説明がなされることはあっても，微分方程式の（近似）解とデータを突き合わせるプロセスは省略され，微分方程式の導出と，微分方程式が定式化された後の「順問題」に焦点が当てられることが多い．

　しかし，物理現象の支配方程式の導出から，情報科学的な研究に至るまで，データサイエンスと微分方程式が関連する研究には，多くの場合「逆問題」的な側面がある．逆問題はそれ自体，数学の一分野であるし，また，広い意味での逆問題を考える際には統計学の知識も不可欠である．そのため，本書では詳細な議論は避けるものの，データサイエンスにおける微分方程式の数値計算を（特に特定の応用先を念頭に）精密に論ずるためには，数学の「逆問題」分野における理論的な研究や統計学的な議論が重要となることを注意しておく．

1.2　本書で扱う微分方程式の数値計算

　微分方程式には，常微分方程式，偏微分方程式，確率微分方程式，微分代数方程式，遅延微分方程式など，様々な種類がある．また，各種類ごとに多くの異なる形式が存在する．本書では，特に常微分方程式の初期値問題に焦点を当てるが，それ以外の微分方程式を対象とする場合であっても，近似解を構成するプロセスを数値計算と呼び，その構成方法（すなわちアルゴリズム）を数値

解法と呼ぶ．また，数値解法の導出やその性質を数学的に論じる研究を**数値解析**という．

数値解法の導出においては，単に微分を差分で置き換えるだけでは十分でないことが多く，微分方程式に対する深い理解が非常に重要となる．例えば，物理的な視点では，微分方程式が持つ保存量は数値解析においても重要であるし，このことを数学的な視点で表現すると，微分方程式の解がどのような多様体上に制限されるかというような議論になる．本書の大部分においては，対象とする微分方程式の解は十分滑らかであり，かつその解は十分に長い時間存在することを仮定し，関数解析や複素解析を用いる高度な数学的議論は避ける．しかし，古典力学などでもその重要性が明らかな保存量などの性質は頻繁に登場し，それらに着目した数値解法は本書の主眼の一つでもある．

1.3　本書の構成

上述の通り，微分方程式といったとき，特に断らない限り，本書では常微分方程式の初期値問題を指す．すなわち，時間変数の離散化に主眼を置く．時折，偏微分方程式の初期値境界値問題を扱うこともあるが，空間変数に離散化については標準的な差分法を想定する．

まず，2 章では，常微分方程式の数値解法について述べる．ここでは，常微分方程式の数値解法のうち，Runge–Kutta 法に代表される一段法と構造保存解法について整理する．本章は，近年の常微分方程式の数値解析の基礎についての入門的な位置付けにもなっている．一方で，3 章以降では，数値解法の具体的な活用事例について紹介するが，適宜，2 章の該当箇所へのリンクを示しているため，必ずしも 2 章から読み始める必要はなく，必要に応じて参照しながら読み進めることもできる．なお，2 章の冒頭でも，各章で 2 章のどの節の内容が必要になるかを示している．

以下に，3 章以降の各章の概略と想定している応用分野について述べる．

- 3 章では，随伴法における常微分方程式の数値解法について述べる．想定する応用分野は，深層ニューラルネットワークを微分方程式でモデリングする ODE Net（neural ODE）や physics informed neural networks（PINNs），およびデータ同化分野における 4 次元変分法（4dVar）などである．
- 4 章では動的低ランク近似について述べる．基本的に想定する応用分野は，動画のように（ほぼ）連続的に変化する対象の圧縮などであるが，空間高次元の偏微分方程式に対する効率的な数値計算法などにも応用できる．
- 5 章では連続最適化におけるアルゴリズムを微分方程式の数値解析的視点から考察する．連続最適化問題は様々な応用分野で現れ，例えば，機械学習においては，モデルのパラメータをある基準に基づいて（概ね）最適に

なるように定めるために最適化の手法が利用されている.

- 6 章ではモデル縮減について述べる.基本的な動機は 4 章の動的低ランク近似と共通しており,偏微分方程式の空間変数の離散化などで得られる巨大な常微分方程式を効率よく計算するための手法の一つである.流体力学などの文脈で発展してきた手法だが,近年では数理的に整理されてきており,微分方程式を扱う多くの分野に応用できる.

- 7 章では数値計算の不確実性定量化について述べる.単純に順問題として考える場合でも,データサイエンスの文脈で考える場合でも,微分方程式を高品質に数値計算するのが標準的なアプローチである.しかし,巨大な微分方程式を高精度で数値計算することはコスト的に難しいことが多く,また,情報科学分野では低精度演算の需要も高まっている.そのため,適切そうな数値解法を選択しても,高精度な解が得られると無批判に期待するのは危険である.近年では,数値計算自体の信頼度を定性的に評価する試みが注目されており,本章ではいくつかのアプローチを紹介する.想定する応用分野は,データ同化などが中心であるが,アプローチごとに若干の違いはあるものの,微分方程式を扱う多くの分野へ応用可能である.

第 2 章
常微分方程式とその数値解法

　本章では，本書を読み進める上で必要な，常微分方程式とその数値解法について述べる．前半では，常微分方程式の数値解法としてよく知られているRunge–Kutta 法などの基礎事項を紹介する．関連した内容を扱う教科書は，入門的なものから専門家向けのものまで，洋書・和書共に充実している．例えば，[13], [49], [50] などが定番の教科書として挙げられる．一方，後半では，構造保存数値解法という分野に焦点を当てる．このテーマは，数値解析の一分野として世界的に定着しているものの，この分野に特化した日本語の教科書は少ない．実際，1990 年代以降に出版された教科書に少し言及があったり，あるいは特定の応用分野の教科書に記述があったりする程度である．日本語のサーベイ論文としては，[77] などがあるが，より詳しい内容を学ぶためには，洋書の [6], [48], [65] などを薦める．

　なお，他の章において本章で紹介する数値解法を参照する際には，本章の該当する節や項目などへのリンクを貼っているが，他の章と本章の節との大まかな対応関係は以下の通りである．

> 3 章：2.3.3 節および 2.3.4 節.
>
> 4 章：2.5 節および 2.6 節，2.7 節.
>
> 5 章：2.2.5 節および 2.3.4 節.
>
> 6 章：2.3 節および 2.4 節.
>
> 7 章：特定の数値解法クラスについての知識を要しない.

2.1　常微分方程式の初期値問題

　本書で微分方程式といったときには，特に断らない限り**常微分方程式**（ordinary differential equations, 以下 ODE と記すこともある）の初期値問題を指す．

　ニュートンの運動方程式は $m\boldsymbol{a} = \boldsymbol{F}$ と表されるが，簡単のため $m = 1$ の場

合を考えることとし，時刻 t における位置を表すベクトルを $\boldsymbol{q}(t)$ とすれば2階の常微分方程式として表現できる：

$$\ddot{\boldsymbol{q}}(t) = \boldsymbol{F}(\boldsymbol{q}(t)).$$

ここで，$\dot{\boldsymbol{q}}$ は運動量に相当することに注意し，これを $\boldsymbol{p} := \dot{\boldsymbol{q}}$ と表すことにすれば，

$$\frac{\mathrm{d}}{\mathrm{d}t} \begin{bmatrix} \boldsymbol{q}(t) \\ \boldsymbol{p}(t) \end{bmatrix} = \begin{bmatrix} \boldsymbol{p}(t) \\ \boldsymbol{F}(\boldsymbol{q}(t)) \end{bmatrix}$$

のように1階の常微分方程式として整理できる．常微分方程式を定義している関数 $\boldsymbol{F}$ に適切な滑らかさがあれば，この常微分方程式の解は無数に存在するが，ある時刻（例えば $t = 0$）における位置と運動量を与え，その条件を満たす解を考察したいような状況も多い．このように，常微分方程式の解のうち，ある時刻における「**初期値（初期条件ともいう）**」を満たすものを考える問題を常微分方程式の**初期値問題**（initial value problem）という．すなわち，与えられた関数 $\boldsymbol{f} : \mathbb{R}^d \to \mathbb{R}^d$ と初期値 $\boldsymbol{u}_0 \in \mathbb{R}^d$ に対して

$$\frac{\mathrm{d}}{\mathrm{d}t} \boldsymbol{u}(t) = \boldsymbol{f}(\boldsymbol{u}(t)), \quad \boldsymbol{u}(t_0) = \boldsymbol{u}_0 \in \mathbb{R}^d \tag{2.1}$$

を満たす $\boldsymbol{u}(t)$ を求める問題を常微分方程式の初期値問題と呼び，$\boldsymbol{u}(t)$ を解と呼ぶ[*1]．特に $t > t_0$ の範囲の解に関心があることが多い[*2]．なお，本書を読み進めるにあたって，独立な変数 t は時間変数と解釈して差し支えない（文献によっては，$\boldsymbol{u}(t)$ の代わりに $\boldsymbol{y}(x)$ や $y(x)$ といった表現を採用しているものも少なくなく，関連文献を参照する際には注意されたい）．初期時刻 t_0 は，特に断らない限り $t_0 = 0$ とする．

初期値問題が定式化されたとき，数学的観点からは，まず解の存在について議論する必要があるが，本書では特に断らない限り $\boldsymbol{f}$ は十分滑らかと仮定し，滑らかな解が存在する場合のみを考える．解の存在について関心のある読者は，常微分方程式や数値解析の入門書を参照されたい．次に，解が存在するとして，その解が解析的に表現できるか（例えば初等関数のみで表現できるか）といったことも気になるが，多くの場合，不可能である．したがって，数値的に解を近似計算する必要が生じる．

本章では，以下，微分方程式の数値解法について，本書を読み進めるにあたって必要となる事柄を中心に紹介する．

[*1] この形式の方程式はしばしば自励系と呼ばれる．右辺の関数が陽に t を含む場合は非自励系と呼ばれるが，t を従属変数とみなし $\dot{t} = 1$ を微分方程式に加えれば，形式的に自励系とみなせるため，本書では特に断らない限り自励系を対象とする．

[*2] 条件の時刻よりも先の時刻を考えることが多く，そのため初期値や初期条件という用語が標準的だが，本書では，条件の時刻よりも前の時刻を考えることもあり，そのような場合には終端条件と呼ぶこともある．

本書で常微分方程式の数値解法というときは，**離散変数法**（と呼ばれる非常に広い解法クラス）を指すこととする．これは，離散的な点

$$t_0 < t_1 < \cdots < t_n < t_{n+1} < \cdots$$

を考え，$h_n = t_{n+1} - t_n$ を刻み幅とし，$\boldsymbol{u}_n \approx \boldsymbol{u}(t_n)$ となるベクトル列 $\{\boldsymbol{u}_n\}_n$ を組織的に生成する方法である．離散変数法は「Runge–Kutta 法に代表される**一段法**（one step methods）」と「線形多段階法（linear multistep methods）に代表される**多段法**（multi step methods）」に大別されるが[*3]，本書では主に Runge–Kutta 法（以下，しばしば RK 法と記す）系統の一段法を扱う[*4]．

注意 2.1（PINNs）．近年，離散変数法とは異なる考え方で微分方程式の解を近似する physics informed neural networks（以下，**PINNs**）が注目されている [99]．PINNs では，パラメータ $\boldsymbol{\theta} \in \Theta$ により定義される関数 $\boldsymbol{v}(t; \boldsymbol{\theta})$ を考え，適切な $\boldsymbol{\theta}$ を選ぶことで微分方程式の解 $\boldsymbol{u}(t)$ を十分よく近似できるという前提のもと，何らかの指針に基づいて $\boldsymbol{\theta}$ を求めることを目指す．ここで，$\boldsymbol{g}(t; \boldsymbol{\theta})$ の形式には様々な可能性が考えられるが，一般に PINNs といったときには，t を入力とし $\boldsymbol{v}$ を出力とするニューラルネットワークを仮定する（すなわち，$\boldsymbol{\theta}$ はニューラルネットワークのすべてのパラメータをまとめた表記である）．パラメータ $\boldsymbol{\theta}$ を学習する指針として最も基本的なものは，いくつかの離散時刻 $t_1, t_2, \ldots, t_n$ を設定し，以下の評価関数（損失関数）を最小化する問題を解くことである：

$$\min_{\boldsymbol{\theta} \in \Theta} \|\boldsymbol{u}_0 - \boldsymbol{v}(0; \boldsymbol{\theta})\|^2 + \lambda \sum_{i=1}^n \|\boldsymbol{v}'(t_i; \boldsymbol{\theta}) - \boldsymbol{f}(\boldsymbol{v}'(t_i; \boldsymbol{\theta}))\|^2.$$

ここで，$\boldsymbol{v}'$ は t に関する微分を表す（導関数値は通常，誤差逆伝播法などにより評価する）．この評価関数は，近似解が初期値によく適合すること（第 1 項）と，微分方程式の残差が小さくなること（第 2 項）を同時に目指しており，λ はこれら二つの項の重み付けを制御するパラメータである．

　近年，PINNs に関する研究（また，より広く **neural operator** に代表される，微分方程式とニューラルネットワークを組み合わせた手法）は爆発的に進展しており，科学技術計算において極めて大きな潜在的可能性を秘めている．一方で，10～20 年後の近未来において，PINNs が本書で述べる離散変数法に完全に取って代わるかについては，なお疑問が残る．そのため，PINNs と離散変数法を二者択一的に捉えるのではなく，適材適所での利用や，両者の融合による相乗効果が期待される．したがって，PINNs などに興味を持つ読者に

[*3]　それらを組み合わせた一般線形法（general linear methods）と呼ばれるような解法クラスもある．

[*4]　すぐに明らかとなるが，Runge–Kutta 法というとき，よく知られている 4 段 4 次の陽的 Runge–Kutta 法をのみ指すのではなく，以下で定義する Runge–Kutta 法と呼ばれる解法クラスを指す．

とっても，本書の内容が有益であることを願っている．

2.2 Runge–Kutta 法

　常微分方程式の数値解法として，最も基本的なものは（陽的）Euler 法である．また，Euler 法を一般化した数値解法クラスとして，**Runge–Kutta 法**がよく知られている．そこで，本節では陽的 Euler 法を出発点とし，RK 法を定義する．

2.2.1 Euler 法

　常微分方程式が次のように表現できることに着目しよう：

$$\frac{\mathrm{d}}{\mathrm{d}t}\boldsymbol{u}(t) = \boldsymbol{f}(\boldsymbol{u}(t)) \quad \Leftrightarrow \quad \lim_{h \to +0} \boxed{\frac{\boldsymbol{u}(t+h) - \boldsymbol{u}(t)}{h} = \boldsymbol{f}(\boldsymbol{u}(t))}.$$

ここで，右側の $\boxed{}$ は $\boxed{}$ に対して極限をとるという意味ではなく，いまから $\boxed{}$ に着目しようという意味である．いま，$h > 0$ を固定し，n を 0 以上の整数としたとき，$\boldsymbol{u}(nh)$ の近似解を $\boldsymbol{u}_n$ と表すことにする．近似解 $\boldsymbol{u}_n$ を構成するために，$\boxed{}$ を直接的に使うことを考えよう．すると，次の近似解法が得られる．

定義 2.1（陽的 Euler 法）．常微分方程式の初期値問題に対して，次の規則で近似解を生成する解法を**陽的 Euler 法**，あるいは単に「Euler 法」という：

$$\frac{\boldsymbol{u}_{n+1} - \boldsymbol{u}_n}{h} = \boldsymbol{f}(\boldsymbol{u}_n) \quad (\Leftrightarrow \boldsymbol{u}_{n+1} = \boldsymbol{u}_n + h\boldsymbol{f}(\boldsymbol{u}_n)). \tag{2.2}$$

なお，$\boldsymbol{u}_0$ は初期値問題の初期値として与えられる $\boldsymbol{u}_0$ を用いる（ことが標準的である）．

　「陽的」というのは，何らかの方程式を解くことなく，$\boldsymbol{f}$ の関数評価と四則演算のみで $\boldsymbol{u}_n$ から $\boldsymbol{u}_{n+1}$ を計算できるという意味である．微分の近似方法には様々な可能性があり，次の解法もよく知られている．

定義 2.2（陰的 Euler 法）．常微分方程式の初期値問題に対して，次の規則で近似解を生成する解法を**陰的 Euler 法**という：

$$\frac{\boldsymbol{u}_{n+1} - \boldsymbol{u}_n}{h} = \boldsymbol{f}(\boldsymbol{u}_{n+1}) \quad (\Leftrightarrow \boldsymbol{u}_{n+1} = \boldsymbol{u}_n + h\boldsymbol{f}(\boldsymbol{u}_{n+1})). \tag{2.3}$$

　この場合，$\boldsymbol{u}_n$ から $\boldsymbol{u}_{n+1}$ を計算するためには，一般に方程式を解く必要があり，その意味で「陰的」な解法という．関数 $\boldsymbol{f}$ が線形であれば連立一次方程

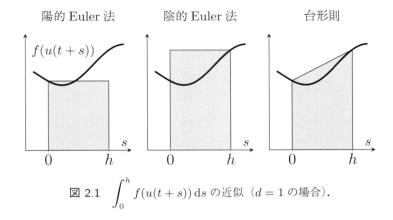

図 2.1 $\int_0^h f(u(t+s))\,\mathrm{d}s$ の近似（$d=1$ の場合）．

式，f が非線形ならば連立非線形方程式が現れる[*5]．

ここまで，微分の近似（あるいは微分の定義）の観点で数値解法を導出したが，これらの解法は積分の近似という解釈もでき，次小節で述べる Runge–Kutta 法の議論では重要な考え方となる．以下，この考え方を説明したい．

まず，微分方程式 (2.1) の解は

$$\bm{u}(t+h) = \bm{u}(t) + \int_0^h \bm{f}(\bm{u}(t+s))\,\mathrm{d}s \tag{2.4}$$

と表現できることに着目しよう．いま，右辺の積分を図 2.1 の左図のように $s=0$ の値を使って長方形で近似すれば，解 $\bm{u}(t+h)$ は $\bm{u}(t+h) \approx \bm{u}(t) + h\bm{f}(\bm{u}(t))$ と近似でき，陽的 Euler 法はこの近似に基づく解法と解釈できる．一方で，陰的 Euler 法は $s=h$ の値を使って長方形で近似した解法と解釈できる．このように考えると，積分の近似方法を与えるごとに数値解法が一つ定まることが分かる．例えば，積分を右図のように台形則で近似するならば[*6]，解 $\bm{u}(t+h)$ は

$$\bm{u}(t+h) \approx \bm{u}(t) + \frac{h}{2}[\bm{f}(\bm{u}(t)) + \bm{f}(\bm{u}(t+h))]$$

と近似でき，これをもとに

$$\bm{u}_{n+1} = \bm{u}_n + \frac{h}{2}[\bm{f}(\bm{u}_n) + \bm{f}(\bm{u}_{n+1})]$$

という数値解法が導かれる（この解法のことも**台形則**と呼ぶことが多い）．

[*5] 陰的 Euler 法の他にも，本書ではしばしば陰的な解法が登場する．連立非線形方程式を解く数値解法として，不動点反復法や簡易ニュートン法がよく用いられる．これらの反復法で収束しない場合にはニュートン法なども用いられる．また，科学技術計算用のプログラミング言語には，非線形ソルバが準備されていることも多く，それらの利用も一つの選択肢である．

[*6] 定積分の近似計算をするために，被積分関数を区分線形関数で近似し，その区分線形関数に対する定積分を近似値とする方法がある．この方法は，区分ごとに台形の面積を足し合わせていく方法であることから，台形則と呼ばれる．

2.2.2 Runge–Kutta 法

Euler 法は常微分方程式の解表現に現れる積分を近似した解法であるとみなす考え方を一般化すれば，Runge–Kutta 法と呼ばれる解法クラスを定義できる[*7]．

基本となる考え方は，解表現 (2.4) の右辺の積分を近似することである．この積分を，$\boldsymbol{f}(\boldsymbol{u}(t+c_1h)),\boldsymbol{f}(\boldsymbol{u}(t+c_2h)),\ldots,\boldsymbol{f}(\boldsymbol{u}(t+c_sh))$ の s 個の値を用いて

$$\int_0^h \boldsymbol{f}(\boldsymbol{u}(t+s))\,\mathrm{d}s \approx h\sum_{i=1}^s b_i\boldsymbol{f}(\boldsymbol{u}(t+c_ih))$$

と近似することを考えよう．ここで，b_i は重みである．例えば，陽的 Euler 法では $s=1$ で $b_1=1$, $c_1=0$ であり，陰的 Euler 法では $s=1$ で $b_1=1$, $c_1=1$ である．また，台形則では $s=2$ で $b_1=b_2=1/2$, $c_1=0$, $c_2=1$ である．積分の近似として意味を持つ必要があるため，出鱈目に重み b_i を設定することはできない，そこで，$\sum_{i=1}^s b_i=1$ を仮定して議論を進めよう．一方で，c_i については直感的には $0\le c_i\le 1$ である必要があると思われるかもしれないが，（近似具合はいったん度外視し）0 未満や 1 より大きい値も許すことにしよう．さらに重複があってもよいとする．ともかく，このような細かいことは後で考えることにして，常微分方程式の解を

$$\boldsymbol{u}(t+h) \approx \boldsymbol{u}(t) + h\sum_{i=1}^s b_i\boldsymbol{f}(\boldsymbol{u}(t+c_ih))$$

のように近似することを考えるわけである．

そうはいっても，$\boldsymbol{u}(t+c_ih)$ の近似をどのように手に入れるかという問題が残っている．厳密解が

$$\boldsymbol{u}(t+c_ih) = \boldsymbol{u}(t) + \int_0^{c_ih} \boldsymbol{f}(\boldsymbol{u}(t+s))\,\mathrm{d}s$$

と表されることに注意して，この積分をやはり $\boldsymbol{f}(u(t+c_1h)),\boldsymbol{f}(u(t+c_2h)),\ldots,\boldsymbol{f}(u(t+c_sh))$ を用いて

$$\int_0^{c_ih} \boldsymbol{f}(\boldsymbol{u}(t+s))\,\mathrm{d}s \approx h\sum_{j=1}^s a_{ij}\boldsymbol{f}(\boldsymbol{u}(t+c_jh))$$

と近似することを考えよう．ここで，この近似が意味を持つためには $c_i=\sum_{j=1}^s a_{ij}$ である必要がありそうだが，この関係さえ満たされていれば，$\boldsymbol{u}(t+c_ih)$ は

$$\boldsymbol{u}(t+c_ih) \approx \boldsymbol{u}(t) + h\sum_{j=1}^s a_{ij}\boldsymbol{f}(\boldsymbol{u}(t+c_jh))$$

[*7]　微分の近似の表現をベースに Runge–Kutta 法を導入することも可能だが，積分の近似と考えるほうが種々の理論の理解が進みやすい場合もあり，紹介の意も込めて本書では積分をベースとした議論を採用した．

と近似できる.

　以上の議論を踏まえて，$\boldsymbol{u}_n(\approx \boldsymbol{u}(t_n))$ から $\boldsymbol{u}_{n+1}(\approx \boldsymbol{u}(t_{n+1}))$ を求める公式を次のように定義しよう．なお，以下の定義に登場する $\boldsymbol{U}_i$ は $\boldsymbol{u}(t_n + c_i h)$ の近似である.

定義 2.3（s 段 Runge–Kutta 法）．次の規則で近似解を生成する解法を s 段 Runge–Kutta 法という：

$$\boldsymbol{u}_{n+1} = \boldsymbol{u}_n + h \sum_{i=1}^{s} b_i \boldsymbol{f}(\boldsymbol{U}_i), \tag{2.5}$$

$$\boldsymbol{U}_i = \boldsymbol{u}_n + h \sum_{j=1}^{s} a_{ij} \boldsymbol{f}(\boldsymbol{U}_j), \quad i = 1, \ldots, s. \tag{2.6}$$

なお，$\boldsymbol{k}_i := \boldsymbol{f}(\boldsymbol{U}_i)$ と表せば，Runge–Kutta 法は

$$\boldsymbol{u}_{n+1} = \boldsymbol{u}_n + h \sum_{i=1}^{s} b_i \boldsymbol{k}_i,$$

$$\boldsymbol{k}_i = \boldsymbol{f}\left(\boldsymbol{u}_n + h \sum_{j=1}^{s} a_{ij} \boldsymbol{k}_j\right), \quad i = 1, \ldots, s$$

と表現できる．この形式で表現されている教科書も多い．また，$\boldsymbol{U}_i$ や $\boldsymbol{k}_i$ は本来 $\boldsymbol{U}_{n,i}$ や $\boldsymbol{k}_{n,i}$ のように書くべきだが，煩雑さを避けるため，また多くの場合混乱は生じないため，n は省略して表記している.

　Runge–Kutta 法についていくつか注意を述べる.

- $\boldsymbol{U}_i \in \mathbb{R}^d$ は**内部段**（internal stages）と呼ばれ $\boldsymbol{u}((n + c_i)h)$ の近似とみなせる．ただし，$c_i = \sum_{j=1}^{s} a_{ij}$ である.

- (2.6) の自由度は ds（$\boldsymbol{U}_i \in \mathbb{R}^d$ でこれが s 個ある）であり，式の数も ds 個であるから，$i = 1, \ldots, s$ をまとめた大きな連立方程式が可解であれば，それを解けば $\boldsymbol{U}_1, \ldots, \boldsymbol{U}_s$ が求まる（一般には連立非線形方程式となる）．その後，(2.5) に代入すれば $\boldsymbol{u}_{n+1}$ が計算できる.

- A と $\boldsymbol{b}$ の組を定めれば RK 法の公式が一つ定まる.

- RK 法を表現するときに，$\boldsymbol{u}_n \mapsto \boldsymbol{u}_{n+1}$ ではなく，最初の 1 ステップ $\boldsymbol{u}_0 \mapsto \boldsymbol{u}_1$ を使って表すことがある．どちらも写像としては同じであり，n が登場しない分，後者のほうが記法が簡潔になることがある.

- RK 法は，Runge (1895) と Heun (1900) の論文で，そのアイデアといくつかの代表的な公式が導出され，上記のような RK 法の一般的な定義は Kutta (1901) による.

　さて，A と $\boldsymbol{b}$ を定めれば RK 法の具体的な公式が一つ定まるわけだから，公式を表現するためにわざわざ $\boldsymbol{u}_n \mapsto \boldsymbol{u}_{n+1}$ や $\boldsymbol{u}_0 \mapsto \boldsymbol{u}_1$ の形で書かなくとも，A と $\boldsymbol{b}$ だけ表記すれば十分である．ただし，実際には $\boldsymbol{c} = (c_i) \in \mathbb{R}^d$ の情報も

有用であり，これがあると U_i がどの時刻の解の近似なのかがひと目に分かり便利である．また，本書では直接には扱わないが，非自励系の常微分方程式[*8] に適用する際には c の情報が必要になる．そこで，A, b, c をまとめて

$$
\begin{array}{c|c}
\boldsymbol{c} & A \\
\hline
& \boldsymbol{b}^\top
\end{array}
=
\begin{array}{c|ccc}
c_1 & a_{11} & \cdots & a_{1s} \\
\vdots & \vdots & \ddots & \vdots \\
c_s & a_{s1} & \cdots & a_{ss} \\
\hline
& b_1 & \cdots & b_s
\end{array}
$$

と表す習慣があり，これを **Butcher 配列**（Butcher tableau）という．なお，この習慣は Runge や Kutta の時代（すなわち 1900 年前後）からあったものではなく，1960 年代以降に広まったものである．

いくつか代表的な RK 法を紹介する．なお，空欄は 0 であり，公式の名前の横の括弧の数字は各 RK 法の次数である（→ 次数については 2.2.3 節で述べる）．

$$
\begin{array}{c|c}
0 & \\
\hline
& 1
\end{array}
\qquad
\begin{array}{c|c}
1 & 1 \\
\hline
& 1
\end{array}
$$

陽的 Euler (1)　陰的 Euler(1)

$$
\begin{array}{c|c}
1/2 & 1/2 \\
\hline
& 1
\end{array}
\qquad
\begin{array}{c|cc}
0 & & \\
1/2 & 1/2 & \\
\hline
& 0 & 1
\end{array}
\qquad
\begin{array}{c|cc}
0 & & \\
1 & 1/2 & 1/2 \\
\hline
& 1/2 & 1/2
\end{array}
\qquad
\begin{array}{c|cc}
0 & & \\
1 & 1 & \\
\hline
& 1/2 & 1/2
\end{array}
$$

中点則 (2)　　Runge (2)　　台形則 (2)　　Heun 法 (2)

$$
\begin{array}{c|cccc}
0 & & & & \\
1/2 & 1/2 & & & \\
1/2 & & 1/2 & & \\
1 & & & 1 & \\
\hline
& 1/6 & 2/6 & 2/6 & 1/6
\end{array}
\qquad
\begin{array}{c|cccc}
0 & & & & \\
1/3 & 1/3 & & & \\
2/3 & -1/3 & 1 & & \\
1 & 1 & -1 & 1 & \\
\hline
& 1/8 & 3/8 & 3/8 & 1/8
\end{array}
$$

いわゆる RK 法 (4)　　　　　　　Kutta (4)

[*8]　非自励系の常微分方程式とは，$\dot{u}(t) = f(t, u(t))$ のように右辺の関数に独立変数 t が陽に含まれるものをいう．

$$
\begin{array}{c|cc}
\frac{1}{2} - \frac{\sqrt{3}}{6} & \frac{1}{4} & \frac{1}{4} - \frac{\sqrt{3}}{6} \\
\frac{1}{2} + \frac{\sqrt{3}}{6} & \frac{1}{4} + \frac{\sqrt{3}}{6} & \frac{1}{4} \\
\hline
 & \frac{1}{2} & \frac{1}{2}
\end{array}
$$

Gauss RK 法 (4)

いくつか注意を述べる.

- A が狭義下三角行列（対角成分はすべて 0 の下三角行列）のとき，$\boldsymbol{u}_n$ から $\boldsymbol{U}_1, \boldsymbol{U}_2, \ldots, \boldsymbol{U}_s$ の順に陽的に内部段を計算できる．そこで，A が狭義下三角行列の RK 法を陽的 RK 法と呼ぶ．RK 法の研究は 19 世紀後半に Runge, Kutta, Heun らによって始まった．当時は現代的な計算機もなく，陽解法の研究が中心であったが，1960 年代頃から陰的 RK 法の研究も盛んになった．後述するように，陽的 RK 法は計算コストこそ小さいものの多くの制約があり，実用上，陰的 RK 法を使わざるを得ない場合も非常に多い．

- 工学系の教科書などで RK 法といえば，上記の「いわゆる RK 法」を指す．なお，この公式は Kutta によるものである [62]．Kutta は同時にその右にある公式も導いている．実は，近似の誤差という観点からは，「いわゆる RK 法」よりもその右の公式のほうが通常優れている．しかし多くの場合それは些細な違いであり，また，公式の覚えやすさなどもあって，左側の公式が「いわゆる RK 法」として広く知られている．

- RK 法の有名な公式には名前が付いているものも多いが，決まった命名規則があるわけではない．例えば，最後にあげた **Gauss RK 法** はガウスが導いたものではなく，積分の近似にいわゆるガウス求積法を採用していることからガウスの名がついている．他にも，上記のようにいわゆる RK 法は Kutta によるものであるし，今日では **Heun 法** として知られているものは Runge によるものである [101]．なお，Heun の主な功績は，3 次の陽的 RK 公式を導いたことにある [52]．

- 実際に解きたい方程式に対してどの RK 法を適用すべきかは，問題依存である．

2.2.3 Runge–Kutta 法の（より一般に一段法の）精度

Runge–Kutta 法には様々な公式が知られていることを見てきた．一般に，（段数が同じならば）陰解法より陽解法のほうが計算コストが小さく，段数は小さいほうが計算コストが小さい．しかし，数値解法の選択は計算コストの観点のみから行われるのではなく，その他にも，数値解法の性能を表す多くの指標がある．本節では，数値解法の「精度」について述べる．

主な関心事は，刻み幅を h として n ステップ後の数値解 $\boldsymbol{u}_n$ の厳密解 $\boldsymbol{u}(nh)$

2.2 Runge–Kutta 法　**13**

への近さ度合いであるが，ここではまず，最初の 1 ステップにおける誤差 $\boldsymbol{u}_1 - \boldsymbol{u}(h)$ について考えよう．

一般的な議論の前に，陽的 Euler 法と陰的 Euler 法について簡単な考察をしてみよう．まず，常微分方程式の解 $\boldsymbol{u}(h)$ を h に関してテイラー展開すると

$$\begin{aligned}
\boldsymbol{u}(h) &= \boldsymbol{u}(0) + h\dot{\boldsymbol{u}}(0) + \frac{h^2}{2}\ddot{\boldsymbol{u}}(0) + \mathrm{O}(h^3) \\
&= \boldsymbol{u}_0 + h\boldsymbol{f}(\boldsymbol{u}_0) + \frac{h^2}{2}\boldsymbol{f}'(\boldsymbol{u}_0)\boldsymbol{f}(\boldsymbol{u}_0) + \mathrm{O}(h^3)
\end{aligned} \tag{2.7}$$

となることを注意しておく．ここで，$\boldsymbol{f}'$ は $\boldsymbol{f}$ のヤコビ行列を表し（当面の間はスカラーの常微分方程式を考えるとみなし単なる微分と考えてもよい），$\ddot{\boldsymbol{u}}(0)$ の箇所の変形は

$$\ddot{\boldsymbol{u}}(t) = \frac{\mathrm{d}}{\mathrm{d}t}\dot{\boldsymbol{u}}(t) = \frac{\mathrm{d}}{\mathrm{d}t}\boldsymbol{f}(\boldsymbol{u}(t)) = \boldsymbol{f}'(\boldsymbol{u}(t))\dot{\boldsymbol{u}}(t) = \boldsymbol{f}'(\boldsymbol{u}(t))\boldsymbol{f}(\boldsymbol{u}(t))$$

より従う．陽的 Euler 法 (2.2) の最初の 1 ステップ $\boldsymbol{u}_1 = \boldsymbol{u}_0 + \boldsymbol{f}(\boldsymbol{u}_0)$ と厳密解 $\boldsymbol{u}(h)$ のテイラー展開 (2.7) を比べれば，

$$\boldsymbol{u}_1 - \boldsymbol{u}(h) = -\frac{h^2}{2}\boldsymbol{f}'(\boldsymbol{u}_0)\boldsymbol{f}(\boldsymbol{u}_0) + \mathrm{O}(h^3)$$

であり，より簡潔に表現すれば

$$\|\boldsymbol{u}_1 - \boldsymbol{u}(h)\| = \mathrm{O}(h^2)$$

である．すなわち，陽的 Euler 法の解と厳密解はテイラー展開したときに 1 次の項まで一致しており，このことから陽的 Euler 法は 1 次（精度）解法という．

陽的 Euler 法の場合は，公式そのものが刻み幅 h に関して展開された形となっていたが，陰的 Euler 法やより一般の公式に対しては工夫が必要である．陰的 Euler 法 (2.3) の最初の 1 ステップ

$$\boldsymbol{u}_1 = \boldsymbol{u}_0 + h\boldsymbol{f}(\boldsymbol{u}_1) \tag{2.8}$$

の場合，形式的に

$$\boldsymbol{u}_1 = \boldsymbol{u}_0 + h\boldsymbol{a} + h^2\boldsymbol{b} + \mathrm{O}(h^3) \tag{2.9}$$

と展開した表現を (2.8) に代入すれば $\boldsymbol{a}$ と $\boldsymbol{b}$ を決定できる．すなわち，

$$\begin{aligned}
\boldsymbol{u}_1 &= \boldsymbol{u}_0 + h\boldsymbol{f}(\boldsymbol{u}_0 + h\boldsymbol{a} + h^2\boldsymbol{b} + \mathrm{O}(h^3)) \\
&= \boldsymbol{u}_0 + h\boldsymbol{f}(\boldsymbol{u}_0) + h\boldsymbol{f}'(\boldsymbol{u}_0)(h\boldsymbol{a} + h^2\boldsymbol{b} + \mathrm{O}(h^3)) + \mathrm{O}(h^3) \\
&= \boldsymbol{u}_0 + h\boldsymbol{f}(\boldsymbol{u}_0) + h^2\boldsymbol{f}'(\boldsymbol{u}_0)\boldsymbol{a} + \mathrm{O}(h^3)
\end{aligned}$$

であるが，これを (2.9) と比べれば

$$\boldsymbol{a} = \boldsymbol{f}(\boldsymbol{u}_0), \quad \boldsymbol{b} = \boldsymbol{f}'(\boldsymbol{u}_0)\boldsymbol{f}(\boldsymbol{u}_0)$$

であることが分かり，したがって

$$\boldsymbol{u}_1 = \boldsymbol{u}_0 + h\boldsymbol{f}(\boldsymbol{u}_0) + h^2\boldsymbol{f}'(\boldsymbol{u}_0)\boldsymbol{f}(\boldsymbol{u}_0) + \mathrm{O}(h^3)$$

である．陽的 Euler 法の場合と展開の形は異なるが，厳密解とは h の 1 次の項までしか一致していない点は同様である．つまり，陰的 Euler 法についても $\|\boldsymbol{u}_1 - \boldsymbol{u}(h)\| = \mathrm{O}(h^2)$ であり，したがって 1 次（精度）解法である．

以上の観察をもとに一般的な定義を述べる．

定義 2.4（Runge–Kutta 法などの一段法の精度）．十分滑かな解を持つ任意の常微分方程式に対して，1 ステップ後の数値解 $\boldsymbol{u}_1$ と厳密解 $\boldsymbol{u}(h)$ が

$$\|\boldsymbol{u}_1 - \boldsymbol{u}(h)\| = \mathrm{O}(h^{p+1})$$

と評価できるとき，その数値解法を p 次（**精度**）の数値解法という．また，1 ステップで混入する誤差を**局所離散化誤差**，あるいは単に局所誤差という．

いくつか注意を述べる．まず，オーダー表記で隠されている定数は，$\boldsymbol{f}$ の性質，初期値 $\boldsymbol{u}_0$，数値解法の三点に依存する．また，有限次元ベクトル空間の任意の二つのノルムは同値であるから，採用するノルムによって**次数**が異なることはない[*9]．さらに，文献によっては，$\|\boldsymbol{u}_1 - \boldsymbol{u}(h)\|/h$ を局所誤差と呼ぶものや，$\boldsymbol{u}_n = \boldsymbol{u}(nh)$ を仮定したときの $\|\boldsymbol{u}_{n+1} - \boldsymbol{u}((n+1)h)\|$ を局所誤差と呼ぶものもあるが，1 ステップの誤差を考えているという意味においてはどれも本質的には同じである．

さて，目標時刻 $t = T$ を定めて，その時刻まで数値計算する状況を考えよう．$[0, T]$ を N 分割することにすれば，刻み幅は $h = T/N$ である．では，目標時刻において数値解 u_N と厳密解 $u(T)$ の誤差（これを**大域誤差**（global error）という[*10]）はどのように評価できるであろうか．1 ステップあたり $\mathrm{O}(h^{p+1})$ の誤差が N ステップ分積み重なっていくわけだから，直感的には，

$$\|\boldsymbol{u}_N - \boldsymbol{u}(T)\| = N\mathrm{O}(h^{p+1}) = \mathrm{O}(\underbrace{Nh}_{T:\ \text{定数}}\, h^p) = \mathrm{O}(h^p) \tag{2.10}$$

のような評価が成り立ちそうである．この評価が正しければ，仮に刻み幅を半分にすれば誤差はおおよそ $1/2^p$ 倍に（小さく）なる．実際，この評価は多くの場合正しく，p 次精度の数値解法について大域誤差は $\mathrm{O}(h^p)$ であるという感覚は非常に重要である．しかし，(2.10) は非常に大雑把な議論に過ぎないことも注意しておく．詳細は専門書に譲るが，例えば，オーダー表記で隠されている（h には依存しない）定数は，微分方程式によっては非常に大きな値になることもある．

[*9]　偏微分方程式の初期値境界値問題を考える際には注意が必要である．

[*10]　$\max_{0 \le n \le N} \|u_n - u(nh)\|$ を大域誤差と呼ぶことも多い．

2.2.4 陽的 Runge–Kutta 法の精度についての諸注意

一般論として，RK 法の精度は高いことが望ましい．すなわち，p の値が大きいほど，比較的大きな刻み幅を用いても，より誤差の小さい数値解が期待できる．一方で，計算コストの観点から段数 s は小さくしたいが，次数を高くするためには当然段数も大きくせねばならない．

では，陽的 RK 法に関して，p 次精度を達成する最小の段数はいくつであろうか．これについて一般的な主張は知られていないが，$p \leq 10$ では次の表の通りである（以下で述べるように，$p = 8$ までに関する主張は証明されている）：

p	1	2	3	4	5	6	7	8	$\cdots$	10
最小段数	1	2	3	4	6	7	9	11	$\cdots$	16 (?)

4 次までの精度の解法についての注意はすでに述べているため，ここでは 5 次より高次の解法についての歴史的背景を述べる．

- 6 段 5 次の陽的 RK 法は Kutta (1901) によって与えられた．実は Kutta による 5 次の公式には間違いがあり，Nyström (1925) によって修正された [93]．しかし，Kutta による 5 次の公式はスカラーの常微分方程式を対象としたものであり，u がベクトルの場合には不十分であるという問題は残されていた．また，Kutta 自身は 5 段 5 次の公式が可能かどうか解決できていなかった．いずれにせよ，ここまでが RK 法の黎明期における研究である．

- 1963 年頃，$p \geq 5$ に対して p 段で p 次を達成する陽的 RK 法が存在しないことが示される．なお，1960 年代以降の RK 法研究の重要人物は John C. Butcher である．

- Huta (1956) により 8 段 6 次の公式が示されたのち [55]，Butcher (1964) によって 7 段 6 次の公式が与えられる [9]．

- $p \geq 7$ に対して，$p + 1$ 段で p 次を達成する陽的 RK 法は存在しない．この主張は Butcher (1965) による [10]．9 段 7 次の公式は 1968 年頃に導出されたようである（Butcher を含め，複数の研究者が同時期に独立に異なる公式を発見したようである）．

- 11 段 8 次の解法は例えば Curtis (1970) による [33]．なお，$p \geq 8$ に対して，$p + 2$ 段で p 次を達成する陽的 RK 法は存在しない．これは Butcher (1985) による [12]．この一連の「存在しない」タイプの主張は **Butcher の障壁**と呼ばれている．

- 9 次精度の公式について知られていることは非常に少ない（歴史的にあまり関心が払われてこなかったようである）．

- Hairer (1978) によって 17 段 10 次の陽的 RK 法が与えられたが [46]，これより小さい段数で 10 次を達成できるかどうかは長年未解決であった（数学的な難しさもあるが，p があまりに大きくなると，陰的 RK 法を用いる

16　第 2 章　常微分方程式とその数値解法

方が得策であるという側面もある）．後述するように，17 段 10 次の解法
は，153 変数に関する 1205 本の（当然非線形な）連立方程式を代数的に
解いて得られたものであり，非常に驚異的である．その後，16 段 10 次の
陽的 RK 法の存在は長年未解決であったが，2019 年に，Vanderbilt 大学
の学生 David K. Zhang が，卒業論文「Discovering New Runge–Kutta
Methods Using Unstructured Numerical Search」の中で，16 段 10 次の
陽的 RK 法の係数を決定したと発表した．136 変数に関する 1205 本の連
立方程式を，様々な工夫を施した上で，非線形最適化の BFGS アルゴリ
ズムを利用して係数を決定したのであって，上記の Hairer による代数的
解とは意味が異なるが，この主張は成立していると考えられており，2024
年には，数値解析分野の査読付き論文誌にも掲載された [121].

　高精度な RK 法を導出したり議論したりする際に直面する大きな困難は，厳
密解や数値解をテイラー展開したときに現れる項の数である．

　実は厳密解のテイラー展開と数値解のテイラー展開で現れる項の数は等しい
ので，ここでは簡単のため厳密解について考えよう．厳密解のテイラー展開に
ついて，(2.7) をさらに高次の項まで考えると

$$\boldsymbol{u}(h) = \boldsymbol{u}_0 + h\dot{\boldsymbol{u}}(0) + \frac{h^2}{2}\ddot{\boldsymbol{u}}(0) + \frac{h^3}{6}\dddot{\boldsymbol{u}}(0) + \frac{h^4}{24}\ddddot{\boldsymbol{u}}(0) + \cdots$$

だが，ここで，高階微分（$\dddot{\boldsymbol{u}}(0)$ など）を $\boldsymbol{f}$ やその微分を使って表すことを考
える．すでに述べたように，$\dot{\boldsymbol{u}}(0)$ と $\ddot{\boldsymbol{u}}(0)$ については

$$\dot{\boldsymbol{u}}(0) = \boldsymbol{f}(\boldsymbol{u}_0),$$
$$\ddot{\boldsymbol{u}}(0) = \boldsymbol{f}'(\boldsymbol{u}_0)\boldsymbol{f}(\boldsymbol{u}_0) \ (= \boldsymbol{f}'\boldsymbol{f})$$

である．同じ要領で，$\boldsymbol{u}(t)$ の高階の導関数を求め，それらを $t = 0$ で評価す
ることを考えるが，標記を簡単にするために $(\boldsymbol{u}_0)$ はしばしば省略する．2 階
微分までは比較的容易だが，3 階微分の導出には連鎖律を用いる必要があり，
$\dddot{\boldsymbol{u}}(0)$ は

$$\dddot{\boldsymbol{u}}(0) = \boldsymbol{f}''(\boldsymbol{u}_0)\big(\boldsymbol{f}(\boldsymbol{u}_0), \boldsymbol{f}(\boldsymbol{u}_0)\big) + \boldsymbol{f}'(\boldsymbol{u}_0)\boldsymbol{f}'(\boldsymbol{u}_0)\boldsymbol{f}(\boldsymbol{u}_0)$$
$$\big(= \boldsymbol{f}''(\boldsymbol{f}, \boldsymbol{f}) + \boldsymbol{f}'\boldsymbol{f}'\boldsymbol{f}\big)$$

であることが分かる．ここで，右辺第一項について注意を述べる．関数 $\boldsymbol{f}'(\boldsymbol{u}(t))$
を t について微分すると $\boldsymbol{f}''(\boldsymbol{u}(t))\boldsymbol{f}(\boldsymbol{u}(t))$ が現れるが，$\boldsymbol{f}''(\boldsymbol{u}(t))$ は 3 階のテ
ンソルであり，$\boldsymbol{f}''(\boldsymbol{u}(t)) : \mathbb{R}^d \times \mathbb{R}^d \to \mathbb{R}^d$ とみなせる[*11]．同様にして，4 階
微分は

[*11]　初見では意味が分かりづらいと思うが，そういうときは，$d = 2$ のときに実際に連鎖
　　律を使って微分してみるとよい．すなわち，$\dfrac{\mathrm{d}}{\mathrm{d}t}\begin{bmatrix} x \\ y \end{bmatrix} = \begin{bmatrix} f_1(x, y) \\ f_2(x, y) \end{bmatrix}$ に対して高階微分を
　　計算してみると，$\boldsymbol{f}''(\boldsymbol{f}, \boldsymbol{f})$ の表す意味がイメージしやすい．

$$\dddot{u}(0) = f'''fff + 3f''f'ff + f'f''ff + f'f'f'f \tag{2.11}$$

となる．ここで，右辺第2項と第3項は $d=1$ の場合を除いて一致しない．なぜならば，2項目の f'' は $f'f$ と f に作用する多重線形作用素であり，3項目の f'' は f と f に作用する多重線形作用素だからである．

以上の議論より，例えば，テイラー展開の4次の項までの総数は $1+1+2+4=8$ であるから，4次精度解法を構築するために，a_{ij} や b_i が満たすべき条件は8個になる．下の表は，$p \leq 10$ に対して必要な条件（次数条件という）の数を示したものである．s 段の陽的 RK 法では a_{ij} や b_i の自由度は $\frac{s(s+1)}{2}$ であるから，知られている最小段数に対して自由度の数も合わせて示した．$p \leq 5$ のときは，条件の数 $\leq \frac{s(s+1)}{2}$ であるから，そのような陽的 RK 法が存在することは何ら不思議ではない．しかし，$p \geq 6$ では条件の数と自由度の数の大小関係が逆転しており，いかに高精度陽的 RK 法の構築が非自明であるかが窺い知れるであろう．

p	1	2	3	4	5	6	7	8	$\cdots$	10
条件の数（累計）	1	2	4	8	17	37	85	200	(486)	1205
最小段数 s	1	2	3	4	6	7	9	11	$\cdots$	17(?)
$\frac{s(s+1)}{2}$	1	3	6	10	21	28	45	66	$\cdots$	153

最後に，微分方程式の解のテイラー展開とグラフ理論の関係について述べておく．詳細には立ち入らないが，この関係を利用して，1960年代以降，RK 法をはじめとする常微分方程式の数値解法の研究が爆発的に進展することになる．

根付き木の集合を

$$\mathcal{T} = \{\bullet, \mathbf{:}, \mathbf{Y}, \mathbf{:}, \mathbf{Y}, \mathbf{Y}, \mathbf{Y}, \mathbf{:}, \ldots\}$$

と表す．ここで，形が同じ木（例えば $\mathbf{Y}$ と $\mathbf{Y}$）は同一視する．実は，根付き木とテイラー展開で現れる $f'f$ などが一対一に対応する：

$$\bullet \leftrightarrow f, \qquad \mathbf{:} \leftrightarrow f'f,$$

$$\mathbf{Y} \leftrightarrow f''ff, \qquad \mathbf{:} \leftrightarrow f'f'f,$$

$$\mathbf{Y} \leftrightarrow f'''fff, \qquad \mathbf{Y} \leftrightarrow f''ff'f,$$

$$\mathbf{Y} \leftrightarrow f'f''ff, \qquad \mathbf{:} \leftrightarrow f'f'f'f.$$

例えば $\mathbf{Y} \leftrightarrow f''ff'f$ は具体的には

のような関係にある．この場合，$\boldsymbol{f}''$ からは上に二本の枝が出ており，$\boldsymbol{f}'$ からは上に一本の枝が出ているが，一般にプライムの数だけその頂点から「上」に枝が出るような関係になっている．したがって，次数 p を達成する条件の数は，頂点数が p 以下の根付き木の総数に等しい．

なお，数学における木の重要性は（当然 RK 法とは全く関係のない文脈で）Cayley (1857) によって指摘され [20]，微分方程式や数値解法との関連が発見されたのは（見方によっては再発見），おおよそ 100 年後の 1950 年代になってからである（例えば，Merson (1957) [80]）．その後 1960 年代になり，RK 法の文脈における有用性が Butcher によって明らかにされ，その後の研究の爆発的な進展につながった[*12]．例えば，次数条件の関係式は必ずしも独立ではなく，「ある条件を仮定すれば，いくつかの条件が自動的に満たされる」ような議論がしばしば可能であり，「簡易化の仮定」と呼ばれている．このような議論においては，条件の式だけをじっと眺めても，理解できることはあまりないが（それゆえに，RK 法の研究は半世紀以上停滞していた），木を用いることで，極めて明快に理解できる．

以上のような経緯から，Butcher の名を冠した専門用語も多い．例えば，常微分方程式の解や数値解のテイラー展開を根付き木を用いて表現した級数を **Butcher 級数**（略して **B 級数**）という [14]．その他にも Butcher 群など様々な専門用語が知られている．

2.2.5 Runge–Kutta 法の安定性

ある常微分方程式を異なる RK 法で数値計算したとき，陽的 RK 法と比較して陰的 RK 法のほうが相対的に安定であることが多い．しかし，単に数値解法の「安定性」といっても，実に多様な定義が存在する．ここでは，最も基本的な「安定性」の概念について紹介する．

例として，スカラー（$d=1$）の線形常微分方程式

$$\frac{\mathrm{d}}{\mathrm{d}t}u(t) = \lambda u(t), \quad u(0) = u_0(> 0), \quad \lambda < 0 \tag{2.12}$$

を考えよう．もちろん，厳密解は $u(t) = \mathrm{e}^{\lambda t}u_0$ であり，図 2.2 が示すように，$t \to \infty$ で 0 に漸近する．図 2.2 には，陽的 Euler 法と陰的 Euler 法による u_1 の位置も示してある（u_1 は刻み幅 h の関数，すなわち $u_1(h)$ とみなせるから，これを h の関数としてプロットしている）．陽的 Euler 法の場合，刻み幅 h を大きく取ると，数値解と厳密の乖離は広がり，$u_2, u_3, \ldots$ と計算するごとに，誤差はどんどん拡大することが想像できるであろう．また，h が大きいとそも

[*12]　コンピュータサイエンスでは，根付き木はその根が紙面の上側に来るように表現することが標準的だが，常微分方程式の数値解析の文脈では根を下に描く習慣がある．Butcher 教授に直接尋ねたところ，実世界の木の根は下側にあるため，自然の摂理に従った表現をしているとのことであった．実際，著書 [13] においても，「New Zealand Christmas tree」といった実際の木の絵を使って，根付き木の数学的性質が明快に解説されている．

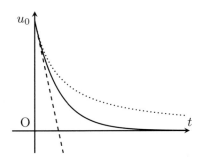

図 2.2 常微分方程式 (2.12) に対する，厳密解（実線），陽的 Euler 法による数値解（破線），陰的 Euler 法による数値解（点線）．数値解については，刻み幅 h を変えたときの数値解 u_1 の取る点を表す．

そも u_1 が負になってしまうこともある．一方で，陰的 Euler 法については，必ずしも十分な精度の数値解が得られるわけではないが，h をどんなに大きく取っても，厳密解と数値解の距離がどんどん拡大するようなことは起こらない．

以上のイメージを，少し一般的な形で考えてみよう．

対象の常微分方程式として，スカラー（ただし複素数値）の常微分方程式

$$\frac{\mathrm{d}}{\mathrm{d}t}u = \lambda u, \quad u(0) = u_0, \quad \Re(\lambda) < 0 \tag{2.13}$$

を考えよう（u_0 については特に仮定は置かない）．ただし，$\Re(\gamma)$ は γ の実部を表す．(2.13) の厳密解は $u(t) = \mathrm{e}^{\lambda t}u_0$ であり，$\Re(\lambda) < 0$ に注意すれば，任意の $t > 0$ に対して，

$$|u(t)| = |\mathrm{e}^{\lambda t}u_0| < |u_0|$$

が成り立つ．そこで，数値解法に対して

$$|u_1| < |u_0|$$

が成り立つか否かを，数値解法の安定性の一つの基準として良さそうである．いくつか例を見てみよう．

陽的 Euler 法

陽的 Euler 法の解は $u_1 = (1 + h\lambda)u_0$ であるから，$|u_1| < |u_0|$ となるには

$$|1 + h\lambda| < 1$$

が必要である．しかし，刻み幅 h が大きいとこの不等式は成り立たない（すなわち $|u_1| \geq |u_0|$ となる）．

陰的 Euler 法

陰的 Euler 法の解は $u_1 = u_0 + h\lambda u_1$ で定義されるが，u_1 について整理すると $u_1 = \dfrac{1}{1 - h\lambda}u_0$ となる．したがって，刻み幅について $h > 0$ ならば

常に

$$|u_1| = \frac{|u_0|}{|1 - h\lambda|} < |u_0|$$

が成り立つ.

実は,以下の補題が示すように,一般の RK 法に対しても $u_1 = (h や \lambda の関数) \times u_0$ の形で表現できる.

補題 2.1. $A \in \mathbb{R}^{s \times s}$ および $b \in \mathbb{R}^s$ で特徴付けられる RK 法(陽的・陰的は問わない)に対して,

$$u_1 = R(z)u_0 \quad (z = h\lambda)$$

が成り立つ.ただし,

$$R(z) = \frac{\det(I - zA + zeb^{\mathsf{T}})}{\det(I - zA)}, \quad e = [1, 1, \ldots, 1]^{\mathsf{T}} \in \mathbb{R}^s \qquad (2.14)$$

である[*13].

証明の詳細は数値解析の入門書に譲ることとして,ここではその方針のみ述べておこう.テスト問題 (2.13) に RK 法を適用して得られるスキームを,内部段 $U_1, \ldots, U_s$ と次時刻の数値解 u_1 の $s + 1$ 個の変数についての連立一次方程式とみなす.ここで,連立一次方程式の解のうち u_1 を Cramer の公式を用いて表現すれば直ちに (2.14) が得られる.

Euler 法の議論と同様に,$|R(z)| < 1$ ならば $|u_1| < |u_0|$ となる.テスト問題 (2.13) では $\Re(\lambda) < 0$ であり,また常微分方程式の時間発展を計算するという観点で意味のある時間刻み幅の範囲は $h > 0$ である.したがって,主に関心があるのは $\Re(z) < 0$ の場合であり,$|R(z)| < 1$ を満たす z の範囲が広いほど安定な解法といえそうである.実際,RK 法の安定性の代表的な特徴付けとして,複素左半平面における $|R(z)| < 1$ を満たす z の範囲がよく用いられる.

定義 2.5(A-安定な解法 (Dahlquist 1963)).$\mathcal{R} := \{z \in \mathbb{C} \mid |R(z)| < 1\}$ を RK 法の**安定領域**(stability domain)という.さらに,安定領域が

$$\mathcal{R} \supset \mathbb{C}^- = \{z \mid \Re(z) \le 0\}$$

を満たす RK 法を「A-安定な解法(A-stable method)」という[*14][*15].

いくつかの陽的 RK 法の安定領域を図 2.3 に示す.実は,s 段 p 次の陽的 RK 法のうち,$p = s$ の場合の安定性因子は公式の具体形によらず

[*13] この $R(z)$ を RK 法の安定性因子(stability factor)という.
[*14] 安定領域が複素左半平面を含む,という意味である.
[*15] A-安定性の条件は「実部が負のすべての複素数 z に対して $|R(z)| < 1$」と同値である.

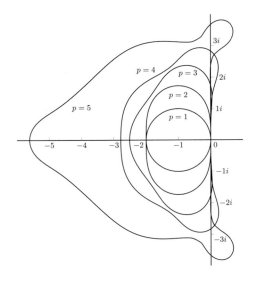

図 2.3 陽的 RK 法（1 段 1 次，2 段 2 次，3 段 3 次，4 段 4 次，6 段 5 次）の安定領域．それぞれ，閉曲線の内側が安定性領域．

$$R(z) = 1 + z + \frac{1}{2}z^2 + \cdots + \frac{1}{s!}z^s$$

であり[*16)]，$p = s = 4$ のときまでをプロットしている．それぞれ閉曲線の内側が安定領域である．また，5 段 5 次の陽的 RK 法は存在せず，6 段 5 次の陽的 RK 法の安定性因子は

$$R(z) = 1 + z + \frac{1}{2}z^2 + \frac{1}{6}z^3 + \frac{1}{24}z^4 + \frac{1}{120}z^5 + Cz^6$$

の形となる．ここで C はそれぞれの RK 公式に依存して定まる定数だが，図 2.3 では $C = 1/1280$ の場合についてプロットしている[*17)]．図 2.3 より，（必ずしも包含関係があるわけではないものの）次数が大きくなるほど安定領域が広がる傾向にあることが読み取れる．一方で，$p = 5$ のときでも，複素左半平面全体 $\mathbb{C}^-$ からは程遠い．

次数をさらに大きくすると安定領域もさらに広がることが予想されるが，これは正しい．実は，安定性因子 $R(z)$ は $\exp(z)$ の近似であり，高次になるほど近似度合いが高くなる[*18)]．領域 $\{z \in \mathbb{C} \mid |\exp(z)| < 1\}$ は $\mathbb{C}^-$ に一致するから，高次の近似になるほど安定領域も広がっていく．ただし，陽的 RK 法の安定性因子は常に多項式であり，$|z| \to \infty$ で $R(z)$ も発散するため，陽的 RK

[*16)] 証明は割愛するが，陽的 RK 法に関して安定性因子の分母は常に 1 であるから，分子のみを考えればよく，分子を展開したとき，次数条件から z^k の係数は $1/k!$ になることが分かる．

[*17)] もし $C = 1/720$ ならば 6 次の解法ということになるが，そのような 6 段解法は存在しない．

[*18)] そもそも厳密解は $u(h) = \exp(h\lambda)u_0 = \exp(z)u_0$ であることから，安定性因子は $\exp(z)$ の近似とみなせる．

法の安定領域は左にも有界である．したがって，A-安定な陽的 RK は存在しない．

陰的 RK 法の場合は様子が大きく異なる．例えば陰的 Euler 法の安定領域は $\mathcal{R} = \{z \in \mathbb{C} \mid 1 < |1-z|\}$，すなわち複素平面で 1 を中心とする半径 1 の円の「外側全体」であり，非常に広い安定領域を持つ．また，中点則をはじめ，s 段 $2s$ 次の RK 法は A-安定であり，安定領域は左半平面に一致する．

以上の議論より，$|\lambda|$ が非常に大きいような常微分方程式を対象とするとき，A-安定な解法は大きな刻み幅を用いた場合でも安定な計算が期待できるが，陽的 RK 法を用いる場合は非常に小さい刻み幅を用いない限り（仮に数値解法の精度が高くても）近似解はすぐに発散してしまう．

注意 2.2. ここまでテスト問題（より一般には線形常微分方程式系）に対して数値解法の安定性を議論してきたが，非線形な問題や，あるいは λ が虚軸上の値を持つような場合には，別の視点から考える必要が生じることもある．例えば，B-安定性といった概念が知られている．しかし，（安定性の議論に限らず）常微分方程式の数値解法の性質を議論する際には，まずは線形常微分方程式を対象に考察することで示唆に富んだ知見が得られることが多い．

2.3 構造保存数値解法

2.3.1 構造保存数値解法の概略

ここまで見てきたように，「計算コスト」および「精度」と「安定性」は微分方程式の数値解法を考える際の大きな軸である．しかし，これらに加えて「構造保存性」もしばしば重要となる．

例えば，ニュートンの運動方程式の解に対してエネルギー保存則が成り立つように，考えたい微分方程式が何らかの「構造」を持つことは少なくない．しかし，近似計算を考えると，たとえ高精度で A-安定な解法を適用しても，微分方程式の持つ構造は離散系では一般に失われてしまう．一方で，もし，方程式の背後の構造を厳密に（あるいは何らかの意味で非常に良い精度で）再現して近似計算できれば，定性的に性質が良い近似解が期待できそうである．また，構造保存性のないより高精度な解法と比べて，低コストで良好な計算が可能かもしれない．微分方程式の持つ構造を離散系でも再現する数値解法を**構造保存数値解法**といい，その研究は，1980 年代以降，数値解析学における一大潮流を成している．なお，幾何学的な構造に着目することが多いことから**幾何学的数値解法**（geometric numerical integration）とも呼ばれる[*19)]．

本節では構造保存数値解法の一例を紹介し，次節でより特徴的な構造を持つ

[*19)] 扱う対象によっては「離散力学」と呼ばれることもある．

系に対する構造保存数値解法を議論する.

2.3.2　調和振動子に対する数値計算の考察

まず，簡単な例から始めよう．例として，調和振動子（harmonic oscillator）を考える．調和振動子は，$k > 0$ を（バネ）定数，$\omega = \sqrt{k}$ を角振動数として次のように表される：

$$
\frac{\mathrm{d}}{\mathrm{d}t}
\begin{bmatrix} q \\ p \end{bmatrix}
=
\begin{bmatrix} p \\ -\omega^2 q \end{bmatrix},
\quad
\begin{bmatrix} q(0) \\ p(0) \end{bmatrix}
=
\begin{bmatrix} 1 \\ 0 \end{bmatrix}.
\tag{2.15}
$$

ここで，初期値は適当に設定した（$(0,0)^\mathsf{T}$ 以外ならばどのように設定しても以下の議論は成り立つ）．特に角振動数が $\omega = 1$ のとき，厳密解は $(q(t), p(t)) = (\cos t, -\sin t)$ であり，(q, p)-平面において単位円上を時計回りに運動する．したがって，$H(q, p) = q^2 + p^2$ としたとき，$H(q(t), p(t)) = 1$ が t によらず成り立つ（$\boldsymbol{u} = (q, p)^\mathsf{T}$ と表すならば $H(\boldsymbol{u}) = \|\boldsymbol{u}\|^2$ として $H(\boldsymbol{u}(t)) = 1$ が成り立つ）．このような H のことを，常微分方程式の**保存量**（invariant）という．

さて，調和振動子 (2.15) を数値計算するとき，数値解に対して H がどのように振る舞うかを考えよう．いくつか例を挙げる．

陽的 Euler 法

陽的 Euler 法を適用すると

$$
q_{n+1} = q_n + h p_n,
$$
$$
p_{n+1} = p_n - h q_n
$$

というスキームが得られるが，$\boldsymbol{u}_n = [q_n, p_n]^\mathsf{T}$ としたとき

$$
\|\boldsymbol{u}_{n+1}\|^2 = (1 + h^2)\|\boldsymbol{u}_n\|^2 > \|\boldsymbol{u}_n\|^2
$$

であり，$\lim_{n \to \infty} \|\boldsymbol{u}_n\|^2 = \infty$ となる．したがって，数値計算をするまでもなく，数値解は単位円から外側にずれていくことが分かる．実際，図 2.4 からも，外側にずれていく様子が読み取れる．

陰的 Euler 法

陰的 Euler 法を適用すると

$$
q_{n+1} = q_n + h p_{n+1},
$$
$$
p_{n+1} = p_n - h q_{n+1}
$$

であるが，これを整理すれば

$$
\begin{bmatrix} q_{n+1} \\ p_{n+1} \end{bmatrix}
=
\frac{1}{1 + h^2}
\begin{bmatrix} 1 & h \\ -h & 1 \end{bmatrix}
\begin{bmatrix} q_n \\ p_n \end{bmatrix}
$$

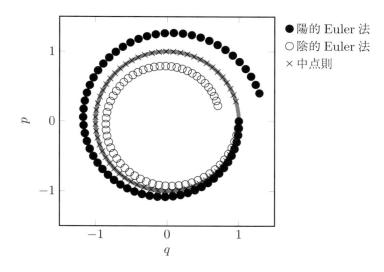

図 2.4 調和振動子に対する数値解（陽的 Euler 法，陰的 Euler 法，中点則）．刻み幅を $h = 0.1$ とし $T = 6.0$ までの結果を表示．グレーの曲線は厳密解の軌道（単位円）．

となるため，
$$\|\boldsymbol{u}_{n+1}\|^2 = \frac{1}{1+h^2}\|\boldsymbol{u}_n\|^2 < \|\boldsymbol{u}_n\|^2$$

と評価できる．したがって，$\lim_{n\to\infty}\|\boldsymbol{u}_n\| = 0$ であり，時間発展とともに原点に吸い込まれるような挙動になる．実際，図 2.4 からも，数値解の軌道が内側に向かっている様子が読み取れる．

中点則

中点則を適用すると
$$q_{n+1} = q_n + h\frac{p_{n+1} + p_n}{2},$$
$$p_{n+1} = p_n - h\frac{q_{n+1} + q_n}{2}$$

であるから，
$$\begin{aligned}
&\|\boldsymbol{u}_{n+1}\|^2 - \|\boldsymbol{u}_n\|^2 \\
&= q_{n+1}^2 - q_n^2 + p_{n+1}^2 - p_n^2 \\
&= (q_{n+1} + q_n)(q_{n+1} - q_n) + (p_{n+1} + p_n)(p_{n+1} - p_n) \\
&= (q_{n+1} + q_n)\frac{h}{2}(p_{n+1} + p_n) + (p_{n+1} + p_n)\left(-\frac{h}{2}\right)(q_{n+1} + q_n) \\
&= 0
\end{aligned}$$

と評価でき，数値解は常に単位円上に存在する．実際，図 2.4 からも，数値解は常に単位円上にあることが読み取れる．

以上の考察から，計算コストや精度の観点をいったん度外視すれば，厳密解の構造を最もよく捉えられているのは中点則といえるだろう．実際，どんなに大きな刻み幅 h を用いても，数値解は必ず単位円上にある．一方で，陽的 Euler 法や陰的 Euler 法の振舞いは安定性の議論（→2.2.5 節）からも理解できる．特に，陰的 Euler 法は安定に計算できているが，安定でありさえすれば十分というわけではないことが読み取れる．もっとも，中点則は 2 次精度解法であり，1 次精度解法の Euler 法よりそもそも精度は良いのだが，より高精度な Runge–Kutta 法も構造保存性の観点で見れば，多くの場合，Euler 法に似た挙動を示す（直後の 2.3.3 節で議論するように例外はあり，中点則はまさにその代表例である）．

2.3.3　2 次の保存量を再現する Runge–Kutta 法

　常微分方程式に保存量があるかどうか（さらに，保存量がある場合には何個あるか）は，当然，方程式に依存する．次の補題は従属変数 $\boldsymbol{u}$ に関して 2 次の保存量についての特徴付けである．

補題 2.2. ある対称行列 $C \in \mathbb{R}^{d \times d}$ が存在して，任意の $\boldsymbol{u} \in \mathbb{R}^d$ に対して

$$\boldsymbol{u}^\mathsf{T} C \boldsymbol{f}(\boldsymbol{u}) = 0$$

が成り立つと仮定する．このとき，常微分方程式

$$\frac{\mathrm{d}\boldsymbol{u}}{\mathrm{d}t} = \boldsymbol{f}(\boldsymbol{u})$$

の解に対して，$Q(\boldsymbol{u}) := \boldsymbol{u}^\mathsf{T} C \boldsymbol{u} = \mathrm{const.}$ が成り立つ．

証明　$Q(\boldsymbol{u})$ を t に関して微分すれば直ちに確認できる：

$$\frac{\mathrm{d}}{\mathrm{d}t} Q(\boldsymbol{u}) = 2\boldsymbol{u}^\mathsf{T} C \dot{\boldsymbol{u}} = 2\boldsymbol{u}^\mathsf{T} C \boldsymbol{f}(\boldsymbol{u}) = 0.$$

最初の等号は連鎖律である．二つ目の等号は微分方程式の代入，三つ目の等号は仮定により従う．　　　　　　　　　　　　　　　　　　　　　□

　ここで考えている Q は二次の保存量であるが，実は任意の二次の保存量を離散化後も再現する陰的 RK 法のクラスが存在する．

定理 2.1（Cooper [32]）．係数が

$$b_i a_{ij} + b_j a_{ji} = b_i b_j, \quad i, j = 1, \ldots, s \tag{2.16}$$

を満たす RK 法は，常微分方程式の持つ $Q(\boldsymbol{u}) = \boldsymbol{u}^\mathsf{T} C \boldsymbol{u}$ の形の任意の保存量を再現する（ただし，$C \in \mathbb{R}^{d \times d}$ は対称行列[*20)]）．すなわち，$Q(\boldsymbol{u}_{n+1}) = Q(\boldsymbol{u}_n)$

[*20)]　C は対称行列としているが，一般性を失っていない．実際，C が対称行列ではない場合，対称行列 $C_1 := (C + C^\mathsf{T})/2$ と歪対称行列 $C_2 := (C - C^\mathsf{T})/2$ を用いて $C = C_1 + C_2$ と書けるが，C_2 の歪対称性から任意の $\boldsymbol{u} \in \mathbb{R}^d$ に対して $\boldsymbol{u}^\mathsf{T} C \boldsymbol{u} = \boldsymbol{u}^\mathsf{T} C_1 \boldsymbol{u} + \boldsymbol{u}^\mathsf{T} C_2 \boldsymbol{u} = \boldsymbol{u}^\mathsf{T} C_1 \boldsymbol{u}$ が成り立つ．

が成り立つ.

注意 2.3. 定理 2.1 において, $Q(\boldsymbol{u})$ が保存量であるとは, 任意の初期値に対して $Q(\boldsymbol{u})$ が時刻 t によらず一定であることを意味している. ただし, 以下の証明の中では, 任意の $\boldsymbol{u}$ に対して $\boldsymbol{u}^{\mathsf{T}}C\boldsymbol{f}(\boldsymbol{u})=0$ であることを利用する. この条件は, $Q(\boldsymbol{u})$ が保存量であるための十分条件であるため, その意味で, 定理の表現は不正確であるが, 一方で, この条件を満たす保存量のことを単に保存量と呼ぶことも多く, ここではこのような表現を採用した. なお, より一般に, 本書で $I(\boldsymbol{u})$ が保存量といったときには, 特に断らない限り, 任意の $\boldsymbol{u}$ に対して $(\nabla I(\boldsymbol{u}))^{\mathsf{T}}\boldsymbol{f}(\boldsymbol{u})=0$ であることを前提とする. このような $I(\boldsymbol{u})$ は「第一積分」と呼ばれることもある.

一方で, 微分方程式によっては, 特殊な初期値の場合に限り, $Q(\boldsymbol{u})=\boldsymbol{u}^{\mathsf{T}}C\boldsymbol{u}$ の形の保存量が存在することがある. 例えば, 従属変数がスカラーの常微分方程式 $\dot{u}=1-u$ や $\dot{u}=1-u^2$ に対し, 一般に $Q(u):=u^2$ は保存量ではない. しかし, 初期値が $u_0=1$（後者の場合は $u_0=\pm 1$）のとき, 微分方程式の右辺は 0 であるから, 解は $u(t)=1$ であり, $Q(u)$ は一定値を取る. 実は, このようなときには, (2.16) を満たす RK 法を用いても $Q(u)$ は保存されない. 最も簡単な例として $\dot{u}=1-u$ に対し中点則を適用してみよう. すなわち, 時間発展公式は $\dfrac{u_1-u_0}{h}=1-\dfrac{u_1+u_0}{2}$ であり, 厳密解 $u(h)=(u_0-1)\mathrm{e}^{-h}+1$ との関係が明瞭になるように整理すれば, $u_1=(u_0-1)\dfrac{2-h}{2+h}+\dfrac{2}{2+h}$ となるが, $u_0=1$ であっても, $u_1\neq 1$ である.

証明 任意の $\boldsymbol{u}\in\mathbb{R}^d$ に対して $\boldsymbol{u}^{\mathsf{T}}C\boldsymbol{f}(\boldsymbol{u})=0$ が成り立つことを仮定し, 最初の 1 ステップのみを考え, $\boldsymbol{u}_1^{\mathsf{T}}C\boldsymbol{u}_1=\boldsymbol{u}_0^{\mathsf{T}}C\boldsymbol{u}_0$ を示せばよい. RK 法の定式化

$$\boldsymbol{u}_1=\boldsymbol{u}_0+h\sum_{i=1}^{s}b_i\underbrace{\boldsymbol{f}(\boldsymbol{U}_i)}_{=\boldsymbol{k}_i},\quad \boldsymbol{U}_i=\boldsymbol{u}_0+h\sum_{j=1}^{s}a_{ij}\boldsymbol{f}(\boldsymbol{U}_j),\quad i=1,\ldots,s$$

に注意して $\boldsymbol{u}_1^{\mathsf{T}}C\boldsymbol{u}_1$ を式変形していくと, RK 法の係数が (2.16) を満たすとき,

$$
\begin{aligned}
\boldsymbol{u}_1^{\mathsf{T}}C\boldsymbol{u}_1 &= \left(\boldsymbol{u}_0+h\sum_{i=1}^{s}b_i\boldsymbol{k}_i\right)^{\mathsf{T}}C\left(\boldsymbol{u}_0+h\sum_{i=1}^{s}b_i\boldsymbol{k}_i\right)\\
&= \boldsymbol{u}_0^{\mathsf{T}}C\boldsymbol{u}_0+h\sum_{i=1}^{s}b_i\boldsymbol{k}_i^{\mathsf{T}}C\boldsymbol{u}_0+h\sum_{j=1}^{s}b_j\boldsymbol{u}_0^{\mathsf{T}}C\boldsymbol{k}_j\\
&\quad +h^2\sum_{i,j=1}^{s}b_ib_j\boldsymbol{k}_i^{\mathsf{T}}C\boldsymbol{k}_j\\
&= \boldsymbol{u}_0^{\mathsf{T}}C\boldsymbol{u}_0+h\sum_{i=1}^{s}b_i\boldsymbol{k}_i^{\mathsf{T}}C\left(\boldsymbol{U}_i-h\sum_{j=1}^{s}a_{ij}\boldsymbol{k}_j\right)\\
&\quad +h\sum_{j=1}^{s}b_j\left(\boldsymbol{U}_j-h\sum_{i=1}^{s}a_{ji}\boldsymbol{k}_i\right)^{\mathsf{T}}C\boldsymbol{k}_j+h^2\sum_{i,j=1}^{s}b_ib_j\boldsymbol{k}_i^{\mathsf{T}}C\boldsymbol{k}_j
\end{aligned}
$$

$$
= \boldsymbol{u}_0^{\mathsf{T}} C \boldsymbol{u}_0 + 2 \sum_{i=1}^{s} b_i \underbrace{\boldsymbol{k}_i^{\mathsf{T}} C \boldsymbol{U}_i}_{= f(\boldsymbol{U}_i)^{\mathsf{T}} C \boldsymbol{U}_i = 0}
$$

$$
+ h^2 \sum_{i,j=1}^{s} (b_i b_j - b_i a_{ij} - b_j a_{ji}) \boldsymbol{k}_i^{\mathsf{T}} C \boldsymbol{k}_j
$$

$$
= \boldsymbol{u}_0^{\mathsf{T}} C \boldsymbol{u}_0
$$

となる. □

　条件 (2.16) を満たす典型的な例として，中点則や Gauss RK 法（$s = 1$ のときが中点則）が挙げられる．条件 (2.16) を満たす RK 法は，常微分方程式背後の 2 次の保存量を自動的に再現するが，実はこの条件を満たす陽的 RK 法は存在せず，したがって，条件 (2.16) を満たす RK 法は常に陰的 RK 法である．実際，陽的 RK 法の係数 a_{ij} のうち対角成分に着目すると，任意の $i = 1, \dots, s$ に対して $a_{ii} = 0$ であるが，条件 (2.16) において $j = i$ の場合を考えると $0 = b_i^2$ となり，すべての i に対して $b_i = 0$ となってしまう．しかし，最低でも 1 次精度を達成するためには $\sum_i b_i = 1$ が必要であるが，これを満たすことができない．

注意 2.4（シンプレクティック解法）．2.4.2 節で述べるように，ハミルトン系と呼ばれるクラスの常微分方程式を考えると，その解写像（ある時刻の解から別の時刻の解を対応させる写像）はシンプレクティック性と呼ばれる幾何的性質を持つ．実は，条件 (2.16) は，数値解もシンプレクティック性を持つための RK 法の条件になっており，しばしばシンプレクティック条件と呼ばれる．

2.3.4　分離型 Runge–Kutta 法と双線形形式保存の再現

　ここまで，RK 法について考察してきたが，本節では，RK 法の亜種のような解法を考える．例として，再び $\omega = 1$ の調和振動子

$$
\frac{\mathrm{d}}{\mathrm{d}t} \begin{bmatrix} q \\ p \end{bmatrix} = \begin{bmatrix} p \\ -q \end{bmatrix}
$$

を対象に次のような離散化を考えよう：

$$
q_{n+1} = q_n + h p_n,
$$

$$
p_{n+1} = p_n - h q_{n+1}.
$$

この解法をシンプレクティック Euler 法という．q については陽的 Euler 法と同じだが，p については陰的 RK 法と同じであるような解法になっており，まとめて一つの解法と見たときには RK 法とみなすことはできない．しかし，陽的 Euler 法と陰的 RK 法の組合せであるから，RK 法の亜種のような解法では

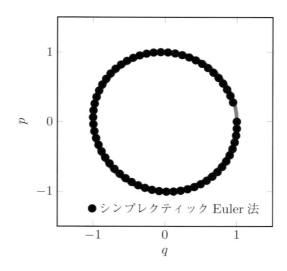

図 2.5 調和振動子に対する数値解（シンプレクティック Euler 法）．刻み幅を $h = 0.1$ とし $T = 6.0$ までの結果を表示．グレーの曲線は厳密解の軌道（単位円）．

ある．なお，陽解法と陰解法の組合せであるが，q を先に更新すればその値を用いて p も陽に更新できるため，実際の計算は陽的に行える（方程式を解く必要はない）．

いま，$A = \begin{bmatrix} 1 & h \\ -h & 1 - h^2 \end{bmatrix}$ とおき[*21]，$h < 2$ のときその対角化を $A = P \operatorname{diag}(\lambda_1, \lambda_2) P^{-1}$ と表すことにすれば，

$$\begin{bmatrix} q_n \\ p_n \end{bmatrix} = P \begin{bmatrix} \lambda_1^n & 0 \\ 0 & \lambda_2^n \end{bmatrix} P^{-1} \begin{bmatrix} q_0 \\ p_0 \end{bmatrix}$$

と書ける．ここで，$|\lambda_1| = |\lambda_2| = 1$ に注意すれば，（$(q_0, p_0) = (1, 0)$ のとき）(q_n, p_n) は常に単位円上にあるわけではないが，陽的 Euler 法のように無限遠に向かって発散したり，陰的 Euler 法のように原点に吸い込まれたりすることはなく，単位円から少しずれたところを時計回りに運動することが分かる．図 2.5 はシンプレクティック Euler 法による数値解を一周期弱示したものだが，中点則とは異なり単位円上からずれてはいるものの，数値解はほぼ単位円の近くにある様子が読み取れる．さらに長い時間にわたって数値計算を行っても，この傾向は継続する．図 2.6 は，数値解に対して $\|\boldsymbol{u}_n\|^2$ をプロットしたものである．もし，$\|\boldsymbol{u}_n\|^2 = 1$ であれば，それは数値解が常に単位円上にあることを意味する．シンプレクティック Euler 法の数値解に対しては $\|\boldsymbol{u}_n\|^2 \approx 1$（1 からはずれるが，そのずれは時刻によらず一定の幅で抑えられている）であ

[*21] 上記のシンプレクティック Euler 法の離散化を整理すると $\begin{bmatrix} q_{n+1} \\ p_{n+1} \end{bmatrix} = A \begin{bmatrix} q_n \\ p_n \end{bmatrix}$ となる．

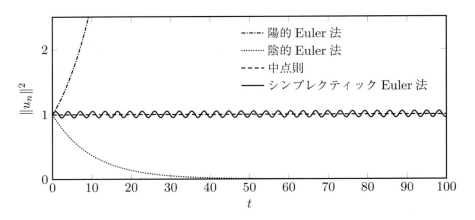

図 2.6 調和振動子に対する数値解（陽的 Euler 法，陰的 Euler 法，中点則，シンプレクティック Euler 法）のエネルギー（$\|u_n\|^2 = q_n^2 + p_n^2$）. 刻み幅を $h = 0.1$ とし $T = 100.0$ までの結果を表示.

るから，長い時間にわたって，数値解は単位円上の近くにあり続けることが読み取れる（このような性質は，「後退誤差解析」と呼ばれる解析手法によって数学的に厳密性を持って説明できるが，本書では詳細には立ち入らない）．なお，2.3.2 節で見たように，陽的 Euler 法については $\|u_n\|^2$ はほぼ単調に増大し，陰的 Euler 法については単調に減少する（0 に近づく）．また，中点則については常に $\|\boldsymbol{u}_n^2\| = 1$ が成立する．

シンプレクティック Euler 法のような数値解法を一般的な枠組みで整理しよう．まず，次のような常微分方程式系を分離型常微分方程式系（partitioned system）という：

$$\frac{\mathrm{d}}{\mathrm{d}t}\boldsymbol{y} = \boldsymbol{f}(\boldsymbol{y}, \boldsymbol{z}), \quad \frac{\mathrm{d}}{\mathrm{d}t}\boldsymbol{z} = \boldsymbol{g}(\boldsymbol{y}, \boldsymbol{z}). \tag{2.17}$$

もっとも，任意の常微分方程式系は形式的にはこのような表現を持つが，ここで主に念頭においているのは，物理的な背景などから，$\boldsymbol{y}$ と $\boldsymbol{z}$ それぞれに異なる物理的意味があるような場合である．さて，分離型常微分方程式系 (2.17) に対して，上記の考え方を一般化した次のような数値解法を考えよう．

定義 2.6（分離型 RK 法（partitioned RK methods））．分離型常微分方程式系 (2.17) に対する次のような数値解法を**分離型 RK 法**という．

$$\boldsymbol{y}_1 = \boldsymbol{y}_0 + h \sum_{i=1}^{s} b_i \boldsymbol{k}_i, \tag{2.18}$$

$$\boldsymbol{z}_1 = \boldsymbol{z}_0 + h \sum_{i=1}^{s} \widehat{b}_i \boldsymbol{l}_i, \tag{2.19}$$

$$\boldsymbol{k}_i = \boldsymbol{f}\left(\boldsymbol{y}_0 + h \sum_{j=1}^{s} a_{ij} \boldsymbol{k}_j, \boldsymbol{z}_0 + h \sum_{j=1}^{s} \widehat{a}_{ij} \boldsymbol{l}_j\right), \tag{2.20}$$

$$\boldsymbol{l}_i = \boldsymbol{g}\left(\boldsymbol{y}_0 + h\sum_{j=1}^{s} a_{ij}\boldsymbol{k}_j, \boldsymbol{z}_0 + h\sum_{j=1}^{s} \widehat{a}_{ij}\boldsymbol{l}_j\right). \tag{2.21}$$

一言で述べるならば，$\boldsymbol{y}$ の方程式と $\boldsymbol{z}$ の方程式に別々の RK 法を適用するような解法である：$\boldsymbol{y}$ の方程式に適用する RK 法の係数を a_{ij}, b_i で表し，$\boldsymbol{z}$ の方程式に適用する RK 法の係数を $\widehat{a}_{ij}$, $\widehat{b}_i$ で表している．

（陰的 RK 法の場合とは異なり）任意の二次の保存量を再現する分離型 RK 法は（$a = \widehat{a}$, $b = \widehat{b}$ の場合を除いて）存在しない．しかし，任意の**双線形形式**（bilinear form）の保存量を再現する分離型 RK 法は存在する．

定理 2.2. 係数が

$$\begin{aligned}
b_i\widehat{a}_{ij} + \widehat{b}_j a_{ji} &= b_i\widehat{b}_j, \quad i,j = 1,\ldots,s, \\
b_i &= \widehat{b}_i, \qquad\quad i = 1,\ldots,s
\end{aligned} \tag{2.22}$$

を満たす分離型 RK 法は，分離型常微分方程式系 (2.17) が持つ $\boldsymbol{y}^{\mathsf{T}}D\boldsymbol{z}$（$D$ は適切な大きさの行列）の形の任意の保存量を再現する．すなわち，$\boldsymbol{y}_n^{\mathsf{T}}D\boldsymbol{z}_n = \text{const.}$ が成り立つ．

定理 2.1 の証明と同じ方針で証明できるため，ここでは割愛する．

実は，条件 (2.22) は分離型 RK 法がハミルトン系に対してシンプレクティック性を再現するための条件にもなっている．条件 (2.22) を満たす最も簡単な例は，片方に陽的 Euler 法，もう片方に陰的 Euler 法を用いた**シンプレクティック Euler 法**である．実際，$a_{11} = 0$, $b_1 = 1$, $\widehat{a}_{11} = 1$, $\widehat{b}_1 = 1$ より条件 (2.22) が成り立つことがすぐに確認できる．また，$\boldsymbol{f}$ が $\boldsymbol{y}$ に依存せず，かつ $\boldsymbol{g}$ が $\boldsymbol{x}$ に依存しない場合には，条件 (2.22) を満たす陽解法が構成できる（最も簡単な例は，調和振動子に対するシンプレクティック Euler 法）．

ここまで，双線形形式の保存量を持つような常微分方程式の具体例は示していない．本節ではこれ以上踏み込んだ議論は行わないが，3 章において双線形形式の保存量を持つ常微分方程式を扱う．

注意 2.5（Störmer–Verlet 法）．分離型 RK 法は RK 法の拡張版として理解できるが，歴史的には，具体的にいくつかの分離型 RK 公式は RK 法の研究とは独立に，あるいは先行して研究・開発されてきたという経緯がある．次のような分離型常微分方程式系

$$\frac{\mathrm{d}}{\mathrm{d}t}\boldsymbol{q} = \boldsymbol{p}, \quad \frac{\mathrm{d}}{\mathrm{d}t}\boldsymbol{p} = \boldsymbol{g}(\boldsymbol{q}) \tag{2.23}$$

に対して，

$$\boldsymbol{q}_{n+1/2} = \boldsymbol{q}_n + \frac{h}{2}\boldsymbol{p}_n, \tag{2.24}$$

$$\boldsymbol{p}_{n+1} = \boldsymbol{p}_n + h\boldsymbol{g}(\boldsymbol{q}_{n+1/2}), \tag{2.25}$$

2.3 構造保存数値解法 **31**

$$q_{n+1} = q_{n+1/2} + \frac{h}{2} p_{n+1} \tag{2.26}$$

で表される分離型 RK 公式を **Störmer–Verlet 法**という．これは 2 次精度の公式である．この公式は，天文学の文脈で Störmer が 1907 年の論文で提案し，今日に至るまで，Störmer 法として天文学の文脈で広く利用されている（より正確にいえば，Störmer 法を高精度に拡張した公式の利用が標準的である）．一方で，分子動力学計算の文脈において，Verlet が 1967 年の論文で（Störmer とは独立に）本質的に全く同じ公式を提案しており，分子動力学の文脈では，Verlet 法として広く利用されている．数値解析の文脈では，どちらも本質的に同じ公式であることを鑑み，また Störmer と Verlet の両者の貢献を尊重し Störmer–Verlet 法と呼ぶことが多い．

いずれにしても，実際に実問題で計算を行う研究者が優れた公式を発見したことは特筆に値する（Störmer 自身は数学者でもあった）．そして，1980 年代になって，この公式が持つシンプレクティック性が数学者によって明らかとなり，なぜ優れているかの理解が深まり，また非常に多くの拡張にも繋がっていった．

なお，この公式を歴史上はじめて用いたのは実は Störmer ではない．さらに 200 年以上遡り，ニュートンが Principia の中でケプラーの第二法則を幾何的に理解するために用いたのが初出である．したがって，ある意味において，現代科学のきっかけにもなった，由緒正しき公式ともいえよう．

2.4　ハミルトン系と勾配系に対する構造保存解法

前節では，二次形式や双線形形式を保存する常微分方程式に対して，その保存量を再現する数値解法について論じた．一方で，物理などを背景に持ち応用でよく現れる常微分方程式には，方程式の表現自体に構造を持ち，さらにその帰結として豊富な数理構造を持つものも多い．

ここでは，次の形の常微分方程式の初期値問題を考えよう：

$$\frac{\mathrm{d}}{\mathrm{d}t} \boldsymbol{u}(t) = S \nabla H(\boldsymbol{u}(t)), \quad \boldsymbol{u}(0) = \boldsymbol{u}_0. \tag{2.27}$$

ただし，$\boldsymbol{u} : \mathbb{R} \to \mathbb{R}^d$, $S \in \mathbb{R}^{d \times d}$ は定数行列とし，$H : \mathbb{R}^d \to \mathbb{R}$ はエネルギー関数とする．この関数 H は，文脈によってはポテンシャルやハミルトニアンと呼ばれることもある．また，これまでの一般的な議論と同様に，以下の議論でも H には適切な滑らかさを仮定する．行列 S の性質が，方程式 (2.27) の解の性質を大きく支配する．

定理 2.3. 係数行列 S が歪対称行列（すなわち $S^\mathsf{T} = -S$）のとき，方程式 (2.27) の解は

$$\frac{\mathrm{d}}{\mathrm{d}t}H(\boldsymbol{u}(t)) = (\nabla H)^{\mathsf{T}}\dot{\boldsymbol{u}} = (\nabla H)^{\mathsf{T}}S(\nabla H) = 0$$

を満たし，(2.27) は保存的である．S が半負定値行列のときは

$$\frac{\mathrm{d}}{\mathrm{d}t}H(\boldsymbol{u}(t)) \le 0$$

を満たし散逸的である．

　なお，行列 S が $\boldsymbol{u}$ に依存する場合でも，$S(\boldsymbol{u})$ が任意の $\boldsymbol{u}$ に対して歪対称あるいは半負定値でありさえすれば，定理 2.3 と同様の保存的あるいは散逸的性質が成り立つ．

　係数行列 S が歪対称行列の場合は保存的だが，その中に非常に重要な問題クラスが知られている．問題の次元 d が偶数であり，

$$S = J^{-1} = \begin{bmatrix} O & I \\ -I & O \end{bmatrix}$$

と書けるとき（また，適当な変数変換でこの表現に帰着できるとき），(2.27) は

$$\frac{\mathrm{d}}{\mathrm{d}t}\boldsymbol{u}(t) = J^{-1}\nabla H(\boldsymbol{u}(t)), \quad \boldsymbol{u}(0) = \boldsymbol{u}_0 \tag{2.28}$$

となるが，この系を**ハミルトン系**と呼ぶ．ハミルトン系を解いて得られるフロー $\boldsymbol{\varphi}_t : \boldsymbol{u}(t_0) \mapsto \boldsymbol{u}(t_0 + t)$ について以下の性質が成り立つ．

定理 2.4（シンプレクティック性）．ハミルトン系 (2.28) のフロー $\boldsymbol{\varphi}_t$ に対して

$$\left(\frac{\partial \boldsymbol{\varphi}_t}{\partial \boldsymbol{u}_0}\right)^{\mathsf{T}} J \left(\frac{\partial \boldsymbol{\varphi}_t}{\partial \boldsymbol{u}_0}\right) = J \tag{2.29}$$

が成り立つ．

　この性質をハミルトン系の**シンプレクティック性**と呼ぶ．この性質にはいくつかの同値な言い換えがあり，例えば，$\boldsymbol{u}(t) = (\boldsymbol{q}(t)^{\mathsf{T}}, \boldsymbol{p}(t)^{\mathsf{T}})^{\mathsf{T}}$ と表すとき，シンプレクティック 2 形式 $\mathrm{d}\boldsymbol{q} \wedge \mathrm{d}\boldsymbol{p}$ が保存することと同値である．

証明　$F(t) = \partial \boldsymbol{\varphi}_t / \partial \boldsymbol{u}_0$ と表そう．このとき，$F(t)$ は微分方程式

$$\frac{\mathrm{d}}{\mathrm{d}t}F(t) = J^{-1}\nabla^2 H(\varphi_t(\boldsymbol{u}_0))F(t), \quad F(0) = I$$

を満たす．ここで，$\nabla^2 H(\boldsymbol{u})$ は H の $\boldsymbol{u}$ についてのヘッセ行列とする．なお，この微分方程式は $F(t)$ を t について微分することで得られるものであり，初期条件については $F(0) = \partial \boldsymbol{u}_0 / \partial \boldsymbol{u}_0 = I$ からきている．ここで，示すべき関係式 (2.29) は $F(t)^{\mathsf{T}}JF(t) = J$ と書き換えられるが，$t = 0$ のときは明らかに成り立つため，$\frac{\mathrm{d}}{\mathrm{d}t}(F(t)^{\mathsf{T}}JF(t)) = O$ がいえれば十分である．これは，ヘッセ行列の対称性と $J^{-\mathsf{T}}J = -I$ を用いることで次のように示せる：

2.4　ハミルトン系と勾配系に対する構造保存解法　**33**

$$\frac{\mathrm{d}}{\mathrm{d}t}(F(t)^\mathsf{T} J F(t)) = \dot{F}^\mathsf{T} J F + F^\mathsf{T} J \dot{F}$$
$$= (J^{-1}(\nabla^2 H)F)^\mathsf{T} J F + F^\mathsf{T} J J^{-1}(\nabla^2 H)F$$
$$= -F^\mathsf{T}(\nabla^2 H)F + F^\mathsf{T}(\nabla^2 H)F = O.$$

□

　詳細は割愛するが，ハミルトン系には他にも体積保存則といった性質があったり，もう少し問題クラスを限定するとさらに豊富な構造が見えてきたりする．では，ハミルトン系に対してエネルギー保存則とシンプレクティック性のどちらが重要であるかといった問いが気になるかもしれないが，これは必ずしも一概にいえるものではなく，どういった問題をどういう観点で捉えるかに大きく依存する．ただし，詳細は割愛するが，一般論としては，シンプレクティック性は背後の方程式がハミルトン系であることを特徴付けるような性質ともいえ，ハミルトン系に対する数値解析の文脈ではより重要視されることが多いように思われる．一方で，仮にエネルギー保存則があることが分かっても，背後の方程式が，ある $\boldsymbol{u}$ に依存する歪対称行列 $S(\boldsymbol{u})$ が存在して $\dot{\boldsymbol{u}} = S(\boldsymbol{u})\nabla H(\boldsymbol{u})$ の形式で表されることまではいえるが [97]，ハミルトン系を特徴付けるような性質とまではいえない．

2.4.1　離散勾配法

　まず，(2.27) の形式で表される常微分方程式に対して，エネルギーの保存性や散逸性を離散化後も厳密に引き継ぐ数値解法を考えよう．ここでは，S や H が具体的に与えられた個々の方程式に対して保存解法や散逸解法を考えるのではなく，(2.27) の形式の方程式に対して適用したときに自動的に保存的あるいは散逸的になるような数値解法を考える．この視座に立つと，実は，例えば Runge–Kutta 法はその係数 A および $\boldsymbol{b}$ をどのように選んでもエネルギー保存的・散逸的にはならないことが知られている [23]（特定の方程式に対しては，保存的あるいは散逸的な Runge–Kutta 法を構築できることはあるが，そのような Runge–Kutta 法を別の系に適用すると，一般に保存性や散逸性は保証されない）．そこで，Runge–Kutta 法などとは別の解法クラスを考える必要が生ずるが，ここでは，**離散勾配法**と呼ばれる数値解法について述べる．

注意 2.6（射影法）．保存系に対して，離散化後も保存性を保証する最もシンプルな方法は射影を利用するものである．ここで，Φ_h を保存的とは限らない一段法としよう．すなわち，$H(\Phi_h(\boldsymbol{u}_n)) \neq H(\boldsymbol{u}_n)$ である．**射影法**とは次で定義される離散時間発展写像 $\boldsymbol{u}_n \mapsto \boldsymbol{u}_{n+1}$ のことをいう．

- $\tilde{\boldsymbol{u}}_{n+1} = \Phi_h(\boldsymbol{u}_n)$.
- $\boldsymbol{u}_{n+1} = \underset{\boldsymbol{u} \in \mathcal{M}}{\operatorname{argmin}} \|\boldsymbol{u} - \tilde{\boldsymbol{u}}_{n+1}\|$.

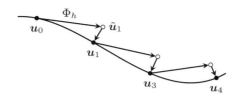

図 2.7 射影法のイメージ図.

ただし,$\mathcal{M} = \{\boldsymbol{u} \in \mathbb{R}^d \mid H(\boldsymbol{u}) = H(\boldsymbol{u}_0)\}$ であり,多くの場合,実際に射影(最小化問題の解)を構築できる.このような解法について,近似解が存在するならば $H(\boldsymbol{u}_n) = H(\boldsymbol{u}_0)$ が成り立つことは明らかであろう.また,一般に,$\boldsymbol{u}_n \mapsto \boldsymbol{u}_{n+1}$ の次数は Φ_h のそれと一致する.図 2.7 は射影法のイメージを示したものである.

この議論において,$\mathcal{M}$ は $\mathbb{R}^d$ の $d-1$ 次元部分多様体であるが,より一般に,複数保存量を再現する離散的な時間発展写像も同様に構築できる.さらに,多様体上で定義された微分方程式に対しては,数値解も多様体上を時間発展することが望ましいが,同様の考え方で多様体上の数値解法も実現できる.

一方で,Φ_h がすでに何らかの「良い」性質を持っている場合,射影によってその性質は失われる.例えば,2.4.2 節で述べるシンプレクティック解法をベースにした射影法は,ベースとなるシンプレクティック解法やあるいはこの注意の直後に述べる離散勾配法よりも安定性が大きく劣化することがある.他にも,Φ_h そのものがある程度安定に計算できる必要があるため,汎用的な陽解法を用いる場合などは,刻み幅の選択には十分注意する必要がある.このように,射影法はシンプルではあるが,留意すべき点が多くある数値解法である.

離散勾配法では,勾配 ∇H をどのように近似するかが肝心である.

定義 2.7(離散勾配 [43]).関数 $H : \mathbb{R}^d \to \mathbb{R}$ を考え,任意の $\boldsymbol{u}, \boldsymbol{v} \in \mathbb{R}^d$ に対して次を満たす連続写像としての離散量 $\nabla_\mathrm{d} H : \mathbb{R}^d \times \mathbb{R}^d \to \mathbb{R}^d$ が存在するとき,それを H の離散勾配と呼ぶ:

- $H(\boldsymbol{u}) - H(\boldsymbol{v}) = \bigl(\nabla_\mathrm{d} H(\boldsymbol{u}, \boldsymbol{v})\bigr)^\top (\boldsymbol{u} - \boldsymbol{v}),$
- $\nabla_\mathrm{d} H(\boldsymbol{u}, \boldsymbol{u}) = \nabla H(\boldsymbol{u}).$

ここで,一つ目の条件が「離散連鎖律」と呼ばれるもので本質的である.二つ目の条件は,離散勾配が連続版の勾配の近似になっていることの要請に過ぎない.なお,∇_d は勾配 ∇ の近似を意図したものであるが,∇_d は作用素ではなく,$\nabla_\mathrm{d} H$ で離散勾配という一つの関数を定義している点に注意が必要である.

具体的な離散勾配の求め方はさておき,(2.27) に対する数値解法を

$$\frac{\boldsymbol{u}_{n+1} - \boldsymbol{u}_n}{h} = S \nabla_\mathrm{d} H(\boldsymbol{u}_{n+1}, \boldsymbol{u}_n) \tag{2.30}$$

と定義すると，この解法は S の性質に応じて自明に保存解法あるいは散逸解法になっている．実際，S が歪対称行列の場合

$$
\begin{aligned}
H(\boldsymbol{u}_{n+1}) - H(\boldsymbol{u}_n) &= \big(\nabla_{\mathrm{d}} H(\boldsymbol{u}_{n+1}, \boldsymbol{u}_n)\big)^{\top}(\boldsymbol{u}_{n+1} - \boldsymbol{u}_n) \\
&= \big(\nabla_{\mathrm{d}} H(\boldsymbol{u}_{n+1}, \boldsymbol{u}_n)\big)^{\top} S\big(\nabla_{\mathrm{d}} H(\boldsymbol{u}_{n+1}, \boldsymbol{u}_n)\big) = 0
\end{aligned}
$$

が成り立ち，S が半不定値行列の場合，最後の等号は ≤ 0 となる．

　離散勾配の具体的な構成法を考えよう．離散勾配の定義 2.7 の一つ目の条件は多変数関数 $\nabla_{\mathrm{d}} f : \mathbb{R}^n \times \mathbb{R}^n \to \mathbb{R}^n$ に対して 1 個の等式制約を課しているに過ぎず，一般に与えられた関数 f に対する離散勾配は無数に存在する．以下では代表的な構成法をいくつか紹介する．

- Itoh–Abe による離散勾配 [57]：

$$
\nabla_{\mathrm{d}} f(\boldsymbol{u}, \boldsymbol{v}) =
\begin{bmatrix}
\dfrac{f(u_1, v_2, \ldots, v_n) - f(v_1, \ldots, v_n)}{u_1 - v_1} \\[2mm]
\dfrac{f(u_1, u_2, v_3, \ldots, v_n) - f(u_1, v_2, \ldots, v_n)}{u_2 - v_2} \\[2mm]
\vdots \\[2mm]
\dfrac{f(u_1, \ldots, u_n) - f(u_1, \ldots, u_{n-1}, v_n)}{u_n - v_n}
\end{bmatrix} .
$$

- Gonzalez による離散勾配 [43]：

$$
\nabla_{\mathrm{d}} f(\boldsymbol{u}, \boldsymbol{v})
$$
$$
= \nabla f\Big(\frac{\boldsymbol{u} + \boldsymbol{v}}{2}\Big) + \frac{f(\boldsymbol{u}) + f(\boldsymbol{v}) - \big(\nabla f\big(\frac{\boldsymbol{u}+\boldsymbol{v}}{2}\big)\big)^{\top}(\boldsymbol{u} - \boldsymbol{v})}{\|\boldsymbol{u} - \boldsymbol{v}\|^2}(\boldsymbol{u} - \boldsymbol{v}).
$$

- 平均ベクトル場（average vector field）法 [51], [79], [98]：

$$
\nabla_{\mathrm{d}} f(\boldsymbol{u}, \boldsymbol{v}) = \int_0^1 \nabla f(\tau \boldsymbol{u} + (1 - \tau)\boldsymbol{v})\, \mathrm{d}\tau.
$$

Itoh–Abe の離散勾配は，関数 f の引数ごとに差分を繰り返すものであり，引き算を考える順序で組合せ的自由度が生じる．また，$\boldsymbol{u}, \boldsymbol{v}$ に関する対称性がない（すなわち $\nabla_{\mathrm{d}} f(\boldsymbol{u}, \boldsymbol{v}) \neq \nabla_{\mathrm{d}} f(\boldsymbol{v}, \boldsymbol{u})$）ことや，一般に 1 次精度であるという欠点を持つ．一般に，保存系の常微分方程式の数値解法として対称性が失われると（保存則を厳密に再現していても）定性的性質は大きく損なわれることがあるため，保存系に対する解法としては主流ではないが，散逸系に対する解法としては近年新たに大きな脚光を浴びている [22], [44], [87].

　Gonzalez の離散勾配は，$\boldsymbol{u}$ と $\boldsymbol{v}$ に関して対称となるように定義されており，また中点で近似した勾配 $\nabla f((\boldsymbol{u} + \boldsymbol{v})/2)$ を修正したものであると明解に理解できる．この離散勾配に基づく離散勾配スキームは 2 次精度だが，右辺第 2 項にある $1/\|\boldsymbol{u} - \boldsymbol{v}\|^2$ により，各要素にすべての変数が絡むため，実用性はあまり高くない（例えば，連立非線形方程式をニュートン法で計算する場合，連立

一次方程式の係数行列が密行列となる）．

平均ベクトル場法は，Gonzalez による離散勾配と同様に，$\boldsymbol{u}$ と $\boldsymbol{v}$ に関して対称であり，対応する離散勾配スキームは 2 次精度である．さらに離散勾配の計算も容易であり，高精度に拡張する手法もいくつか知られており [16], [37], [47], [81], [85]，保存系の微分方程式に対して最もよく利用されている．また，S が定数行列の場合，∇H の具体形を陽に扱わなくても，$S\nabla H$ の形さえ分かっていれば実装可能という，実装上の利点もある．

注意 2.7. 歪対称行列 S が $\boldsymbol{u}$ に依存するような系も応用上よく現れる（特に，ポアソン括弧がヤコビ恒等式を満たす系は，**ポアソン系**と呼ばれる）．そのような場合には，(2.30) の代わりに，例えば

$$\frac{\boldsymbol{u}_{n+1} - \boldsymbol{u}_n}{h} = S\left(\frac{\boldsymbol{u}_{n+1} + \boldsymbol{u}_n}{2}\right)\nabla_{\mathrm{d}}H(\boldsymbol{u}_{n+1}, \boldsymbol{u}_n) \tag{2.31}$$

のような数値解法は保存解法となる（離散勾配として Gonzalez の方法や平均ベクトル場法を用いるならば，2 次精度解法である）．行列 S が定数行列の場合と同様に，高精度解法の研究も進んでいる [3], [15], [30], [82], [84].

2.4.2 シンプレクティック解法

ハミルトン系 (2.28) に対して，離散化後の離散的な時間発展写像もシンプレクティックとなる解法を総称してシンプレクティック解法という．様々なシンプレクティック解法が知られているが，エネルギー保存・散逸解法と決定的に異なる点として，Runge–Kutta 法や分離型 Runge–Kutta 法の中にシンプレクティック解法となる解法クラスが存在する．

定理 2.5 ([2], [63], [102], [110])．条件 (2.16) を満たす Runge–Kutta 法はハミルトン系に対してシンプレクティックである[*22]．また，条件 (2.22) を満たす分離型 Runge–Kutta 法もハミルトン系に対してシンプレクティックである．

この主張は以下の定理を認めれば，定理 2.1 より明らかであろう．以下は RK 法についての主張だが，分離型 RK 法についても本質的に同じ方針で示せる．

定理 2.6 ([8])．任意の 2 次の保存量を保存する RK 法は，ハミルトン系に対してシンプレクティックである．

証明 まず，任意の RK 法に対して，次の図式は可換である：

[*22) この条件は，[63], [102], [110] で独立に示されたものである．

$$\dot{\boldsymbol{u}} = \boldsymbol{f}(\boldsymbol{u}),\ \boldsymbol{u}(0) = \boldsymbol{u}_0 \qquad \xrightarrow{\ \text{RK 法}\ } \qquad \{\boldsymbol{u}_n\}$$

$$\downarrow \tfrac{\partial}{\partial \boldsymbol{u}_0} \qquad\qquad\qquad\qquad \downarrow \tfrac{\partial}{\partial \boldsymbol{u}_0}$$

$$\dot{\boldsymbol{u}} = \boldsymbol{f}(\boldsymbol{u}),\ \boldsymbol{u}(0) = \boldsymbol{u}_0 \qquad \xrightarrow{\ \text{RK 法}\ } \{\boldsymbol{u}_n, F_n\}$$

$$\dot{F} = \boldsymbol{f}'(\boldsymbol{u})F(\boldsymbol{u}),\ F(0) = I$$

すなわち，$F_n = \partial \boldsymbol{u}_n / \partial \boldsymbol{u}_0$ が成り立つ（F についての初期値問題は変分方程式と呼ばれる）[*23]．ハミルトン系は $\boldsymbol{f}(u) = J^{-1}\nabla H(\boldsymbol{u})$ であるから，対応する変分方程式は

$$\dot{F} = J^{-1}\nabla^2 H(\boldsymbol{u})F$$

である．ここで，

$$(J^{-1}\nabla^2 H(\boldsymbol{u})F)^{\top}JF + F^{\top}J(J^{-1}\nabla^2 H(\boldsymbol{u})F) = 0$$

より，$F^{\mathsf{T}}JF$ は変分方程式の 2 次の保存量であることが分かる（$\to$ 定理 2.4 の証明と同じ議論）．したがって，任意の 2 次の保存量を保存する RK 法をハミルトン系に適用すれば，$F_n^{\mathsf{T}}JF_n = \text{const.}$ となり，これは，離散的な時間発展写像がシンプレクティックであることを示している． $\square$

　上述の通り，シンプレクティック性は背後の力学系がハミルトン系であることを特徴付けるような性質である．実は，シンプレクティック解法は，もとのハミルトン系に摂動を加えたハミルトン系を厳密に解いているという解釈ができる．その帰結として，もとのハミルトン系の解と定性的に非常に近い近似解が得られることが多い．エネルギー保存解法は，基本的には解の自由度を一つ制限しているだけであるから（平均ベクトル場法などについてはもう少し強い主張が成り立つ），ハミルトン系に対してはシンプレクティック解法のほうが好まれることが多い．このような事情から，シンプレクティック解法は構造保存数値解法の代表的な解法クラスといえる．本書では，シンプレクティック性に着目する議論があまりないため，詳細な議論は行わないが，非常に多くのシンプレクティック解法が知られていることを注意しておく．実際，次節以降で紹介する合成解法や分解解法の中には，シンプレクティック解法の研究の文脈で発展してきたものも多い．

　ただし，シンプレクティック解法にも弱点があり，例えば，不安定平衡点の近傍で近似解の挙動が著しく悪化したり（$\to$ 例えば，[98] では，Hénon–Heiles 方程式に対してシンプレクティック Euler 法（シンプレクティック分離型 RK 法の一種）を適用すると，不安定平衡点の近くで近似解の挙動が急激に劣化す

[*23]　この主張の証明は割愛するが，陽的 Euler 法などを考えれば納得できるであろう．

る危険性を例示している），刻み幅制御法と組み合わせると上述のような良い性質が保証できなくなったりする．

2.5 合成解法

2.5.1 数値解法の対称性

Runge–Kutta 法をはじめとする一段法は u_0 から u_1 （u_n から u_{n+1}）を計算するものである．また，任意の一段法は，形式的に刻み幅 h を $-h$ に変更して用いると，時間逆方向に数値計算を行っていると解釈できる．この点に注意して，次の操作を考えよう．まず，u_1 を u_0 から陽的 Euler 法で数値計算した数値解とする．すなわち，$u_1 = u_0 + h f(u_0)$ である．次に，u_0^* を u_1 から陽的 Euler 法で時間逆向きに数値計算した数値解

$$u_0^* = u_1 - h f(u_1)$$

とする．ここで，u_0 と u_0^* は一致するだろうか？ 明らかに，f が定数のような非常に特殊な場合を除いて $u_0 \neq u_0^*$ である．

次に，中点則

$$u_1 = u_0 + h f\left(\frac{u_0 + u_1}{2}\right)$$

に対して同様の操作を行うと，

$$u_0^* = u_1 - h f\left(\frac{u_1 + u_0^*}{2}\right)$$

となるが，この場合は（数値解の一意性などの仮定のもとで）$u_0 = u_0^*$ である．中点則のように，同じ数値解法を使って時間逆方向に数値計算したとき，元の解が復元される数値解法のことを「（時間）対称な数値解法」という．

以下では，一段法を表現する時間発展写像を $\Phi_h : \mathbb{R}^d \to \mathbb{R}^d$ で表す（すなわち，$u_1 = \Phi_h(u_0)$ あるいは $u_{n+1} = \Phi_h(u_n)$）．

定義 2.8（一段法の対称性）．一段法 Φ_h が Φ_{-h}^{-1} を満たすとき，対称な解法という[*24]．

対称な解法の著しい特徴の一つとして，次が知られている．

定理 2.7. 対称な解法の精度は必ず偶数である．

すなわち，奇数次精度の対称な解法は存在しない．したがって，例えば，ある対称な解法に対して少なくとも 3 次精度であることが確認できれば，その解法は少なくとも 4 次精度かそれ以上の偶数次精度の解法である．

[*24]　本節では，以後 Φ_h は全単射で逆写像 Φ_h^{-1} が存在することを仮定する．実際，この仮定は，ほぼすべての数値解法と適切な（十分小さな）刻み幅 h に対して成り立つ．

証明 厳密解の h-時間発展写像を $\boldsymbol{\varphi}_h : \mathbb{R}^d \to \mathbb{R}^d$ と書こう．証明は次の 2 ステップからなる．

- まず，「対称とは限らない任意の一段法 $\boldsymbol{\Phi}_h$ に対して，$\boldsymbol{\Phi}_h$ と $\boldsymbol{\Phi}_{-h}^{-1}$ の精度が等しいこと」を示す．

    $\boldsymbol{\Phi}_h$ が p 次精度解法とすると，数値解法の精度の定義から，ある（滑らかな）写像 $\boldsymbol{C} : \mathbb{R}^d \to \mathbb{R}^d$ が存在し，$\boldsymbol{\Phi}_h(\boldsymbol{u}_0)$ は形式的に次のように展開できる：

$$\boldsymbol{\Phi}_h(\boldsymbol{u}_0) = \boldsymbol{\varphi}_h(\boldsymbol{u}_0) + \boldsymbol{C}(\boldsymbol{u}_0)h^{p+1} + \mathrm{O}(h^{p+2}). \tag{2.32}$$

    以下，$\boldsymbol{e}^* := \boldsymbol{\Phi}_{-h}^{-1}(\boldsymbol{u}_0) - \boldsymbol{\varphi}_h(\boldsymbol{u}_0) = \mathrm{O}(h^{p+1})$ を示すが，そのために，$\boldsymbol{\Phi}_{-h}^{-1}(\boldsymbol{u}_0)$ と $\boldsymbol{\varphi}_h(\boldsymbol{u}_0)$ をそれぞれ $\boldsymbol{\Phi}_{-h}$ で引き戻し，$\boldsymbol{e} = \boldsymbol{\Phi}_{-h} \circ \boldsymbol{\Phi}_{-h}^{-1}(\boldsymbol{u}_0) - \boldsymbol{\Phi}_{-h} \circ \boldsymbol{\varphi}_h(\boldsymbol{u}_0)$ を考える．(2.32) を用いると，直ちに

$$\boldsymbol{e} = \boldsymbol{u}_0 - \boldsymbol{\varphi}_{-h}(\boldsymbol{\varphi}_h(\boldsymbol{u}_0)) - \boldsymbol{C}(\boldsymbol{\varphi}_h(\boldsymbol{u}_0))(-h)^{p+1} + \mathrm{O}(h^{p+2})$$
$$= (-1)^p \boldsymbol{C}(\boldsymbol{\varphi}_h(\boldsymbol{u}_0))h^{p+1} + \mathrm{O}(h^{p+2})$$

    が得られる．また，明らかに $\boldsymbol{\varphi}_h(\boldsymbol{u}_0) = \boldsymbol{u}_0 + O(h)$ と $\boldsymbol{e} = (I + O(h))\boldsymbol{e}^*$ は成り立つため，これらを用いると

$$\boldsymbol{e}^* = (-1)^p \boldsymbol{C}(\boldsymbol{u}_0)h^{p+1} + \mathrm{O}(h^{p+2}) \tag{2.33}$$

    となり，$\boldsymbol{\Phi}_{-h}^{-1}$ も p 次精度であることが示された．

- 次に，「対称な解法の精度は偶数であること」を示す．

    証明の前半の (2.33) は

$$\boldsymbol{\Phi}_{-h}^{-1}(\boldsymbol{u}_0) = \boldsymbol{\varphi}_h(\boldsymbol{u}_0) + (-1)^p \boldsymbol{C}(\boldsymbol{u}_0)h^{p+1} + \mathrm{O}(h^{p+2}) \tag{2.34}$$

    と書き換えられる．ここで，$\boldsymbol{\Phi}_h$ が対称な解法，すなわち $\boldsymbol{\Phi}_h(\boldsymbol{u}_0) = \boldsymbol{\Phi}_{-h}^{-1}(\boldsymbol{u}_0)$ の場合，(2.32) と (2.34) を比較すると

$$\boldsymbol{C}(\boldsymbol{u}_0) = (-1)^p \boldsymbol{C}(\boldsymbol{u}_0)$$

    が成り立つ．ここで，$\boldsymbol{\Phi}_h$ が p 次精度であるとき，$\boldsymbol{C}$ は恒等的に零ではないことに注意すると，p は偶数でなければならない．

$\square$

2.5.2 合成解法

例えば，$\boldsymbol{\Phi}_{h/2} \circ \boldsymbol{\Phi}_{h/2}$ は，$\boldsymbol{\Phi}_h$ を刻み幅を半分にして 2 回合成した新しい解法とみなせる．より一般に，$\gamma_1, \dots, \gamma_s$ を

$$\gamma_1 + \cdots + \gamma_s = 1$$

を満たす実数として，新しい写像 $\boldsymbol{\Psi}_h$ を

$$\boldsymbol{\Psi}_h = \boldsymbol{\Phi}_{\gamma_s h} \circ \cdots \circ \boldsymbol{\Phi}_{\gamma_1 h} \tag{2.35}$$

と定義する．このように，ある数値解法について，一般に異なる刻み幅で合成した数値解法のことを**合成解法**という．

容易に想像できるように，$0 < \gamma_i < 1 \ (i = 1, \ldots, s)$ であれば，結局，もとの数値解法 $\boldsymbol{\Phi}_h$ をより小さな刻み幅で用いることになり，数値解の誤差は小さくなると期待できるが，次数は変化しない．しかし，γ_i として負の実数を許容すると，s に応じて $\boldsymbol{\Psi}_h$ の次数をいくらでも大きくできる．

定理 2.8 ([120])．$\boldsymbol{\Phi}_h$ を p 次の数値解法とする．このとき，$\gamma_1, \ldots, \gamma_s$ が

$$\gamma_1 + \cdots + \gamma_s = 1,$$
$$\gamma_1^{p+1} + \cdots + \gamma_s^{p+1} = 0$$

を満たす実数ならば，$\gamma_1, \ldots, \gamma_s$ を用いて定義される合成解法 (2.35) は，少なくとも $p+1$ 次の数値解法である．

定理中の条件を満たすためには，γ_i のうち少なくとも一つは負でなければならない．また，s は 3 以上でなければならないことも分かる．

以下の証明は [48, Chapter II.4] に基づく．

証明 簡単のため，$s = 3$ の場合について証明を与える（これは単純に表記の煩雑さを避けるためであり，$s \geq 4$ の場合も全く同様に示せる）．まず，$\boldsymbol{v}_1 = \boldsymbol{\Phi}_{\gamma_1 h}(\boldsymbol{u}_0)$, $\boldsymbol{v}_2 = \boldsymbol{\Phi}_{\gamma_2 h}(\boldsymbol{v}_1)$ と表記する．$\boldsymbol{\Psi}_h$ の定義より，$\boldsymbol{\Psi}_h(\boldsymbol{u}_0) = \boldsymbol{\Phi}_{\gamma_3 h}(\boldsymbol{v}_2)$ である．$\boldsymbol{e}_1, \boldsymbol{e}_2, \boldsymbol{e}_3$ を

$$\boldsymbol{e}_1 := \boldsymbol{\Phi}_{\gamma_1 h}(\boldsymbol{u}_0) - \boldsymbol{\varphi}_{\gamma_1 h}(\boldsymbol{u}_0)$$
$$= \boldsymbol{C}(\boldsymbol{u}_0)\gamma_1^{p+1} h^{p+1} + \mathrm{O}(h^{p+2}),$$
$$\boldsymbol{e}_2 := \boldsymbol{\Phi}_{\gamma_2 h}(\boldsymbol{v}_1) - \boldsymbol{\varphi}_{\gamma_2 h}(\boldsymbol{v}_1)$$
$$= \boldsymbol{C}(\boldsymbol{v}_1)\gamma_2^{p+1} h^{p+1} + \mathrm{O}(h^{p+2}),$$
$$\boldsymbol{e}_3 := \boldsymbol{\Phi}_{\gamma_3 h}(\boldsymbol{v}_2) - \boldsymbol{\varphi}_{\gamma_3 h}(\boldsymbol{v}_2)$$
$$= \boldsymbol{C}(\boldsymbol{v}_2)\gamma_3^{p+1} h^{p+1} + \mathrm{O}(h^{p+2})$$

と定義する．さらに，$\hat{\boldsymbol{e}}_1, \hat{\boldsymbol{e}}_2, \hat{\boldsymbol{e}}_3$ を

$$\hat{\boldsymbol{e}}_1 := \boldsymbol{\varphi}_{(\gamma_2 + \gamma_3)h} \circ \boldsymbol{\Phi}_{\gamma_1 h}(\boldsymbol{u}_0) - \boldsymbol{\varphi}_{(\gamma_2 + \gamma_3)h} \circ \boldsymbol{\varphi}_{\gamma_1 h}(\boldsymbol{u}_0),$$
$$\hat{\boldsymbol{e}}_2 := \boldsymbol{\varphi}_{\gamma_3 h} \circ \boldsymbol{\Phi}_{\gamma_2 h}(\boldsymbol{v}_1) - \boldsymbol{\varphi}_{\gamma_3 h} \circ \boldsymbol{\varphi}_{\gamma_2 h}(\boldsymbol{v}_1),$$
$$\hat{\boldsymbol{e}}_3 := \boldsymbol{e}_3$$

と定義する．ここで，$\boldsymbol{v}_i = \boldsymbol{u}_0 + \mathrm{O}(h)$ と $\hat{\boldsymbol{e}}_i = (I + \mathrm{O}(h))\boldsymbol{e}_i$ に注意し，さら

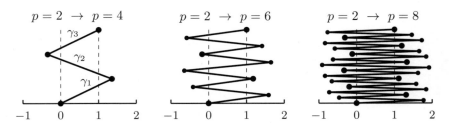

図 2.8 吉田のトリプル・ジャンプ．

に $\gamma_1 + \gamma_2 + \gamma_3 = 1$ を仮定すると

$$\begin{aligned}\boldsymbol{\Psi}_h(\boldsymbol{u}_0) - \boldsymbol{\varphi}_h(\boldsymbol{u}_0) &= \hat{\boldsymbol{e}}_1 + \hat{\boldsymbol{e}}_2 + \hat{\boldsymbol{e}}_3 \\ &= \boldsymbol{C}(\boldsymbol{u}_0)(\gamma_1^{p+1} + \gamma_2^{p+1} + \gamma_3^{p+1})h^{p+1} + \mathrm{O}(h^{p+2})\end{aligned}$$

となる．したがって，さらに $\gamma_1^{p+1} + \gamma_2^{p+1} + \gamma_3^{p+1} = 0$ を仮定すれば $\boldsymbol{\Psi}_h$ は少なくとも $p+1$ 次の解法となる． □

この定理は $\boldsymbol{\Phi}_h$ が対称な解法のときに特に有用である．

系 2.1. $\boldsymbol{\Phi}_h$ を対称な解法とし，次数を p で表す (p は偶数)．さらに，$\gamma_1, \ldots, \gamma_s$ が

$$\gamma_i = \gamma_{s+1-i}, \quad i = 1, \ldots, s$$

を満たすと仮定する．このとき，$\boldsymbol{\Psi}_h$ は対称な解法となり，少なくとも $p+2$ 次の数値解法である．

さて，$s = 3$ として $\gamma_1, \gamma_2, \gamma_3$ を求めよう．定理 2.8 の条件に加えて，$\gamma_1 = \gamma_3$ も条件として課すと，

$$\gamma_1 = \gamma_3 = \frac{1}{2 - 2^{1/(p+1)}}, \quad \gamma_2 = -\frac{2^{1/(p+1)}}{2 - 2^{1/(p+1)}}$$

が得られる（$\gamma_1 = \gamma_3 > 1, \gamma_2 < 0$ である）．この合成解法はしばしば**吉田のトリプル・ジャンプ**と呼ばれている．

吉田のトリプル・ジャンプでは，任意の対称な 2 次精度解法をベースに，刻み幅を $\gamma_1 h, \gamma_2 h, \gamma_3 h$ として 3 回合成すると，その合成解法は 4 次精度となる．同様の操作を繰り返すと，少なくとも原理的には，任意の対称な 2 次精度解法をベースに 3^s 回の合成で $2s$ 次解法を構築できる（吉田のトリプル・ジャンプに基づき，対称な 2 次精度解法を合成して 4, 6, 8 次精度解法を構築する際に利用する係数を図 2.8 に示す）．ただし，高精度を目指すほど，-1 よりかなり小さい係数が含まれることになり，摩擦が入ったエネルギー散逸系などでは，本来エネルギーが散逸する順方向に時間発展すべきところを，エネルギーが増大する逆方向に時間発展することになり，安定性が悪化したり，定性的におかし

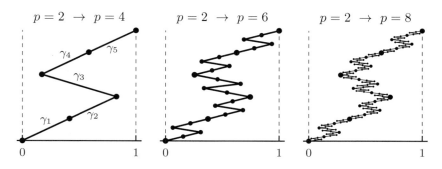

図 2.9 鈴木のフラクタル.

な数値解が得られたりすることもある．したがって，容易に高精度解法を構築できるものの，実際に何次精度の数値解法を利用するかは，解きたい方程式の性質に応じて注意深く考える必要がある．

注意 2.8. 上述の通り，吉田のトリプル・ジャンプでは必ず絶対値が 1 より大きな係数が含まれる．一方，$s = 5$ とすれば，すべての係数の絶対値を 1 未満にできる：

$$\gamma_1 = \gamma_2 = \gamma_4 = \gamma_5 = \frac{1}{4 - 4^{1/(p+1)}}, \quad \gamma_3 = -\frac{4^{1/(p+1)}}{4 - 4^{1/(p+1)}}. \tag{2.36}$$

図 2.9 に示すように，この方法で高精度解法を構築する際の係数を図示すればフラクタル構造が現れるため，(2.36) に基づく合成解法はしばしば**鈴木のフラクタル**と呼ばれる [111]．鈴木のフラクタルは吉田のトリプル・ジャンプの安定性の問題をある程度回避でき，さらに，高精度化達成に必要な合成回数は多くなるものの，実際にはより小さい誤差の近似解が得られる [78]．他にも，係数 $\gamma_1, \ldots, \gamma_s$ として複素数を許容するといったアイデアも提案されている [21]．目標の次数を定めたとき，誤差の大きさも考慮した上で最も効率的な合成解法は何かという問いは存外難しく，注意 2.9 で述べる実効次数法などの技巧なども組み合わせた研究が進められている（直近の進展については [7] などを参照されたい）．

注意 2.9. 合成解法の本質は，「数値解法を写像の合成で表現する」ことであり，この視点に立てば，必ずしもベースとなる写像は同じものである必要はない．例えば，2 種類の RK 法を写像として $\mathbf{\Phi}_{\mathrm{RK1},h}, \mathbf{\Phi}_{\mathrm{RK2},h}$ と表し，

$$\mathbf{\Psi}_h = \mathbf{\Phi}_{\mathrm{RK1},h}^{-1} \circ \mathbf{\Phi}_{\mathrm{RK2},h} \circ \mathbf{\Phi}_{\mathrm{RK1},h}$$

で定義される新しい数値解法 $\mathbf{\Psi}_h$ を考えよう．この新しい数値解法はそれ自体 RK 法になり，さらに，$\mathbf{\Phi}_{\mathrm{RK1},h}$ と $\mathbf{\Phi}_{\mathrm{RK2},h}$ を注意深く選ぶことで，それぞれの RK 法の次数よりも $\mathbf{\Psi}_h$ の次数を高くできることがある．この考え方の重

要な点は，$\boldsymbol{\Psi}_h$ を用いた時間発展，すなわち n 回の合成は

$$\boldsymbol{\Psi}_h^n := \boldsymbol{\Psi}_h \circ \cdots \circ \boldsymbol{\Psi}_h = \boldsymbol{\Phi}_{\mathrm{RK1},h}^{-1} \circ \boldsymbol{\Phi}_{\mathrm{RK2},h}^n \circ \boldsymbol{\Phi}_{\mathrm{RK1},h}$$

と表現できることから，n が大きい場合，$\boldsymbol{\Psi}_h$ で n ステップ数値計算する計算コストは，$\boldsymbol{\Phi}_{\mathrm{RK2},h}$ で n ステップ数値計算する計算コストとほぼ等しいことにある．この考え方は，**Butcher の実効次数法**と呼ばれ [11]，主に理論的な観点から，常微分方程式の数値解法の研究が代数的な議論に変遷していった転換点となるものであった．

2.6 分解解法

常微分方程式の右辺 $\boldsymbol{f}(\boldsymbol{u})$ が $\boldsymbol{f}(\boldsymbol{u}) = \boldsymbol{f}^{[1]}(\boldsymbol{u}) + \boldsymbol{f}^{[2]}(\boldsymbol{u})$ のように二つの（それぞれが意味を持つ）関数の和の形で書ける場合を考えよう．すなわち

$$\frac{\mathrm{d}}{\mathrm{d}t}\boldsymbol{u} = \boldsymbol{f}^{[1]}(\boldsymbol{u}) + \boldsymbol{f}^{[2]}(\boldsymbol{u}) \tag{2.37}$$

と表される微分方程式を考えよう．ここでは簡単のため「二つの」和としたが，以下の議論の大半は，三つ以上の関数の和を考える場合も同様に成り立つ．

以下では，$\dot{\boldsymbol{u}} = \boldsymbol{f}^{[1]}(\boldsymbol{u})$ の時間発展写像を $\boldsymbol{\varphi}_t^{[1]}$ と表し，$\dot{\boldsymbol{u}} = \boldsymbol{f}^{[2]}(\boldsymbol{u})$ の時間発展写像を $\boldsymbol{\varphi}_t^{[2]}$ と表す．**分解解法**（splitting methods）とは，標語的にいえば，常微分方程式の右辺を分解して定義されるそれぞれの微分方程式の時間発展写像の合成で定義される数値解法のことである．

2.6.1 Lie–Trotter 分解

$\dot{\boldsymbol{u}} = \boldsymbol{f}^{[1]}(\boldsymbol{u})$ の時間発展写像 $\boldsymbol{\varphi}_t^{[1]}$ と $\dot{\boldsymbol{u}} = \boldsymbol{f}^{[2]}(\boldsymbol{u})$ の時間発展写像 $\boldsymbol{\varphi}_t^{[2]}$ の合成により，新しい時間発展写像 $\boldsymbol{\Phi}_h$ を

$$\boldsymbol{\Phi}_h := \boldsymbol{\varphi}_h^{[2]} \circ \boldsymbol{\varphi}_h^{[1]} \quad (\text{あるいは } \boldsymbol{\Phi}_h := \boldsymbol{\varphi}_h^{[1]} \circ \boldsymbol{\varphi}_h^{[2]}) \tag{2.38}$$

で定義しよう．この時間発展写像 $\boldsymbol{\Phi}_h$ を用いて，微分方程式 (2.37) に対する近似的な時間発展写像 $\boldsymbol{u}_0 \mapsto \boldsymbol{u}_1$ を

$$\boldsymbol{u}_1 = \boldsymbol{\Phi}_h(\boldsymbol{u}_0) \tag{2.39}$$

で定める．この数値解法を **Lie–Trotter 分解**という．なお，Lie–Trotter 分解という分解の仕方があるわけではなく，分解後の写像の合成の仕方が Lie–Trotter 風という意味で「Lie–Trotter 分解」と呼ばれている．微分方程式 (2.37) の真の時間発展写像を $\boldsymbol{\varphi}_t$ で表すと，テイラー展開により

$$\boldsymbol{\varphi}_h^{[2]} \circ \boldsymbol{\varphi}_h^{[1]}(\boldsymbol{u}_0) = \boldsymbol{\varphi}_h(\boldsymbol{u}_0) + \mathrm{O}(h^2)$$

となることが示せる．したがって，(2.39) は 1 次精度の離散化である．なお，

実際の数値計算の際には，$\boldsymbol{\varphi}_t^{[1]}$ や $\boldsymbol{\varphi}_t^{[2]}$ は必ずしも真の時間発展写像である必要はなく，何らかの意味で質の良い近似でもよい．したがって，$\boldsymbol{f}(\boldsymbol{u})$ の分解は何でもよいというわけではなく（もちろん，原理的には無数の分解方法が考えられる），分解後のそれぞれの微分方程式が厳密に解けるか，そうでなくても元の微分方程式 (2.37) に比べると効率的に質良く計算できるような分解を考える必要がある．

2.6.2 Strang 分解

今度は，別の新しい時間発展写像 $\boldsymbol{\Phi}_h^{[\mathrm{S}]}$ を

$$\boldsymbol{\Phi}_h^{[\mathrm{S}]} := \boldsymbol{\varphi}_{h/2}^{[1]} \circ \boldsymbol{\varphi}_h^{[2]} \circ \boldsymbol{\varphi}_{h/2}^{[1]} \quad \left(\text{あるいは}\ \boldsymbol{\Phi}_h^{[\mathrm{S}]} := \boldsymbol{\varphi}_{h/2}^{[2]} \circ \boldsymbol{\varphi}_h^{[1]} \circ \boldsymbol{\varphi}_{h/2}^{[2]}\right) \quad (2.40)$$

で定義し，微分方程式 (2.37) に対する近似的な時間発展写像 $\boldsymbol{u}_0 \mapsto \boldsymbol{u}_1$ を

$$\boldsymbol{u}_1 = \boldsymbol{\Phi}_h^{[\mathrm{S}]}(\boldsymbol{u}_0) \tag{2.41}$$

で定める．この数値解法を **Strang 分解**という．Lie–Trotter 分解の場合と同様に，Strang 分解という分解の仕方があるのではなく，分解後の写像の合成が Strang 風という意味である．この時間発展写像に対して，

$$\boldsymbol{\varphi}_{h/2}^{[1]} \circ \boldsymbol{\varphi}_h^{[2]} \circ \boldsymbol{\varphi}_{h/2}^{[1]}(\boldsymbol{u}_0) = \boldsymbol{\varphi}_h(\boldsymbol{u}_0) + \mathrm{O}(h^3)$$

となることが示せる．ため，(2.41) は 2 次精度の離散化である．また，時間対称な解法でもある（なお，各時間発展写像を数値解法で置き換える場合には，時間対称なものを選ぶことで Strang 分解が時間対称になる）．したがって，2.5 節で紹介した合成解法と組み合わせることで，より高精度な近似を構成できる．

2.6.3 分解解法の例

注意 2.5 で述べた Störmer–Verlet 法は Strang 分解と解釈できる．実際，微分方程式 (2.23) は

$$\frac{\mathrm{d}}{\mathrm{d}t}\boldsymbol{u} = \boldsymbol{f}(\boldsymbol{u}), \quad \boldsymbol{u} = \begin{bmatrix} \boldsymbol{q} \\ \boldsymbol{p} \end{bmatrix}, \quad \boldsymbol{f}(\boldsymbol{u}) = \begin{bmatrix} \boldsymbol{p} \\ \boldsymbol{g}(\boldsymbol{q}) \end{bmatrix}$$

と表現できるが，$\boldsymbol{f}^{[1]}$ および $\boldsymbol{f}^{[2]}$ を

$$\boldsymbol{f}^{[1]}(\boldsymbol{u}) = \begin{bmatrix} \boldsymbol{p} \\ \boldsymbol{0} \end{bmatrix}, \quad \boldsymbol{f}^{[2]}(\boldsymbol{u}) = \begin{bmatrix} \boldsymbol{0} \\ \boldsymbol{f}(\boldsymbol{q}) \end{bmatrix}$$

とすれば，それぞれに対応する時間発展写像 $\boldsymbol{\varphi}_t^{[1]}$, $\boldsymbol{\varphi}_t^{[2]}$ は

$$\boldsymbol{\varphi}_t^{[1]}\left(\begin{bmatrix} \boldsymbol{q} \\ \boldsymbol{p} \end{bmatrix}\right) = \begin{bmatrix} \boldsymbol{q} + t\boldsymbol{p} \\ \boldsymbol{p} \end{bmatrix}, \quad \boldsymbol{\varphi}_t^{[2]}\left(\begin{bmatrix} \boldsymbol{q} \\ \boldsymbol{p} \end{bmatrix}\right) = \begin{bmatrix} \boldsymbol{q} \\ \boldsymbol{p} + t\boldsymbol{g}(\boldsymbol{q}) \end{bmatrix}$$

となる．したがって，これらを用いて定義される Strang 分解は Störmer–Verlet 法 (2.24)–(2.26) にほかならない．なお，Störmer–Verlet 法は対称な解法であるため，吉田のトリプル・ジャンプなどと組み合わせることで，高精度な数値解法に拡張することもできる．

他にも，$f(u) = Au + g(u)$ と表現される微分方程式に対して，行列 A の性質によっては，陽的 RK 法を適用する場合に安定性の問題から非常に小さな刻み幅を選択せざる得ない状況がしばしば起こり得る．このような場合に，$f^{[1]}(u) = Au$, $f^{[2]}(u) = g(u)$ と分解すると，$\varphi_t^{[1]}(u) = \mathrm{e}^{tA}u$ となるため，これを厳密に計算すれば，少なくとも $\varphi_t^{[1]}$ に関して安定性の観点からの刻み幅の制約は不要になる．さらに，$\varphi_t^{[2]}$ は陽的 RK 法などで十分よく近似できるならば，全体として分解解法は非常に効率の良い数値解法となり得る．なお，$\varphi_t^{[1]}$ を扱う際には，行列指数関数とベクトルの積の演算が必要になるが，この演算を行列の指数を陽に計算することなく効率よく計算するいくつかの方法が知られている．詳細は [53] などを参照されたい．

2.7 Stiefel 多様体上の微分方程式に対する数値解法

多様体上を運動する微分方程式は数多く存在し，そのような微分方程式に対しては，数値計算においても数値解は多様体上を時間発展していくことが望ましい．実際，そのような微分方程式に対して，様々な数値解法が提案されている．多様体の定義などから始めて一般的な枠組みで論ずるには紙面が足りないため，ここでは本書の後半で登場する Stiefel 多様体上の微分方程式に特化し，その数値解法について論ずる．

$\mathbb{R}^{m \times k}$ の部分集合 $\mathcal{V}_{m,k}$ を

$$\mathcal{V}_{m,k} = \{Y \in \mathbb{R}^{m \times k} \mid Y^\mathsf{T} Y = I_k\}$$

で定義する．この集合は多様体の構造を持ち[*25)] **Stiefel 多様体**と呼ばれ，$\mathrm{St}(k, m)$ と表記されることもある．

次に $Y \in \mathcal{V}_{m,k}$ に対して**接空間**を導入しよう．微分可能な曲線 $\gamma : (-\varepsilon, \varepsilon) \to \mathbb{R}^{m \times k}$ で，任意の t に対して $\gamma(t) \in \mathcal{V}_{m,k}$ であり，$\gamma(0) = Y$, $\dot{\gamma}(0) = Z$ となるものが存在するとき，Z を Y における接ベクトルという．また，そのような Z の集合を $Y \in \mathcal{V}_{m,k}$ における接空間といい $T_Y \mathcal{V}_{m,k}$ で表す（一般に多様体を $\mathcal{M}$ と表したとき，$p \in \mathcal{M}$ における接空間は $T_p \mathcal{M}$ と表記される）．Stiefel 多様体の $Y \in \mathcal{V}_{m,k}$ における接空間は，$(Y + \varepsilon Z)^\mathsf{T}(Y + \varepsilon Z) \to I$ $(\varepsilon \to 0)$ となる行列 Z で構成される．具体的には

---

*25) 多様体の定義については [76] などを参照されたい．本書では，多様体の基礎事項について既知であるとは仮定せずに議論を進めるが，もちろん多様体についての知識があれば，本書を読み進める上で大きく役立つ．

$$T_Y \mathcal{V}_{m,k} = \{\delta Y \in \mathbb{R}^{m \times k} \mid (\delta Y)^\mathsf{T} Y + Y^\mathsf{T} (\delta Y) = O\}$$

で与えられる.

ここから，前節までとは異なり，従属変数が行列値を取る微分方程式

$$\frac{\mathrm{d}}{\mathrm{d}t} Y = F(Y), \quad Y(0) = Y_0 \in \mathbb{R}^{m \times k} \tag{2.42}$$

を考えよう．ここで，$Y_0 \in \mathcal{V}_{m,k}$ であり，さらに任意の $Y \in \mathcal{V}_{m,k}$ に対して $F(Y) \in T_Y \mathcal{V}_{m,k}$ であれば（すなわち，$F(Y)^\mathsf{T} Y + Y^\mathsf{T} F(Y) = O$ であれば），微分方程式 (2.42) の解に対して $Y(t) \in \mathcal{V}_{m,k}$ が成り立つ.

もし任意の $Y \in \mathbb{R}^{m \times k}$ に対して $F(Y)^\mathsf{T} Y + Y^\mathsf{T} F(Y) = O$ が成り立つならば，Gauss 法などの陰的 RK 法によって $Y^\mathsf{T} Y$ を保存する離散化を得ることができる．しかし，これは特殊ケースであり，また，多様体の外側において関数評価を行う必要があることに注意する必要がある．したがって，一般には，「任意の $Y \in \mathcal{V}_{m,k}$ に対して $F(Y)^\mathsf{T} Y + Y^\mathsf{T} F(Y) = O$」である場合を考える必要がある．この場合，いくつかの離散化方法が知られている.

準備として Y における法空間を定義しておこう．そのための内積として，$\mathbb{R}^{m \times k}$ 上の標準内積

$$\langle A, B \rangle = \mathrm{trace}(A^\mathsf{T} B) = \sum_{i,j} a_{ij} b_{ij} \tag{2.43}$$

を用いよう（このとき，ノルムはフロベニウスノルム $\|A\|_\mathrm{F} = \sqrt{\sum_{ij} a_{ij}^2}$ となる）．このとき，Y における法空間は

$$\begin{aligned} N_Y \mathcal{V}_{m,k} &= \{K \in \mathbb{R}^{m \times k} \mid K \perp T_Y \mathcal{V}_{m,k}\} \\ &= \{YS \mid S \text{ は } k \times k \text{ 型対称行列}\} \end{aligned} \tag{2.44}$$

で与えられる．実際，S が対称行列のとき $YS \perp T_Y \mathcal{V}_{m,k}$ であることは，$Z \in T_Y \mathcal{V}_{m,k}$ に対して

$$\langle YS, Z \rangle = \mathrm{trace}(SY^\mathsf{T} Z) = \langle S, Y^\mathsf{T} Z \rangle = 0$$

より確認できる．なお，最後の等号は，$Y^\mathsf{T} Z$ が歪対称行列であることと，内積 (2.43) のもと任意の対称行列は任意の歪対称行列と直交することから従う.

2.7.1　ラグランジュの未定乗数法の利用

一つ目の方法は，ラグランジュの未定乗数法を用いて，直交性を要求する方法である．具体的には，ラグランジュ未定乗数 $\Lambda \in \mathbb{R}^{k \times k}$ を用いた微分代数方程式

$$\dot{Y} = F(Y) + Y\Lambda, \quad Y^\mathsf{T} Y + I$$

を考え，微分代数方程式専用の数値解法を適用する方法である．本書では，微

分代数方程式の数値計算は行わないため詳細は割愛するが，微分代数方程式の数値解法の基礎事項としては例えば [4] などを参照されたい．

2.7.2 射影法の利用

二つ目の方法は射影法（→ 注意 2.6）を利用するものである．すなわち，1 ステップごとに $Y^\mathsf{T}Y = I$ となるように適切に修正する方法である．Runge–Kutta 法などによる時間発展写像を $\Psi_h : \mathbb{R}^{m \times k} \to \mathbb{R}^{m \times k}$ と表そう．一般に，$Y_n \in \mathcal{V}_{m,k}$ であっても，$\Psi_h(Y_n)^\mathsf{T}\Psi_h(Y_n) = I$ とはならない．そこで，$Y_n \mapsto Y_{n+1}$ を

$$\tilde{Y}_{n+1} = \Psi_h(Y_n), \tag{2.45}$$

$$Y_{n+1} = \operatorname*{argmin}_{Y \in \mathcal{V}_{m,k}} \|Y - \tilde{Y}_{n+1}\|_\mathrm{F} \tag{2.46}$$

で定義すると，$Y_{n+1} \in \mathcal{V}_{m,k}$ が保証される．なお，(2.46) の最適解は $\tilde{Y}$ の特異値分解で与えられる（特異値分解については，4.1 節の定理 4.1 の周辺を参照されたい）．

2.7.3 接空間のパラメータ付けの利用

三つ目の方法として，$Y_n \in \mathcal{V}_{m,k}$ の近傍で，$\dot{Y} = F(Y)$ を計算するのではなく，

- より扱いやすい空間の曲線 $Z(t)$ で

$$\psi_{Y_n}(Z(0)) = Y_n, \quad Z(0) = O, \quad \psi_{Y_n}(Z(t)) \in \mathcal{V}_{m,k}$$

  を満たすものを考え，

- その上で，$Z(t)$ についての微分方程式を考え，$Z(h)$ に対応する数値解を $\tilde{Z}_1$ とし，これを用いて $Y_{n+1} = \psi_{Y_n}(\tilde{Z}_1)$ のように Y についての離散時間発展を定義する

ことを考えよう．

$Y \in \mathcal{V}_{m,k}$ に対応する「より扱いやすい空間」として接空間 $T_Y\mathcal{V}_{m,k}$ を考える．いま，$Y + T_Y\mathcal{V}_{m,k}$ 上の任意の行列を $Y + Z$ で表すことにしよう．ここで，$Y + Z$ を $\mathcal{V}_{m,k}$ に何らかの適切な意味において射影することを考える．すなわち，$\psi_Y(Z) \in \mathcal{V}_{m,k}$ となる写像 ψ_Y を定義しよう．法空間 (2.44) の構造から，S を対称行列として

$$\psi_Y(Z) = Y + Z + YS \in \mathcal{V}_{m,k}$$

を要請すると，$\psi_Y(Z)^\mathsf{T}\psi_Y(Z) = I$ より S は代数的 Riccati 方程式

$$S^2 + 2S + SY^\mathsf{T}Z + Z^\mathsf{T}YS + Z^\mathsf{T}Z = O \tag{2.47}$$

の解であることが分かる．この代数的 Riccati 方程式の解は，例えば次の反復

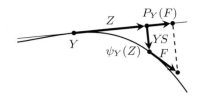

図 2.10 Stiefel 多様体上の Y における接空間のパラメータ付け.

$$(I + Z^\mathsf{T} Y)S_n + S_n(I + Y^\mathsf{T} Z) = -Z^\mathsf{T} Z - S_{n-1}^2, \quad n = 1, 2, \ldots,$$
$$S_0 = O$$

により得られる（詳細は割愛するが，もし $S_n \to S$ と収束するならば S が代数的 Riccati 方程式 (2.47) を満たすことは明らかであろう）．

次に，$Z(t)$ の満たすべき方程式を考える．図 2.10 に示すように，$F(\psi_Y(Z))$ は $T_{\psi_Y(Z)}\mathcal{V}_{m,k}$ の元であるから（図中では，$F(\psi_Y(Z))$ は単に F と表記している），例えば，$\dot{Z}(t) = F(\psi_Y(Z(t)))$ のような方程式では，その解は $Z(t) \notin T_Y \mathcal{V}_{m,k}$ となってしまう．そこで，行列 F の $T_Y \mathcal{V}_{m,k}$ への直交射影 P_Y，すなわち

$$P_Y(F) = F - Y\tilde{S},$$
$$P_Y(F) \in T_Y \mathcal{V}_{m,k} \quad (\Leftrightarrow \quad P_Y(F)^\mathsf{T} Y + Y^\mathsf{T} P_Y(F) = O)$$

を満たす射影 P_Y を考えよう（ここで，$\tilde{S}$ は対称行列を想定している）．これらの条件から直ちに $\tilde{S} = (F^\mathsf{T} Y + Y^\mathsf{T} F)/2$ であることが分かるので，直交射影は

$$P_Y(F) = F - \frac{1}{2}(YF^\mathsf{T} Y + YY^\mathsf{T} F)$$

となる．この直交射影を用いて，$Z(t)$ についての微分方程式を

$$\dot{Z} = P_Y F(\psi_Y(Z)), \quad Z(0) = O \tag{2.48}$$

で定義しよう．

以上の準備のもと，微分方程式 (2.42) の数値解法 $Y_n \mapsto Y_{n+1}$ を

- $\dot{Z} = P_{Y_n} F(\psi_{Y_n}(Z)), \quad Z(0) = O$ の h 時間発展の近似解を $\tilde{Z}_1 \approx Z(h)$（任意の一段法を適用可能），
- $Y_{n+1} = \psi_{Y_n}(\tilde{Z}_1)$

で定義すると，関数評価は常に $\mathcal{V}_{m,k}$ 上で行われ，$Y_0 \in \mathcal{V}_{m,k}$ であれば，（安定に計算できる限り）$Y_n \in \mathcal{V}_{m,k}$ $(n = 0, 1, \ldots)$ が成り立つ．

第 3 章
随伴法

　現代科学の多くの問題は，何らかのコスト関数を最小化（あるいは最大化）する問題として定式化される．そのような問題に対し，目的関数の勾配（微分）情報を用いて数値的に解を求めることが一般的だが，目的関数が変数に関して明示的な表現を持つ場合を除いて，解析的に微分することはそれほど容易ではない．例えば，深層学習では，ニューラルネットワークのパラメータに関して目的関数（loss）を最小化することが，計算上の重要なタスクである．この文脈では，実用上は，連鎖律を繰り返し適用して勾配を計算する誤差逆伝播法（back-propagation）がよく用いられる．

　本章では，常微分方程式の初期値問題の解（またはその近似解）を用いて定義された目的関数を，その微分方程式のパラメータや初期値に関して微分することを考える．これは，**データ同化**や **ODE Net**（ニューラルネットワークを常微分方程式で表現したもので，neural ODE とも呼ばれる）では基本的な問題設定である．以下の議論では，随伴方程式（adjoint equation）が中心的な役割を果たす．そのため，微分の表現を得る手法や対応する計算アルゴリズムは一般的に随伴法（adjoint method）と呼称される．

3.1　問題設定

　次の常微分方程式系を考えよう：

$$\frac{\mathrm{d}}{\mathrm{d}t}\boldsymbol{u}(t;\boldsymbol{\theta}) = \boldsymbol{f}(\boldsymbol{u}(t;\boldsymbol{\theta})), \quad \boldsymbol{u}(0;\boldsymbol{\theta}) = \boldsymbol{\theta} \in \mathbb{R}^d. \tag{3.1}$$

ここで念頭にあるのは，何らかの情報から初期値 $\boldsymbol{\theta}$ を求める，いわゆる「初期値推定問題」である．解 $\boldsymbol{u}$ は t の関数だが，$\boldsymbol{\theta}$ への依存性を明確に表すため，$\boldsymbol{u}(t;\boldsymbol{\theta})$ と表現している．以下では，時刻 $t = t_n$ における近似解を $\boldsymbol{u}_n(\boldsymbol{\theta})$ と表す．

　滑らかな関数 $C_n : \mathbb{R}^d \to \mathbb{R}$ に対して定義された最適化問題

$$\min_{\boldsymbol{\theta} \in \Theta \subset \mathbb{R}^d} \sum_{n=1}^{N} C_n(\boldsymbol{u}(t_n; \boldsymbol{\theta})) \tag{3.2}$$

や，目的関数の中に現れる微分方程式の解を Runge–Kutta 法などによる近似解で置き換えた

$$\min_{\boldsymbol{\theta} \in \Theta \subset \mathbb{R}^d} \sum_{n=1}^{N} C_n(\boldsymbol{u}_n(\boldsymbol{\theta})) \tag{3.3}$$

を最急降下法やニュートン法などの勾配法で解くことを念頭に，目的関数の $\boldsymbol{\theta}$ についての勾配（$\nabla_{\boldsymbol{\theta}} C_n(\boldsymbol{u}(t_n; \boldsymbol{\theta}))$ や $\nabla_{\boldsymbol{\theta}} C_n(\boldsymbol{u}_n(\boldsymbol{\theta}))$）の計算方法について考える．微分方程式モデルを考えている以上，本来考えたいのは厳密解を用いて定義された最適化問題 (3.2) であることが多い．しかし，実際の計算を考えると，(3.3) のような定式化を検討せざるを得ないことを注意しておく．本章では，(3.2) と (3.3) の二つの定式化を明確に区別して議論を進める．

深層学習に慣れ親しんでいる読者は，近似解を用いて定義された関数の勾配 $\nabla_{\boldsymbol{\theta}} C_N(\boldsymbol{u}_N(\boldsymbol{\theta}))$ は誤差逆伝播法（あるいは自動微分）で計算できるはずという直感が働くかもしれない．これはその通りなのだが，本章では，誤差逆伝播法や自動微分の標準的な導出や解説とは異なる視点で勾配の計算法を導出する．なお，以下では，記号の節約のため，C_n の下付き添字の n は省略し，また，和分と勾配を取る操作の順序は交換可能であることから，最終時刻についての $\nabla_{\boldsymbol{\theta}} C(\boldsymbol{u}(t_N; \boldsymbol{\theta}))$ や $\nabla_{\boldsymbol{\theta}} C(\boldsymbol{u}_N(\boldsymbol{\theta}))$ に焦点を当てることとする．

本章では，勾配の厳密な計算方法について議論するが，それに先立ち，勾配を近似計算するという観点で注意を述べておく．そもそも，勾配の第 i 成分は $\frac{\partial}{\partial \theta_i} C(\boldsymbol{u}_N(\theta))$ だから，素朴に考えれば，例えば

$$\frac{C(\boldsymbol{u}_N(\boldsymbol{\theta} + \Delta \boldsymbol{e}_i)) - C(\boldsymbol{u}_N(\boldsymbol{\theta}))}{\Delta} \tag{3.4}$$

で近似できそうである．ただし，Δ は微小なスカラー量，$\boldsymbol{e}_i$ は第 i 成分が 1 で他が 0 の単位ベクトルとする．しかし，次のような理由により，この方法では十分な近似が達成できないことが多い．

- 微小な Δ に対して $\boldsymbol{u}(t_N; \boldsymbol{\theta})$ と $\boldsymbol{u}(t_N; \boldsymbol{\theta} + \Delta \boldsymbol{e}_i)$ は大きく異なる可能性がある．そのような場合，仮に安定で高精度な近似計算ができたとしても，$\boldsymbol{u}_N(\boldsymbol{\theta})$ と $\boldsymbol{u}_N(\boldsymbol{\theta} + \Delta \boldsymbol{e}_i)$ は大きく異なり，結果として (3.4) は非常に大きな値になってしまう[1]．このような現象は，特にカオスな系で顕著である．
- 微分方程式に p 次の数値解法を適用している場合，対象がカオスな系でなくても，そもそも $\boldsymbol{u}_N(\boldsymbol{\theta})$ と $\boldsymbol{u}_N(\boldsymbol{\theta} + \Delta \boldsymbol{e}_i)$ は $\mathrm{O}(h^p)$ 程度は離れていることが多く，一般にそのずれは N が大きいほど大きい．したがって，勾配

---

[1] これを避けるために非現実的なほどに小さな刻み幅で微分方程式を近似計算しようにも，時間ステップ数が増えてしまい，計算時間が増大するばかりか，丸め誤差の影響も大きくなる．

の近似精度は，微分方程式の数値解の精度や N にも大きく左右される．

3.2　随伴法

ここから，勾配を計算する手法の一つである**随伴法**（adjoint method）について述べる．随伴法とは，後述の**随伴方程式**（adjoint equation）を利用して勾配の性質を考察したり勾配の計算を行ったりする手法の総称である．ただし，分野によっては最適化問題 (3.2) や (3.3) を目的関数の勾配を利用して解くことまで含めて随伴法と呼ぶこともあり，随伴法という言葉の示す範囲は分野や文脈によってやや異なることを注意しておく．

3.2.1　勾配の評価：連続版

離散版の $\nabla_{\boldsymbol{\theta}} C(\boldsymbol{u}_N(\boldsymbol{\theta}))$ について考える前に，連続版 $\nabla_{\boldsymbol{\theta}} C(\boldsymbol{u}(t_N; \boldsymbol{\theta}))$ の考察から始めよう．この考察は，離散版の勾配を論じる際の重要な基礎となる．

以後，$\nabla_{\boldsymbol{\theta}}$ や $\nabla_{\boldsymbol{u}}$ といった記号が登場する．下付き添字が $\boldsymbol{\theta}$ の場合は $\boldsymbol{\theta}$ に関する勾配を表し，下付き添字が $\boldsymbol{u}$ の場合は $\boldsymbol{u}$ に関する勾配を表す．この違いは極めて重要であるため，注意して読み進めてほしい．

以下の議論では，変分方程式と随伴方程式という二つの方程式を用いて，勾配を評価する．

まず，初期値が $\boldsymbol{\theta}$ から $\boldsymbol{\theta} + \boldsymbol{\varepsilon}$ に微小変化したとき，微分方程式の解がどの程度変化するかを考えよう．初期値 $\boldsymbol{v}(0) = \boldsymbol{\theta} + \boldsymbol{\varepsilon}$ に対する解を $\boldsymbol{v}(t)$ と表すことにしよう．ここで，$\|\boldsymbol{\varepsilon}\| \to 0$ のとき，$\boldsymbol{v}(t) = \boldsymbol{u}(t) + \boldsymbol{\delta}(t) + \mathrm{o}(\|\boldsymbol{\varepsilon}\|)$ と表し，$\boldsymbol{\delta}(t)$ の振舞いを考える．いま，$\boldsymbol{v}(t)$ は $\dot{\boldsymbol{v}}(t) = \boldsymbol{f}(\boldsymbol{v}(t))$ を満たすから，

$$
\begin{aligned}
\frac{\mathrm{d}}{\mathrm{d}t}(\boldsymbol{u}(t) + \boldsymbol{\delta}(t) + \mathrm{o}(\|\boldsymbol{\varepsilon}\|)) &= \boldsymbol{f}(\boldsymbol{u}(t) + \boldsymbol{\delta}(t) + \mathrm{o}(\|\boldsymbol{\varepsilon}\|)) \\
&= \boldsymbol{f}(\boldsymbol{u}(t)) + (\nabla_{\boldsymbol{u}} \boldsymbol{f}(\boldsymbol{u}(t)))\boldsymbol{\delta}(t) + \mathrm{o}(\|\boldsymbol{\varepsilon}\|)
\end{aligned}
$$

が成り立つ（二つ目の等号は $\boldsymbol{u}(t)$ のまわりでのテイラー展開による）．したがって，$\boldsymbol{\delta}(t)$ は

$$
\frac{\mathrm{d}}{\mathrm{d}t}\boldsymbol{\delta}(t) = (\nabla_{\boldsymbol{u}} \boldsymbol{f}(\boldsymbol{u}(t)))\boldsymbol{\delta}(t) \tag{3.5}
$$

の解であることが分かる．この方程式 (3.5) を**変分方程式**という．変分方程式の解は次のように特徴付けられる．

補題 3.1. 変分方程式 (3.5) の解 $\boldsymbol{\delta}(t)$ に対して，

$$
\boldsymbol{\delta}(t) = (\nabla_{\boldsymbol{\theta}} \boldsymbol{u}(t; \boldsymbol{\theta}))\boldsymbol{\delta}(0) \tag{3.6}
$$

が成り立つ．

証明 連鎖律を用いて (3.6) の右辺が (3.5) を満たすことを確認すればよい

が，$\boldsymbol{\delta}(t)$ の定義から次のように示すこともできる．初期値が $\boldsymbol{\theta} + \boldsymbol{\varepsilon}$ の場合の解 $\boldsymbol{u}(t;\boldsymbol{\theta} + \boldsymbol{\varepsilon})$ を $\boldsymbol{\theta}$ のまわりでテイラー展開すれば

$$\boldsymbol{u}(t;\boldsymbol{\theta} + \boldsymbol{\varepsilon}) = \boldsymbol{u}(t;\boldsymbol{\theta}) + (\nabla_{\boldsymbol{\theta}}\boldsymbol{u}(t;\boldsymbol{\theta}))\boldsymbol{\varepsilon} + \mathrm{o}(\|\boldsymbol{\varepsilon}\|)$$

だが，$\boldsymbol{\delta}(0) = \boldsymbol{\varepsilon}$ に注意して $\boldsymbol{u}(t;\boldsymbol{\theta} + \boldsymbol{\varepsilon}) = \boldsymbol{u}(t;\boldsymbol{\theta}) + \boldsymbol{\delta}(t) + \mathrm{o}(\|\boldsymbol{\varepsilon}\|)$ と比較すれば直ちに (3.6) を得る． $\square$

次に，天下り的ではあるが，

$$\frac{\mathrm{d}}{\mathrm{d}t}\boldsymbol{\lambda}(t) = -(\nabla_{\boldsymbol{u}}\boldsymbol{f}(\boldsymbol{u}(t)))^{\mathsf{T}}\boldsymbol{\lambda}(t) \tag{3.7}$$

で定義される方程式を考えよう．これを**随伴方程式**という．通常，随伴方程式はラグランジュの未定乗数法から導かれる．この導出については 3.2.2 節で述べることとし，ここでは，方程式を天下り的に導入して議論を進める．

変分方程式 (3.5) の解 $\boldsymbol{\delta}(t)$ と随伴方程式 (3.7) の解 $\boldsymbol{\lambda}(t)$ に対して以下が成り立つ．

補題 3.2. 変分方程式 (3.5) の解 $\boldsymbol{\delta}(t)$ と随伴方程式 (3.7) の解 $\boldsymbol{\lambda}(t)$ に対して

$$\frac{\mathrm{d}}{\mathrm{d}t}(\boldsymbol{\lambda}(t)^{\mathsf{T}}\boldsymbol{\delta}(t)) = 0 \tag{3.8}$$

が成り立つ．

変分方程式や随伴方程式の解は，初期条件など，ある時刻の状態を定めない限り一意に定まらない．裏を返せば，初期条件などを定めない限り，これらの方程式の解は無数に存在するが，どの組合せについても (3.8) が成り立つことを注意しておく．

証明 左辺を直接計算すればよい：

$$\frac{\mathrm{d}}{\mathrm{d}t}(\boldsymbol{\lambda}(t)^{\mathsf{T}}\boldsymbol{\delta}(t)) = \dot{\boldsymbol{\lambda}}(t)^{\mathsf{T}}\boldsymbol{\delta}(t) + \boldsymbol{\lambda}(t)^{\mathsf{T}}\dot{\boldsymbol{\delta}}(t) = 0.$$

ここで，最初の等号は連鎖律であり，二つ目の等号は変分方程式 (3.5) と随伴方程式 (3.7) を代入すれば直ちに従う． $\square$

補題 3.1 と補題 3.2 の主張を利用すると，随伴方程式の解により勾配 $\nabla_{\boldsymbol{\theta}}C(\boldsymbol{u}(t_N;\boldsymbol{\theta}))$ を特徴付けることができる．

定理 3.1. $\boldsymbol{u}(t;\boldsymbol{\theta})$ を (3.1) の解とする．このとき，$\boldsymbol{\lambda}(t_N) = \nabla_{\boldsymbol{u}}C(\boldsymbol{u}(t_N;\boldsymbol{\theta}))$ を満たす解 $\boldsymbol{\lambda}(t)$ に対して

$$\boldsymbol{\lambda}(0) = \nabla_{\boldsymbol{\theta}}C(\boldsymbol{u}(t_N;\boldsymbol{\theta}))$$

が成り立つ．

証明 補題 3.2 より，特に

$$\lambda(t_N)^\mathsf{T}\delta(t_N) = \lambda(0)^\mathsf{T}\delta(0) \tag{3.9}$$

が成り立つ．一方で，連鎖律

$$\nabla_{\boldsymbol{\theta}}C(\boldsymbol{u}(t_N;\boldsymbol{\theta})) = (\nabla_{\boldsymbol{\theta}}\boldsymbol{u}(t_N;\boldsymbol{\theta}))^\mathsf{T}\nabla_{\boldsymbol{u}}C(\boldsymbol{u}(t_N;\boldsymbol{\theta})) \tag{3.10}$$

と補題 3.1 より従う $\delta(t_N) = (\nabla_{\boldsymbol{\theta}}\boldsymbol{u}(t_N;\boldsymbol{\theta}))\delta(0)$ から

$$\begin{aligned}
&(\nabla_{\boldsymbol{u}}C(\boldsymbol{u}(t_N;\boldsymbol{\theta})))^\mathsf{T}\delta(t_N)\\
&= (\nabla_{\boldsymbol{u}}C(\boldsymbol{u}(t_N;\boldsymbol{\theta})))^\mathsf{T}(\nabla_{\boldsymbol{\theta}}\boldsymbol{u}(t_N;\boldsymbol{\theta}))\delta(0)\\
&= (\nabla_{\boldsymbol{\theta}}C(\boldsymbol{u}(t_N;\boldsymbol{\theta})))^\mathsf{T}\delta(0)
\end{aligned} \tag{3.11}$$

が任意の $\delta(0)$ について成り立つ．ここで (3.9) と (3.11) を比べると，随伴方程式 (3.7) に対して $\lambda(t_N) = \nabla_{\boldsymbol{u}}C(\boldsymbol{u}(t_N;\boldsymbol{\theta}))$ を満たす解 $\lambda(t)$ に対して

$$\lambda(0) = \nabla_{\boldsymbol{\theta}}C(\boldsymbol{u}(t_N;\boldsymbol{\theta}))$$

が成り立つことが分かる． $\square$

なお，定理 3.1 の証明と同様の議論により

$$\lambda(t) = \nabla_{\boldsymbol{u}(t)}C(\boldsymbol{u}(t_N;\boldsymbol{\theta}))$$

が成り立つことも分かる．

随伴方程式 (3.7) は，一見すると通常の初期値問題を考えるかのように思われるかもしれないが，勾配 $\nabla_{\boldsymbol{\theta}}C(\boldsymbol{u}(t_N;\boldsymbol{\theta}))$ を評価するという観点から見ると，$t = t_N$ における条件（終端条件と呼ぶ）を定めて「時間逆向きに解く」と解釈する必要がある．また，議論の過程で変分方程式が登場したが，随伴方程式そのものは変分方程式の解には依存しないことを注意しておく．

3.2.2 ラグランジュの未定乗数法による随伴方程式の導出

上記では，随伴方程式 (3.7) を天下りに導入したが，ここでは，ラグランジュの未定乗数法による導出を紹介しておく（以下は，証明ではなく，鍵となるアイデアの紹介である）．

まず最初の観察として，テイラー展開より

$$C(\boldsymbol{u}(t_N;\boldsymbol{\theta}+\boldsymbol{\varepsilon})) - C(\boldsymbol{u}(t_N;\boldsymbol{\theta})) = (\nabla_{\boldsymbol{\theta}}C(\boldsymbol{u}(t_N;\boldsymbol{\theta})))^\mathsf{T}\boldsymbol{\varepsilon} + \mathrm{o}(\|\boldsymbol{\varepsilon}\|)$$

が成り立つ．いま，$\boldsymbol{u}(t;\theta)$ を微分方程式 (3.1) の解とし，ラグランジアンを

$$\mathcal{L}[\boldsymbol{u}(\cdot;\boldsymbol{\theta})] = C(\boldsymbol{u}(t_N;\boldsymbol{\theta})) - \int_0^{t_N} \lambda(t)^\mathsf{T}(\dot{\boldsymbol{u}}(t;\boldsymbol{\theta}) - \boldsymbol{f}(\boldsymbol{u}(t;\boldsymbol{\theta}))) \,\mathrm{d}t$$

と定義する．以下，$\mathcal{L}[\boldsymbol{u}(\cdot;\boldsymbol{\theta}+\boldsymbol{\varepsilon})] - \mathcal{L}[\boldsymbol{u}(\cdot;\boldsymbol{\theta})]$ を

$$\mathcal{L}[\boldsymbol{u}(\cdot;\boldsymbol{\theta}+\boldsymbol{\varepsilon})] - \mathcal{L}[\boldsymbol{u}(\cdot;\boldsymbol{\theta})] = \boxed{}^\mathsf{T}\boldsymbol{\varepsilon} + \mathrm{o}(\|\boldsymbol{\varepsilon}\|)$$

の形に評価することを目指そう．ここで，$\mathcal{L}[\boldsymbol{u}(\cdot;\boldsymbol{\theta})] = C(\boldsymbol{u}(t_N;\boldsymbol{\theta}))$ に注意すると，このように評価できた暁には，$\boxed{}$ の部分は $\nabla_{\boldsymbol{\theta}}C(\boldsymbol{u}(t_N;\boldsymbol{\theta}))$ と一致するはずである．そこで，$\boldsymbol{\lambda}(t)$ が随伴方程式 (3.7) の解ならば，$\boxed{}$ の部分が $\boldsymbol{\lambda}(0)$ となることを示そう（これが示せれば，$\boldsymbol{\lambda}(0) = \nabla_{\boldsymbol{\theta}}C(\boldsymbol{u}(t_N;\boldsymbol{\theta}))$ がいえる）．

まず，連鎖律 (3.10) とテイラー展開より

$$\mathcal{L}[\boldsymbol{u}(\cdot;\boldsymbol{\theta}+\boldsymbol{\varepsilon})] - \mathcal{L}[\boldsymbol{u}(\cdot;\boldsymbol{\theta})]$$
$$= (\nabla_{\boldsymbol{\theta}}\boldsymbol{u}(t_N;\boldsymbol{\theta}))^{\mathsf{T}}\nabla_{\boldsymbol{u}}C(\boldsymbol{u}(t_N;\boldsymbol{\theta}))\boldsymbol{\varepsilon}$$
$$\quad - \int_0^{t_N} \boldsymbol{\lambda}(t)^{\mathsf{T}}((\nabla_{\boldsymbol{\theta}}\dot{\boldsymbol{u}}(t;\boldsymbol{\theta}))\boldsymbol{\varepsilon} - (\nabla_{\boldsymbol{u}}\boldsymbol{f}(\boldsymbol{u}(t;\boldsymbol{\theta})))(\nabla_{\boldsymbol{\theta}}\boldsymbol{u}(t;\boldsymbol{\theta}))\boldsymbol{\varepsilon})\,\mathrm{d}t$$
$$\quad + \mathrm{o}(\|\boldsymbol{\varepsilon}\|)$$

である（右辺第 1 項は $(\nabla_{\boldsymbol{\theta}}C(\boldsymbol{u}(t_N;\boldsymbol{\theta})))^{\mathsf{T}}\boldsymbol{\varepsilon}$ にさらに連鎖律を適用している）．変分方程式 (3.5) の初期値を $\boldsymbol{\delta}(0) = \boldsymbol{\varepsilon}$ とすると，補題 3.1 より

$$\mathcal{L}[\boldsymbol{u}(\cdot;\boldsymbol{\theta}+\boldsymbol{\varepsilon})] - \mathcal{L}[\boldsymbol{u}(\cdot;\boldsymbol{\theta})]$$
$$= (\nabla_{\boldsymbol{\theta}}\boldsymbol{u}(t_N;\boldsymbol{\theta}))^{\mathsf{T}}\boldsymbol{\delta}(t_N)$$
$$\quad - \int_0^{t_N} \boldsymbol{\lambda}(t)^{\mathsf{T}}(\dot{\boldsymbol{\delta}}(t) - (\nabla_{\boldsymbol{u}}\boldsymbol{f}(\boldsymbol{u}(t;\boldsymbol{\theta}))\boldsymbol{\delta}(t)))\,\mathrm{d}t + \mathrm{o}(\|\boldsymbol{\varepsilon}\|)$$

となるが，$\boldsymbol{\lambda}(t)^{\mathsf{T}}\dot{\boldsymbol{\delta}}(t)$ を部分積分することで

$$\mathcal{L}[\boldsymbol{u}(\cdot;\boldsymbol{\theta}+\boldsymbol{\varepsilon})] - \mathcal{L}[\boldsymbol{u}(\cdot;\boldsymbol{\theta})]$$
$$= (\nabla_{\boldsymbol{\theta}}\boldsymbol{u}(t_N;\boldsymbol{\theta}))^{\mathsf{T}}\boldsymbol{\delta}(t_N) - [\boldsymbol{\lambda}(t)^{\mathsf{T}}\boldsymbol{\delta}(t)]_0^{t_N}$$
$$\quad - \int_0^{t_N} (\dot{\boldsymbol{\lambda}}(t) + (\nabla_{\boldsymbol{u}}\boldsymbol{f}(\boldsymbol{u}(t;\boldsymbol{\theta}))^{\mathsf{T}}\boldsymbol{\lambda}(t)))^{\mathsf{T}}\boldsymbol{\delta}(t)\,\mathrm{d}t + \mathrm{o}(\|\boldsymbol{\varepsilon}\|)$$
$$= \boldsymbol{\lambda}(0)^{\mathsf{T}}\underbrace{\boldsymbol{\delta}(0)}_{=\boldsymbol{\varepsilon}} - (\boldsymbol{\lambda}(t_N) - \nabla_{\boldsymbol{u}}C(\boldsymbol{u}(t_N;\boldsymbol{\theta})))^{\mathsf{T}}\boldsymbol{\delta}(t_N)$$
$$\quad - \int_0^{t_N} (\dot{\boldsymbol{\lambda}}(t) + (\nabla_{\boldsymbol{u}}\boldsymbol{f}(\boldsymbol{u}(t;\boldsymbol{\theta}))^{\mathsf{T}}\boldsymbol{\lambda}(t)))^{\mathsf{T}}\boldsymbol{\delta}(t)\,\mathrm{d}t + \mathrm{o}(\|\boldsymbol{\varepsilon}\|)$$

が得られる．したがって，$\boldsymbol{\lambda}(t)$ が $\boldsymbol{\lambda}(t_N) = \nabla_{\boldsymbol{u}}C(\boldsymbol{u}(t_N;\boldsymbol{\theta}))$ を満たし，かつ随伴方程式 (3.7) の解ならば，$\boxed{}$ の部分は $\boldsymbol{\lambda}(0)$ となる．

3.3　シンプレクティック随伴法

連続版の議論で，随伴方程式の解で勾配を特徴付けられることの鍵は内積保存則 (3.9) と連鎖律 (3.10) であった．したがって，離散版の議論においても，これらに対応する二つの性質が成り立てば，所望の勾配 $\nabla_{\boldsymbol{\theta}}C_N(\boldsymbol{u}_N(\boldsymbol{\theta}))$ を厳密に評価できると期待される．正確に述べよう．微分方程式 (3.1) の近似解を

$\boldsymbol{u}_0(\boldsymbol{\theta}), \boldsymbol{u}_1(\boldsymbol{\theta}), \ldots, \boldsymbol{u}_N(\boldsymbol{\theta})$, 変分方程式 (3.5) の近似解を $\boldsymbol{\delta}_0, \boldsymbol{\delta}_1, \ldots, \boldsymbol{\delta}_N$, 随伴方程式 (3.7) の近似解を $\boldsymbol{\lambda}_0, \boldsymbol{\lambda}_1, \ldots, \boldsymbol{\lambda}_N$ と表そう. ここで, (3.9) に対応する関係式として

$$\boldsymbol{\lambda}_N^{\mathsf{T}} \boldsymbol{\delta}_N = \boldsymbol{\lambda}_0^{\mathsf{T}} \boldsymbol{\delta}_0 \quad (\text{より一般に } \boldsymbol{\lambda}_n^{\mathsf{T}} \boldsymbol{\delta}_n = \boldsymbol{\lambda}_0^{\mathsf{T}} \boldsymbol{\delta}_0) \tag{3.12}$$

を考え, (3.11) に対応する関係式として

$$(\nabla_{\boldsymbol{u}} C(\boldsymbol{u}_N(\boldsymbol{\theta})))^{\mathsf{T}} \boldsymbol{\delta}_N = (\nabla_{\boldsymbol{\theta}} C(\boldsymbol{u}_N(\boldsymbol{\theta})))^{\mathsf{T}} \boldsymbol{\delta}_0 \tag{3.13}$$

を考える. もし, これらの関係式が成り立つならば, $\boldsymbol{\lambda}_N = \nabla_{\boldsymbol{u}} C(\boldsymbol{u}_N(\boldsymbol{\theta}))$ のとき $\boldsymbol{\lambda}_0 = \nabla_{\boldsymbol{\theta}} C(\boldsymbol{u}_N(\boldsymbol{\theta}))$ となり所望の勾配が得られる.

では, 変分方程式や随伴方程式をどのように離散化したときに (3.12) や (3.13) が成り立つかを考えよう. 一見すると, (3.13) のほうが複雑に見えるかもしれないが, 実は微分方程式 (3.1) と変分方程式 (3.5) を同じ RK 法で離散化すれば (3.13) は成り立つ (RK 法でなくとも, 多くの数値解法クラスについて, 微分方程式と変分方程式を同じ数値解法で離散化すれば (3.13) は成り立つ). このことを示すために補題 3.1 に対応する次の補題が本質的である.

補題 3.3. 微分方程式 (3.1) を RK 法 (a, b, c) で離散化した近似解を $\boldsymbol{u}_1(\boldsymbol{\theta}), \boldsymbol{u}_2(\boldsymbol{\theta}), \ldots, \boldsymbol{u}_N(\boldsymbol{\theta})$ とし (初期値は $\boldsymbol{u}_0(\boldsymbol{\theta}) = \boldsymbol{\theta}$), 変分方程式を同じ RK 法で離散化した近似解を $\boldsymbol{\delta}_1, \boldsymbol{\delta}_2, \ldots, \boldsymbol{\delta}_N$ とする (初期値は $\boldsymbol{\delta}_0$). このとき, 変分方程式 (3.5) の任意の初期値 $\boldsymbol{\delta}_0$ に対し,

$$\boldsymbol{\delta}_n = (\nabla_{\boldsymbol{\theta}} \boldsymbol{u}_n(\boldsymbol{\theta})) \boldsymbol{\delta}_0, \quad n = 0, 1, \ldots, N$$

が成り立つ.

証明 帰納法で示す ($n = 0$ のときは, $\nabla_{\boldsymbol{\theta}} \boldsymbol{u}_0(\boldsymbol{\theta}) = \nabla_{\boldsymbol{\theta}} \boldsymbol{\theta} = I$ より自明に成り立つ). 微分方程式 (3.1) に対する近似解は

$$\begin{aligned}
\boldsymbol{u}_{n+1}(\boldsymbol{\theta}) &= \boldsymbol{u}_n(\boldsymbol{\theta}) + h \sum_{i=1}^{s} b_i \boldsymbol{f}(\boldsymbol{U}_{n,i}(\boldsymbol{\theta})), \\
\boldsymbol{U}_{n,i}(\boldsymbol{\theta}) &= \boldsymbol{u}_n(\boldsymbol{\theta}) + h \sum_{j=1}^{s} a_{ij} \boldsymbol{f}(\boldsymbol{U}_{n,j}(\boldsymbol{\theta}))
\end{aligned} \tag{3.14}$$

を満たし, 変分方程式 (3.5) の近似解は

$$\begin{aligned}
\boldsymbol{\delta}_{n+1} &= \boldsymbol{\delta}_n + h \sum_{i=1}^{s} b_i \nabla_{\boldsymbol{u}} \boldsymbol{f}(\boldsymbol{U}_{n,i}(\boldsymbol{\theta})) \boldsymbol{D}_{n,i}, \\
\boldsymbol{D}_{n,i} &= \boldsymbol{\delta}_n + h \sum_{j=1}^{s} a_{ij} \nabla_{\boldsymbol{u}} \boldsymbol{f}(\boldsymbol{U}_{n,j}(\boldsymbol{\theta})) \boldsymbol{D}_{n,j}
\end{aligned} \tag{3.15}$$

を満たす. ここで, (3.14) に対して $\nabla_{\boldsymbol{u}}$ を作用させると, 連鎖律より

56 第 3 章 随伴法

$$\nabla_{\boldsymbol{\theta}}\boldsymbol{u}_{n+1}(\boldsymbol{\theta}) = \nabla_{\boldsymbol{\theta}}\boldsymbol{u}_n(\boldsymbol{\theta}) + h\sum_{i=1}^{s} b_i \nabla_{\boldsymbol{u}}\boldsymbol{f}(\boldsymbol{U}_{n,i}(\boldsymbol{\theta}))\nabla_{\boldsymbol{\theta}}\boldsymbol{U}_{n,i}(\boldsymbol{\theta}),$$

$$\nabla_{\boldsymbol{\theta}}\boldsymbol{U}_{n,i}(\boldsymbol{\theta}) = \nabla_{\boldsymbol{\theta}}\boldsymbol{u}_n(\boldsymbol{\theta}) + h\sum_{j=1}^{s} a_{ij} \nabla_{\boldsymbol{u}}\boldsymbol{f}(\boldsymbol{U}_{n,j}(\boldsymbol{\theta}))\nabla_{\boldsymbol{\theta}}\boldsymbol{U}_{n,j}(\boldsymbol{\theta})$$

となるから，それぞれ両辺に $\boldsymbol{\delta}_0$ を右から乗ずると

$$(\nabla_{\boldsymbol{\theta}}\boldsymbol{u}_{n+1}(\boldsymbol{\theta}))\boldsymbol{\delta}_0$$
$$= (\nabla_{\boldsymbol{\theta}}\boldsymbol{u}_n(\boldsymbol{\theta}))\boldsymbol{\delta}_0 + h\sum_{i=1}^{s} b_i \nabla_{\boldsymbol{u}}\boldsymbol{f}(\boldsymbol{U}_{n,i}(\boldsymbol{\theta}))(\nabla_{\boldsymbol{\theta}}\boldsymbol{U}_{n,i}(\boldsymbol{\theta}))\boldsymbol{\delta}_0,$$
$$(\nabla_{\boldsymbol{\theta}}\boldsymbol{U}_{n,i}(\boldsymbol{\theta}))\boldsymbol{\delta}_0 \tag{3.16}$$
$$= (\nabla_{\boldsymbol{\theta}}\boldsymbol{u}_n(\boldsymbol{\theta}))\boldsymbol{\delta}_0 + h\sum_{j=1}^{s} a_{ij} \nabla_{\boldsymbol{u}}\boldsymbol{f}(\boldsymbol{U}_{n,j}(\boldsymbol{\theta}))(\nabla_{\boldsymbol{\theta}}\boldsymbol{U}_{n,j}(\boldsymbol{\theta}))\boldsymbol{\delta}_0$$

が得られる．ここで，(3.16) を (3.15) と比べると，$\boldsymbol{\delta}_n = (\nabla_{\boldsymbol{\theta}}\boldsymbol{u}_n(\boldsymbol{\theta}))\boldsymbol{\delta}_0$ のとき $\boldsymbol{D}_{n,i} = (\nabla_{\boldsymbol{\theta}}\boldsymbol{U}_{n,i}(\boldsymbol{\theta}))\boldsymbol{\delta}_0$ であり，$\boldsymbol{\delta}_{n+1} = (\nabla_{\boldsymbol{\theta}}\boldsymbol{u}_{n+1}(\boldsymbol{\theta}))\boldsymbol{\delta}_0$ が成り立つことが分かる． $\square$

今度は (3.12) について考えよう．変分方程式 (3.5) にはもとの方程式 (3.1) に対する RK 法と同一の RK 法を利用するとして，$\boldsymbol{\lambda}_n^{\mathsf{T}}\boldsymbol{\delta}_n = \mathrm{const.}$ という性質が成り立つためには，随伴方程式 (3.7) をどのように離散化すればよいだろうか？ この問いに答える鍵は，2.3.4 節で述べた定理 2.2 である（ここからの議論が本章のハイライトである）．

変分方程式 (3.5) の近似解は (3.15) で構成されるとし，随伴方程式 (3.7) は元の方程式や変分方程式に対する RK 法と必ずしも同一ではない RK 法 $(\widehat{a}, \widehat{b}, \widehat{c})$ で離散化するとしよう：

$$\boldsymbol{\lambda}_{n+1} = \boldsymbol{\lambda}_n - h\sum_{i=1}^{s} \widehat{b}_i (\nabla_{\boldsymbol{u}}\boldsymbol{f}(\boldsymbol{U}_{n,i}))^{\mathsf{T}}\boldsymbol{\Lambda}_{n,i},$$
$$\boldsymbol{\Lambda}_{n,i} = \boldsymbol{\lambda}_n - h\sum_{j=1}^{s} \widehat{a}_{ij} (\nabla_{\boldsymbol{u}}\boldsymbol{f}(\boldsymbol{U}_{n,j}))^{\mathsf{T}}\boldsymbol{\Lambda}_{n,j}. \tag{3.17}$$

このとき，(3.14), (3.15), (3.17) は分離型常微分方程式系

$$\frac{\mathrm{d}}{\mathrm{d}t}\begin{bmatrix}\boldsymbol{u} \\ \boldsymbol{\delta}\end{bmatrix} = \begin{bmatrix}\boldsymbol{f}(\boldsymbol{u}) \\ (\nabla_{\boldsymbol{u}}\boldsymbol{f}(\boldsymbol{u}))\boldsymbol{\delta}\end{bmatrix}, \quad \frac{\mathrm{d}}{\mathrm{d}t}\boldsymbol{\lambda} = -(\nabla_{\boldsymbol{u}}\boldsymbol{f}(\boldsymbol{u}))^{\mathsf{T}}\boldsymbol{\lambda}$$

に対する分離型 RK 法と解釈できる．いま，$\boldsymbol{\lambda}^{\mathsf{T}}\boldsymbol{\delta}$ は従属変数の組 $([\boldsymbol{u}, \boldsymbol{\delta}], \boldsymbol{\lambda})$ に対する双線形形式

$$\frac{1}{2}\begin{bmatrix}\boldsymbol{u}^{\mathsf{T}} & \boldsymbol{\delta}^{\mathsf{T}} & \boldsymbol{\lambda}^{\mathsf{T}}\end{bmatrix}\begin{bmatrix}0 & 0 & 0 \\ 0 & 0 & I \\ 0 & I & 0\end{bmatrix}\begin{bmatrix}\boldsymbol{u} & \boldsymbol{\delta} & \boldsymbol{\lambda}\end{bmatrix}$$

3.3 シンプレクティック随伴法 **57**

であることに注意すると，定理 2.2 により，この保存則を再現するように $(\widehat{a}, \widehat{b}, \widehat{c})$ を設計できることが分かる．

定理 3.2（[103]）．常微分方程式 (3.1) に RK 法 (a, b, c) を適用して得られる近似解を $\boldsymbol{x}_1(\boldsymbol{\theta}), \ldots, \boldsymbol{x}_N(\boldsymbol{\theta})$ とする．また，随伴方程式 (3.7) に条件 (2.22) を満たす RK 法を適用し，$\boldsymbol{\lambda}_N = \nabla_{\boldsymbol{u}} C(\boldsymbol{u}_N(\boldsymbol{\theta}))$ から時間逆向きに求めた近似解を $\boldsymbol{\lambda}_{N-1}, \ldots, \boldsymbol{\lambda}_1, \boldsymbol{\lambda}_0$ とする．このとき，$\boldsymbol{\lambda}_0 = \nabla_{\boldsymbol{\theta}} C(\boldsymbol{u}_N(\boldsymbol{\theta}))$ が成り立つ．

　この定理は，随伴方程式の近似解法を適切に選ぶことで，勾配の計算と離散化のプロセスが可換となることを示すものである．一方で，このような方法は，本質的には誤差逆伝播法や（トップダウン型の）自動微分と同様のものである．「同様」と表現したのは，それぞれの概念が含む範囲は文脈にも依存することから，「同値」というような表現が難しいためである．近年では，多くのプログラミング言語で誤差逆伝播法や自動微分のパッケージが充実しているが，数学的には同値なものであっても，複数の視点で捉えることが有用なこともある．

- 勾配の計算には，常微分方程式を RK 法で計算したときの内部段の情報も必要である．これらの情報をすべて保持しておけば，随伴方程式の計算は容易だが，RK 法の段数が大きいほど，メモリ使用量も増加する．一方で，常微分方程式の近似解は，各時間ステップの出力だけ保持して，内部段の値は必要になったときに再計算するという方法も考えられる（各時間ステップの出力すら間引いて保持することとし，必要に応じて再計算することも考えられる）．このような方法では，総合的な計算量は増加するものの，勾配の計算に必要なメモリ使用量は抑えられる．もちろん，この二つの中間に位置するような実装方法もある．このように，シンプレクティック随伴法の考え方を知っていれば，ユーザーの立場からも容易に実装方法の調整ができる（実装の最適性は，問題や RK 法の選択に依存するだけでなく，ユーザーの計算機環境の制約などにも依存する）[72], [73].

- 次節で述べるように，より高階の微分の情報を得るアルゴリズムを考えることができるが，ブラックボックス的に誤差逆伝播法を用いるより，アルゴリズム自体をより簡便に理解することができる．

- 常微分方程式を RK 法以外の方法で離散化した場合にも，原理的には，定理 3.2 と同様の定理（および随伴方程式の離散化方法）を導くことができるはずである．ただし，このような方向性の研究はそれほど自明ではない．例えば，常微分方程式が分離型であるとして，分離型 RK 法を適用することを考えよう．このとき，随伴方程式は何か適切な分離型 RK 法で離散化すれば所望の勾配計算が可能であることが自然に期待されるであろう．しかし，実際にはこの予想は間違いであり，随伴方程式は分離型 RK 法をやや拡張したクラスの数値解法で離散化しなければならない [74].

3.4 2次の随伴法とその離散版

3.1 節以降，$\nabla_{\boldsymbol{\theta}} C(\boldsymbol{u}(t_N; \boldsymbol{\theta}))$ や $\nabla_{\boldsymbol{\theta}} C(\boldsymbol{u}_N(\boldsymbol{\theta}))$ の計算方法について考えてきた．勾配は 1 階微分相当であるが，本節では 2 階微分相当であるヘッセ行列 $\mathsf{H}_{\boldsymbol{\theta}} C(\boldsymbol{u}(t_N; \boldsymbol{\theta}))$ や $\mathsf{H}_{\boldsymbol{\theta}} C(\boldsymbol{u}_N(\boldsymbol{\theta}))$ の計算方法について考えていく．ヘッセ行列は 7 章で扱うように，推定したパラメータ $\boldsymbol{\theta}$ の信頼性評価や，最適化問題をニュートン法（系統の解法）で数値計算する際に現れる．いずれの場合も，ヘッセ行列を係数行列に持つ連立一次方程式を解く必要があり，これを**共役勾配法**（CG 法）などの**クリロフ部分空間法**で計算するならば，ヘッセ行列とベクトルの積の計算を効率よく行う必要が生じる．そこで，本節では，ヘッセ行列そのものではなく，与えられたベクトル $\boldsymbol{\gamma}$ に対してヘッセ行列ベクトル積 $(\mathsf{H}_{\boldsymbol{\theta}} C(\boldsymbol{u}(t_N; \boldsymbol{\theta})))\boldsymbol{\gamma}$ や $(\mathsf{H}_{\boldsymbol{\theta}} C(\boldsymbol{u}_N(\boldsymbol{\theta})))\boldsymbol{\gamma}$ の計算を考える．なお，任意のベクトルに対してヘッセ行列ベクトル積が計算できるようになれば，ベクトル $\boldsymbol{\gamma}$ として $\boldsymbol{e}_1, \boldsymbol{e}_2, \dots$（$\boldsymbol{e}_i$ は単位行列の第 i 列目を表す）を採用すればヘッセ行列自体が得られることを注意しておく．

前節までは，$\dot{\boldsymbol{u}} = \boldsymbol{f}(\boldsymbol{u})$ に対する随伴方程式が $\dot{\boldsymbol{\lambda}} = -(\nabla_{\boldsymbol{u}} \boldsymbol{f}(\boldsymbol{u}))^{\mathsf{T}} \boldsymbol{\lambda}$ と表現されることに基づいて議論を展開してきた．ここで，もとの方程式と変分方程式をまとめて一つの常微分方程式系とみなし，これの随伴方程式を考えてみよう．すなわち，

$$
\frac{\mathrm{d}}{\mathrm{d}t} \begin{bmatrix} \boldsymbol{u} \\ \boldsymbol{\delta} \end{bmatrix} = \begin{bmatrix} \boldsymbol{f}(\boldsymbol{u}) \\ (\nabla_{\boldsymbol{u}} \boldsymbol{f}(\boldsymbol{u})) \boldsymbol{\delta} \end{bmatrix}, \quad \begin{bmatrix} \boldsymbol{u}(0) \\ \boldsymbol{\delta}(0) \end{bmatrix} = \begin{bmatrix} \boldsymbol{\theta} \\ \boldsymbol{\gamma} \end{bmatrix} \tag{3.18}
$$

を考える．ここで，変分方程式の初期値を $\boldsymbol{\gamma}$ とした．以後，この方程式系をまとめて

$$
\frac{\mathrm{d}}{\mathrm{d}t} \boldsymbol{y} = \boldsymbol{g}(\boldsymbol{y}), \quad \boldsymbol{g}(0) = \begin{bmatrix} \boldsymbol{\theta} \\ \boldsymbol{\gamma} \end{bmatrix}
$$

と表すことがある．この方程式に対する随伴方程式は，その変数を $\boldsymbol{\phi}$ とすると

$$
\frac{\mathrm{d}}{\mathrm{d}t} \boldsymbol{\phi} = -(\nabla_{\boldsymbol{y}} \boldsymbol{g}(\boldsymbol{y}))^{\mathsf{T}} \boldsymbol{\phi} \tag{3.19}
$$

と表されるが，$\boldsymbol{\phi} = [\boldsymbol{\xi}^{\mathsf{T}}, \boldsymbol{\lambda}^{\mathsf{T}}]^{\mathsf{T}}$ として具体的に書き下せば

$$
\frac{\mathrm{d}}{\mathrm{d}t} \begin{bmatrix} \boldsymbol{\xi} \\ \boldsymbol{\lambda} \end{bmatrix} = - \begin{bmatrix} (\nabla_{\boldsymbol{u}} \boldsymbol{f}(\boldsymbol{u}))^{\mathsf{T}} & (\nabla_{\boldsymbol{u}} (\nabla_{\boldsymbol{u}} \boldsymbol{f}(\boldsymbol{u})) \boldsymbol{\delta})^{\mathsf{T}} \\ 0 & (\nabla_{\boldsymbol{u}} \boldsymbol{f}(\boldsymbol{u}))^{\mathsf{T}} \end{bmatrix} \begin{bmatrix} \boldsymbol{\xi} \\ \boldsymbol{\lambda} \end{bmatrix} \tag{3.20}
$$

となる．下半分，すなわち $\boldsymbol{\lambda}$ についての方程式は，これまで扱ってきた随伴方程式そのものである．一方で，$\boldsymbol{\xi}$ についての方程式は

$$
\frac{\mathrm{d}}{\mathrm{d}t} \boldsymbol{\xi} = -(\nabla_{\boldsymbol{u}} \boldsymbol{f}(\boldsymbol{u}))^{\mathsf{T}} \boldsymbol{\xi} - (\nabla_{\boldsymbol{u}} (\nabla_{\boldsymbol{u}} \boldsymbol{f}(\boldsymbol{u})) \boldsymbol{\delta})^{\mathsf{T}} \boldsymbol{\lambda} \tag{3.21}
$$

だが，これを**2 次の随伴方程式**という．

次の性質が成り立つ.

定理 3.3. $\boldsymbol{x}(t)$ および $\boldsymbol{\delta}(t)$ を (3.18) の解とする. このとき,

$$\begin{bmatrix} \boldsymbol{\xi}(t_N) \\ \boldsymbol{\lambda}(t_N) \end{bmatrix} = \begin{bmatrix} (\mathsf{H}_{\boldsymbol{u}} C(\boldsymbol{u}(t_N; \boldsymbol{\theta}))) \boldsymbol{\gamma} \\ \nabla_{\boldsymbol{u}} C(\boldsymbol{u}(t_N; \boldsymbol{\theta})) \end{bmatrix}$$

を満たす (3.20) の解に対して

$$\begin{bmatrix} \boldsymbol{\xi}(0) \\ \boldsymbol{\lambda}(0) \end{bmatrix} = \begin{bmatrix} (\mathsf{H}_{\boldsymbol{\theta}} C(\boldsymbol{u}(t_N; \boldsymbol{\theta}))) \boldsymbol{\gamma} \\ \nabla_{\boldsymbol{\theta}} C(\boldsymbol{u}(t_N; \boldsymbol{\theta})) \end{bmatrix}$$

が成り立つ.

証明は, $\boldsymbol{u}$ と $\boldsymbol{\delta}$ についての関数を適切に定義すれば, その後の方針は定理 3.1 の証明と全く同様である [56]. 実際, 以下の証明では最初の一文が本質であり, 以降は, 定理 3.1 の証明と全く同様である.

証明 $\tilde{C} : \mathbb{R}^d \times \mathbb{R}^d \to \mathbb{R}$ を

$$\tilde{C}(\boldsymbol{u}, \boldsymbol{\delta}) = (\nabla_{\boldsymbol{u}} C(\boldsymbol{u}))^\top \boldsymbol{\delta}$$

で定義する. ここで, 連鎖律 (3.10) と

$$\boldsymbol{\delta}(t_N; \boldsymbol{\theta}, \boldsymbol{\gamma}) = (\nabla_{\boldsymbol{\theta}} \boldsymbol{u}(t_N; \boldsymbol{\theta})) \boldsymbol{\gamma}$$

により ($\boldsymbol{\delta}$ が $\boldsymbol{\theta}$ と $\boldsymbol{\gamma}$ に依存することを強調するため $\boldsymbol{\delta}(t_N; \boldsymbol{\theta}, \boldsymbol{\gamma})$ と表した), 任意の $\boldsymbol{\gamma} \in \mathbb{R}^d$ に対して

$$\tilde{C}\big(\boldsymbol{u}(t_N; \boldsymbol{\theta}), \boldsymbol{\delta}(t_N; \boldsymbol{\theta}, \boldsymbol{\gamma})\big) = (\nabla_{\boldsymbol{\theta}} C(\boldsymbol{u}(t_N; \boldsymbol{\theta})))^\top \boldsymbol{\gamma}$$

が成り立つ. したがって, 勾配のときの議論 (定理 3.1) より

$$\boldsymbol{\xi}(t_N) = \nabla_{\boldsymbol{u}} \tilde{C}\big(\boldsymbol{u}(t_N; \boldsymbol{\theta}), \boldsymbol{\delta}(t_N; \boldsymbol{\theta}, \boldsymbol{\gamma})\big) = (\mathsf{H}_{\boldsymbol{u}} C(\boldsymbol{u}(t_N; \boldsymbol{\theta}))) \boldsymbol{\delta}(t_N; \boldsymbol{\theta}, \boldsymbol{\gamma})$$

および

$$\boldsymbol{\lambda}(t_N) = \nabla_{\boldsymbol{\delta}} \tilde{C}\big(\boldsymbol{u}(t_N; \boldsymbol{\theta}), \boldsymbol{\delta}(t_N; \boldsymbol{\theta}, \boldsymbol{\gamma})\big) = \nabla_{\boldsymbol{u}} C(\boldsymbol{u}(t_N; \boldsymbol{\theta}))$$

を満たす解は

$$\boldsymbol{\xi}(0) = \nabla_{\boldsymbol{\theta}} \tilde{C}\big(\boldsymbol{u}(t_N; \boldsymbol{\theta}), \boldsymbol{\delta}(t_N; \boldsymbol{\theta}, \boldsymbol{\gamma})\big) = (\mathsf{H}_{\boldsymbol{\theta}} C(\boldsymbol{u}(t_N; \boldsymbol{\theta}))) \boldsymbol{\gamma}$$

および

$$\boldsymbol{\lambda}(0) = \nabla_{\boldsymbol{\gamma}} \tilde{C}\big(\boldsymbol{u}(t_N; \boldsymbol{\theta}), \boldsymbol{\delta}(t_N; \boldsymbol{\theta}, \boldsymbol{\gamma})\big) = \nabla_{\boldsymbol{\theta}} C(\boldsymbol{u}(t_N; \boldsymbol{\theta}))$$

を満たす. □

以上の議論は, 通常の随伴法の議論 (定理 3.1) と本質的に全く同じである.

この事実は，2次の随伴方程式の適切な離散化方法を強く示唆するものである．すなわち，拡大したモデル (3.18) とそれに対応する随伴方程式 (3.20) をシンプレクティック随伴法で離散化すれば（これにより，2次の随伴方程式の離散化が定まる），ヘッセ行列ベクトル積 $\bigl(\mathsf{H}_{\boldsymbol{\theta}} C_N(\boldsymbol{u}_N(\boldsymbol{\theta}))\bigr)\boldsymbol{\gamma}$ が厳密に求まる．

定理 3.2 の系として次が成り立つ．

定理 3.4 ([56]).
- 常微分方程式 (3.1) に RK 法 (a, b, c) を適用して得られる近似解を $\boldsymbol{x}_1(\boldsymbol{\theta}), \ldots, \boldsymbol{x}_N(\boldsymbol{\theta})$ とする．
- 変分方程式 (3.5) に初期値を $\boldsymbol{\delta}(0) = \boldsymbol{\gamma}$ として RK 法 (a, b, c) を適用して得られる近似解を $\boldsymbol{\delta}_1, \ldots, \boldsymbol{\delta}_N$ とする．
- 随伴方程式 (3.7) に条件 (2.22) を満たす RK 法を適用し，$\boldsymbol{\lambda}_N = \nabla_{\boldsymbol{u}} C(\boldsymbol{u}_N(\boldsymbol{\theta}))$ から時間逆向きに求めた近似解を $\boldsymbol{\lambda}_{N-1}, \ldots, \boldsymbol{\lambda}_i, \boldsymbol{\lambda}_0$ とする．
- 2次の随伴方程式 (3.21) に条件 (2.22) を満たす RK 法を適用し，$\boldsymbol{\xi}_N = \bigl(\mathsf{H}_{\boldsymbol{u}} C(\boldsymbol{u}_N(\boldsymbol{\theta}))\bigr)\boldsymbol{\delta}_N$ から時間逆向きに求めた近似解を $\boldsymbol{\xi}_{N-1}, \ldots, \boldsymbol{\xi}_1, \boldsymbol{\xi}_0$ とする．

このとき，$\boldsymbol{\xi}_0 = \bigl(\mathsf{H}_{\boldsymbol{\theta}} C(\boldsymbol{u}_N(\boldsymbol{\theta}))\bigr)\boldsymbol{\gamma}$ および $\boldsymbol{\lambda}_0 = \nabla_{\boldsymbol{\theta}} C(\boldsymbol{u}_N(\boldsymbol{\theta}))$ が成り立つ．

注意 3.1. 連立一次方程式 $\bigl(\mathsf{H}_{\boldsymbol{\theta}} C(\boldsymbol{u}_N(\boldsymbol{\theta}))\bigr)\boldsymbol{x} = \boldsymbol{b}$ を共役勾配法などのクリロフ部分空間法で数値計算するときの計算コストについて考察しよう．このとき，計算コストの主要部は係数行列ベクトル積，すなわちヘッセ行列とベクトルの積の計算となる．ここで，各反復でヘッセ行列ベクトル積の計算を行うために，毎回，もとの方程式 (3.1)，変分方程式 (3.5)，随伴方程式 (3.7)，2次の随伴方程式 (3.21) のすべてを数値計算する必要はないことに注意したい．なぜならば，ヘッセ行列ベクトル積のベクトルが変わっても，もとの方程式 (3.1) と随伴方程式 (3.7) は何ら変わらないからである．したがって，この二つの方程式は一度数値計算をすれば（その結果を保持さえしていれば）十分であり，反復法が収束するまで再計算する必要はない．一方で，変分方程式 (3.5) と 2 次の随伴方程式 (3.21) についてはベクトルが変わるごとに数値計算し直す必要がある．

なお，もとの方程式 (3.1) が非線形であって，陰的 RK 法を適用するならば，(3.1) の数値計算は各時間ステップで連立非線形方程式を解かねばならず相応のコストがかかる．一方で，他の三つの方程式は線形な常微分方程式であるから，(3.1) に比べれば効率よく数値計算できることが多い．

3.5 数値実験

文献 [56] をもとに，いくつかの数値実験を示す．

3.5.1 調和振動子

簡単な例題として，調和振動子

$$\frac{\mathrm{d}}{\mathrm{d}t}\begin{bmatrix} q \\ p \end{bmatrix} = \begin{bmatrix} p \\ -\sin(q) \end{bmatrix}, \quad \boldsymbol{\theta} = \begin{bmatrix} q(0) \\ p(0) \end{bmatrix} \tag{3.22}$$

に陽的 Euler 法を適用する場合を考えよう．関数は $C(\boldsymbol{x}) = C(q,p) = q^2 + qp + p^2 + p^4$ と設定する．

以下，刻み幅は $h = 0.01$ とする．比較のため，シンボリック計算を利用して $\mathsf{H}_{\boldsymbol{\theta}} C(\boldsymbol{x}_5(\boldsymbol{\theta}))\big|_{\boldsymbol{\theta}=[1,1]^\top}$ を求めると

$$\begin{aligned} &\mathsf{H}_{\boldsymbol{\theta}} C(\boldsymbol{x}_5(\boldsymbol{\theta}))\big|_{\boldsymbol{\theta}=[1,1]^\top} \\ &= \begin{bmatrix} 2.232746371638453 & 0.763132203549098 \\ 0.763132203549098 & 13.09116739376028 \end{bmatrix} \end{aligned} \tag{3.23}$$

となる．上記の議論によれば，随伴方程式 (3.19) は

$$\boldsymbol{\phi}_n = \boldsymbol{\phi}_{n+1} + h\nabla_{\boldsymbol{y}}\boldsymbol{g}(\boldsymbol{y}_n)^\top \boldsymbol{\phi}_{n+1} \tag{3.24}$$

と離散化すればよく，二つの単位ベクトル $[1,0]^\top$, $[0,1]^\top$ に対してヘッセ行列を掛けて得られるヘッセ行列（の近似[2]）は，

$$\begin{bmatrix} \underline{2.232746371638453} & \underline{0.763132203549098} \\ \underline{0.763132203549099} & \underline{13.09116739376027} \end{bmatrix}$$

となり，(3.23) と比べて 14 桁一致しており，丸め誤差を除けば厳密に計算できていることが観察できる．一方で，随伴方程式 (3.19) を

$$\boldsymbol{\phi}_n = \boldsymbol{\phi}_{n+1} + h\nabla_{\boldsymbol{y}}\boldsymbol{g}(\boldsymbol{y}_{n+1})^\top \boldsymbol{\phi}_{n+1} \tag{3.25}$$

のように離散化してしまうと，得られるヘッセ行列の近似は

$$\begin{bmatrix} \underline{2.234679307434870} & \underline{0.771449812673337} \\ \underline{0.763169390266670} & \underline{13.09133376424467} \end{bmatrix}$$

となり，わずか数桁しか一致しない．

二つの離散化 (3.24) と (3.25) を比べると，違いは $\nabla_{\boldsymbol{y}}\boldsymbol{g}(\boldsymbol{y}_n)$ と $\nabla_{\boldsymbol{y}}\boldsymbol{g}(\boldsymbol{y}_{n+1})$ だけであり，また，$\boldsymbol{\phi}_5 \mapsto \boldsymbol{\phi}_4 \mapsto \cdots \mapsto \boldsymbol{\phi}_0$ と逆向きに計算することを考えると，どちらも陽的な計算であり，かかる計算コストは等しい．このような簡単な例でも，結果にはこれほどの差が生じるため，より複雑な方程式や数値解法を選択した場合には，適切な離散化の選択が重要であることが推察できる．

---

[2] 理論上，ヘッセ行列が厳密に得られるはずだが，丸め誤差の影響も考慮して近似と表現した．

3.5.2 Allen–Cahn 方程式

1 次元 Allen–Cahn 方程式

$$u_t = \alpha u + \beta u_{xx} + \kappa u^3, \quad u \in (0, 1)$$

を考える．ただし，境界条件として Neumann 境界条件 $u_x(t, 0) = u_x(t, 1) = 0$ を課す．また，パラメータと初期条件はそれぞれ $(\alpha, \beta, \kappa) = (10, 0.001, -1)$ と $u(0, x) = \cos(\pi x)$ とする．

空間領域を標準的な差分法で d 個のグリッドに分割しよう．すなわち，$\Delta x = 1/(d - 1)$ である．標準的な二階差分を用いると，半離散スキーム

$$\frac{\mathrm{d}u^{(m)}}{\mathrm{d}t} = \alpha u^{(m)} + \kappa \left(u^{(m)} \right)^3$$

$$+ \frac{\beta}{\Delta x^2} \begin{cases} 2 \left(u^{(2)} - u^{(1)} \right) & (m = 1) \\ u^{(m+1)} - 2u^{(m)} + u^{(m-1)} & (m = 2, \ldots, d-1) \\ 2 \left(u^{(d-1)} - u^{(d)} \right) & (m = d) \end{cases}$$

を得る．ここで，$\boldsymbol{u}(t) \in \mathbb{R}^d$ であり，空間離散化の要素添字を上付き文字で $\bullet^{(m)}$ と表した[3]．

さて，Allen–Cahn 方程式の時間方向を陰的 Euler 法で離散化しよう．また，目的関数は

$$C(\boldsymbol{u}_N(\boldsymbol{\theta})) = \| \boldsymbol{u}_N(\boldsymbol{\theta}) - \boldsymbol{u}_N(\hat{\boldsymbol{\theta}}) \|_2^2$$

とする．ここで，$\boldsymbol{\theta}$ は半離散スキームの初期値であり，$\hat{\boldsymbol{\theta}}$ については，$\hat{\theta}^{(m)} = \cos(\pi(m - 1)\Delta z)$ であるとする（$\boldsymbol{u}_N(\hat{\boldsymbol{\theta}})$ については，あまり現実的な設定ではないが，ここでは容易に数値的検証を行うことを優先してこのような目的関数を設定した）．

本節で述べた理論によれば，随伴方程式は

$$\boldsymbol{\phi}_n = \boldsymbol{\phi}_{n+1} + h \nabla_{\boldsymbol{y}} \boldsymbol{g}(\boldsymbol{y}_{n+1})^\top \boldsymbol{\phi}_n \tag{3.26}$$

と離散化することが適切である．このことを数値的にも確認するために，随伴方程式を (3.25) のように離散化した場合と比べてみよう．

以下では，(3.26) を用いて計算されるヘッセ行列を H とし，(3.25) を用いて計算される近似ヘッセ行列を H̃ で表す．なお，実際にこれらの行列の要素を陽に求める場合は，ヘッセ行列ベクトル積計算のベクトルとして単位ベクトル $\boldsymbol{e}_1, \boldsymbol{e}_2, \ldots$ を用いて計算することとする．以下の数値実験では，計算の各種パラメータは $d = 150$, $h = 0.001$, $N = 20$ とし，また，評価する基準となる $\boldsymbol{\theta}$ としては $\theta^{(m)} = 1.05 \cos(\pi(m - 1)\Delta z)$ を考える．

---

[3]　このあとで時間変数を離散化するが，本書で一貫して用いているように，時間離散化の要素添字を下付き文字で表す．そのため，あまり標準的な記法ではないが，空間変数の添字は上付き文字で表すこととした．

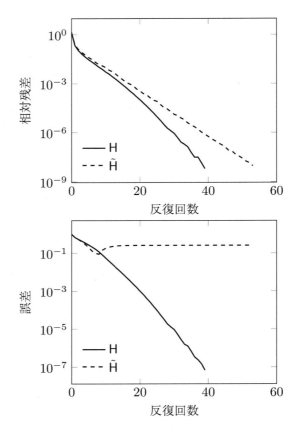

図 3.1 ヘッセ行列を係数に持つ連立一次方程式を CR 法で数値計算した際の相対残差と誤差の振舞い．CR 法の反復で必要な行列ベクトル積の行列として厳密なヘッセ行列 H を用いた場合と近似的なヘッセ行列 H̃ を用いた場合とを比較した．

まず，対称性がどの程度保存されているかを確認しよう．そのための指標として

$$\tau(\mathsf{M}) = \|\mathsf{M} - \mathsf{M}^\top\|_{\max}$$

を用いることとする．ただし，$\|\cdot\|_{\max}$ の定義は $\|\mathsf{M}\|_{\max} = \max_{i,j} |\mathsf{M}_{ij}|$ で与えられるものとする．なお，以下では，ベクトルの最大値ノルムから誘導されるノルム $\|\cdot\|_\infty$ も用いる．実際に計算を行うと，

$$\tau(\tilde{\mathsf{H}}) = 2.344 \times 10^{-5}, \quad \tau(\mathsf{H}) = 1.518 \times 10^{-18} \tag{3.27}$$

となることから，対称性を保つためには，本章で述べた離散化を用いることが重要であることが分かる．

次に，近似ヘッセ行列 H̃ が H とどの程度離れているかを確認してみよう．計算すると，$\|\mathsf{H} - \tilde{\mathsf{H}}\|_{\max} = 4.252 \times 10^{-5}$ ($\|\mathsf{H} - \tilde{\mathsf{H}}\|_\infty = 7.640 \times 10^{-5}$,

$\|H - \tilde{H}\|_\infty / \|H\|_\infty = 0.01660$, $\|H - \tilde{H}\|_\infty / \|\tilde{H}\|_\infty = 0.01634)$ となり，$\tau(H) - \tau(\tilde{H})$ とおおよそ同程度のスケールで離れていることが分かる．

さらに，連立一次方程式 $Hv = r$ を計算したときの影響も確認しておこう．ここでは，連立一次方程式の数値解法として共役残差法（CR：conjugate residual 法）を用いることとする[*4]．反復の終了条件は，最大値ノルムで測った相対残差が 1.0×10^{-8} 以下になるように設定した．右辺ベクトル r は，$r = Hv^{\mathrm{exact}}$, $v^{\mathrm{exact}} = (1, 0, \ldots, 0)^\top$ により人工的に設定したものを用いる．CR 法の反復を計算する際の行列ベクトル積に H を使った場合と $\tilde{H}$ を使った場合の収束の様子を比較してみよう．図 3.1 の上図から，相対残差の振舞いをみれば，H を用いた場合より若干遅いものの，$\tilde{H}$ でも収束している様子が観察される．すなわち，$\tilde{H}$ の対称性は破壊されているものの，CR 法そのものはある程度動作している．一方で，誤差の振舞いをみれば，H を用いたときは，期待通り収束しているものの，$\tilde{H}$ を用いたときは，全く収束が期待できないことが読み取れる．この観察は，ヘッセ行列ベクトル積を近似計算し，相対残差の振舞いから収束判定を行うと，全く正しくないベクトルを連立一次方程式の解の良い近似として扱ってしまう可能性があることを強く示唆するものであり，実用上大きな問題である．裏を返せば，ヘッセ行列ベクトル積を厳密に計算することの重要性を物語っている．

[*4] ヘッセ行列 H は不定値の可能性がある．そうであっても，原理的に CG 法は（break-down が起きない限り）動作するが，break-down のリスクを踏まえ，CR 法を適用することとした．

3.5 数値実験 **65**

第 4 章
動的低ランク近似

　行列やテンソルの低ランク近似は，データ圧縮などに有用なツールである[*1]．行列の場合は特異値分解が基礎となり，テンソルの場合はタッカー分解や CP 分解が中心的役割を担う．

　本章では，連続的に変化しているように見える行列の列（本書では行列のみ扱うが，一般にはテンソルの列）が与えられたとき，それらをどのように効率よく低ランク近似するかを考える．ここで，現段階では，「連続的」という言葉は厳密に使用しているわけではなく，例えば，動画の一コマ一コマのように少しずつ変化する行列をイメージすればよい．素朴なアイデアとして，それぞれの行列を特異値分解して低ランク近似することが考えられるが，計算コストは大きい．他にも，「行列の列」を 3 次元テンソルと見立て，テンソルの低ランク近似を利用することも考えられるが，これも行列一つを特異値分解するのに比べればはるかに大きな計算コストがかかる．本章では，連続的に変化するという構造を最大限に活用し，微分方程式を利用した低ランク近似手法を紹介する．本章で紹介するようなアイデアは総称として動的低ランク近似（dynamical low-rank approximation）と呼ばれている．

4.1　行列の低ランク近似

　まず本節では，行列の低ランク近似についての基礎事項を整理する．次の問題を考えよう．与えられた行列 $A \in \mathbb{R}^{m \times n}$ に対し，ランク（階数[*2]）が k 以下の $m \times n$ 行列の中で，フロベニウスノルムの意味で A との距離が最小になるものを求めよ：

[*1]　テンソルといったとき，本章では単に多次元配列を意味する．

[*2]　「低ランク近似」という用語が市民権を得ていることもあり，本章では階数のことをランクと呼ぶ．

$$\min_{\mathrm{rank}(X)\le k}\|A-X\|_{\mathrm{F}}^2. \tag{4.1}$$

なお，$\mathbb{R}^{m\times n}$ において，行列のフロベニウスノルムは

$$\|A\|_{\mathrm{F}}=\sqrt{\sum_{i=1}^{m}\sum_{j=1}^{n}a_{ij}^2},\quad A\in\mathbb{R}^{m\times n}$$

で定義される．この最適化問題 (4.1) を「行列の低ランク近似問題」という．なお，$\mathrm{rank}(A)\le k$ であれば最適解は A そのものになるため，以下では $k\le\mathrm{rank}(A)$ とする．

この最適化問題を解くにあたり，**特異値分解** (singular value decomposition) が議論の鍵となる．

定理 4.1（特異値分解）．ランク r の実行列 $A\in\mathbb{R}^{m\times n}$ は，適当な m 次直交行列 V と n 次直交行列 U を用いて

$$A=U\Sigma V^{\mathsf{T}}$$

の形に分解される．ここで，Σ は

$$\Sigma=\begin{bmatrix}\sigma_1 & & & \\ & \ddots & & O_{r,n-r} \\ & & \sigma_r & \\ O_{m-r,r} & & O_{m-r,n-r} \end{bmatrix}\quad(\sigma_1\ge\sigma_2\ge\cdots\ge\sigma_r>0)$$

の形の $m\times n$ 型行列である（左上のブロックは対角行列）．

特異値分解は工学的に非常に重要であり多くの書籍で解説されているため，ここでは証明は割愛する．ただし，特に大規模な行列に対して特異値分解を直接計算することは容易ではないことを注意しておく．なお，この定理を認めると

$$A^{\mathsf{T}}A=(U\Sigma V^{\mathsf{T}})^{\mathsf{T}}(U\Sigma V^{\mathsf{T}})=V\Sigma^{\mathsf{T}}\Sigma V^{\mathsf{T}},$$

$$AA^{\mathsf{T}}=(U\Sigma V^{\mathsf{T}})(U\Sigma V^{\mathsf{T}})^{\mathsf{T}}=U\Sigma\Sigma^{\mathsf{T}}U^{\mathsf{T}}$$

となるから，$\Sigma^{\mathsf{T}}\Sigma$ や $\Sigma\Sigma^{\mathsf{T}}$ は σ_i^2 を対角成分に持つ対角行列（$r+1$ 番目以降の対角成分は 0）であることに注意すると

- 行列 A の特異値は，$A^{\mathsf{T}}A$ の非零固有値の平方根と一致し，V の列ベクトルは $A^{\mathsf{T}}A$ の固有ベクトル，
- 行列 A の特異値は，AA^{T} の非零固有値の平方根と一致し，U の列ベクトルは AA^{T} の固有ベクトル

であることが分かる．

特異値分解を利用すると行列 A は

4.1 行列の低ランク近似　**67**

$$A = \sum_{i=1}^{r} \sigma_i \boldsymbol{u}_i \boldsymbol{v}_i^{\mathsf{T}} \tag{4.2}$$

と表現できる．この右辺はランク 1 行列 $\sigma_i \boldsymbol{u}_i \boldsymbol{v}_i^{\mathsf{T}}$ の r 個の和となっている．ここで，上位 k 個の特異値成分を用いた

$$A_k = \sum_{i=1}^{r} \sigma_i \boldsymbol{u}_i \boldsymbol{v}_i^{\mathsf{T}} \tag{4.3}$$

は，問題 (4.1) の最適解となる．

定理 4.2. 問題 (4.1) の最適解は A_k で与えられる．

この定理の主張自体はよく知られており，Eckart–Young の定理 [35] あるいは Mirsky の定理 [88] と呼ばれている（**Eckart–Young–Mirsky の定理**と呼ばれることもある）．その証明については，いくつかのタイプが知られているものの，初等的な証明を与えている文献は限られている．例えば，[107] ではスペクトルノルム（ℓ^2 ノルム）とフロベニウスノルムの場合に初等的証明が与えられている．特に，フロベニウスノルムの場合には二つの証明が紹介されている．また，[66] ではユニタリ不変ノルム（フロベニウスノルムも含む）の場合に初等的証明が与えられている．フロベニウスノルムに特化すれば [107] の証明のほうが簡潔だが，ここでは，本稿執筆時点で日本語の文献がないと思われることと，他のいくつかのノルムで最小化を考えたときにも最適解は同一となることを強調するため，後者 [66] の証明を紹介する．示すべき主張は以下の通りである．

定理 4.3. $\|\cdot\|$ をユニタリ不変ノルムとする[*3]．行列 $A \in \mathbb{R}^{m \times n}$ に対して A_k を (4.3) で定義されるランク k 行列とする．このとき，ランクが k 以下の任意の行列 $B \in \mathbb{R}^{m \times n}$ に対し，

$$\|A - A_k\| \le \|A - B\|$$

が成り立つ．

注意 4.1. 簡単のため，$\mathbb{R}$ を体とする実行列を考えているが，複素数体 $\mathbb{C}$ 上の複素行列に対しても同様の主張が成り立ち，証明も全く同様である．

注意 4.2. 以下の証明は初等的ではあるが技巧的でもあり，イメージは掴みづらいかもしれない．フロベニウスノルムに限定し，行列サイズが小さい場合には，ラグランジュの未定乗数法などを用いると定理の主張は比較的容易に確認

[*3] ノルム $\|\cdot\| : \mathbb{R}^{m \times n} \to \mathbb{R}$ がユニタリ不変とは，任意の $A \in \mathbb{R}^{m \times n}$，$m$ 次直交行列 U，n 次直交行列 V に対して，$\|UAV^{\mathsf{T}}\| = \|A\|$ が成り立つことをいう（複素行列の場合は $\mathbb{R}^{m \times n}$ を $\mathbb{C}^{m \times n}$ に，直交行列をユニタリ行列に読み替えればよい）．フロベニウスノルムやスペクトルノルム（ℓ^2 ノルム）はユニタリ不変ノルムの代表例である．

できる（対角行列を低ランク行列で近似する問題に帰着される）.

証明 証明の鍵は，ランクが k 以下の任意の行列 $B \in \mathbb{R}^{m \times n}$ に対して

$$\|A - A_k\| \le \|C_1\| \le \|C_2\| \le \cdots \le \|C_l\| \le \|A - B\| \tag{4.4}$$

となる行列の列 $C_1, \ldots, C_l$ を構成することにある.

行列 C を $C := A - B$ で定義し，その特異値分解を

$$C = \sum_{i=1}^{l} \xi_i \boldsymbol{x}_i \boldsymbol{y}_i^\top \quad (\xi_1 \ge \cdots \ge \xi_l > 0) \tag{4.5}$$

と表そう. このとき，便宜上 $\sigma_i = 0 \ (i > r)$ と表すことにすると，

$$\xi_i \ge \sigma_{k+i} \quad (i = 1, \ldots, l) \tag{4.6}$$

が成り立つ（この主張は後で証明する）. いったん (4.6) を認めれば，(4.4) は以下のように示せる.

集合 $\{E_{11}, E_{12}, \ldots, E_{mn}\}$ を $\mathbb{R}^{m \times n}$ の標準基底としよう. すなわち，E_{ij} は (i, j) 要素が 1 で他のすべての要素が 0 の $m \times n$ 型行列である. ここで

$$D = \sum_{i=1}^{l} \sigma_{k+i} E_{ii}$$

とおくと，$\|D\| = \|A - A_k\|$ が成り立つ. また，(4.6) より $i = 1, \ldots, l$ に対して，$\tau_i \in [0, 1]$ が存在し，$\tau_i \xi_i = \sigma_{k+i}$ と書ける. 行列 C_1 および $\tilde{C}_1$ を次で定義しよう：

$$C_1 = \xi_1 E_{11} + \sum_{j=2}^{l} \sigma_{k+j} E_{jj},$$

$$\tilde{C}_1 = -\xi_1 E_{11} + \sum_{j=2}^{l} \sigma_{k+j} E_{jj}.$$

このとき，C_1 と $\tilde{C}_1$ の特異値はどちらも $\xi_1, \sigma_{k+2}, \ldots, \sigma_l$ であり（したがってノルムも等しい），

$$D = \frac{1 + \tau_1}{2} C_1 + \frac{1 - \tau_1}{2} \tilde{C}_1$$

とおくと

$$\|D\| = \left\| \frac{1 + \tau_1}{2} C_1 + \frac{1 - \tau_1}{2} \tilde{C}_1 \right\| \le \frac{1 + \tau_1}{2} \|C_1\| + \frac{1 - \tau_1}{2} \|\tilde{C}_1\| = \|C_1\|$$

が成り立つ. 次に行列 C_2 および $\tilde{C}_2$ を

$$C_2 = \xi_1 E_{11} + \xi_2 E_{22} + \sum_{j=3}^{l} \sigma_{k+j} E_{jj},$$

4.1 行列の低ランク近似 **69**

$$\tilde{C}_2 = \xi_1 E_{11} - \xi_2 E_{22} + \sum_{j=3}^{l} \sigma_{k+j} E_{jj}.$$

と定義すると, C_2 と $\tilde{C}_2$ の特異値はどちらも $\xi_1, \xi_2, \sigma_{k+3}, \ldots, \sigma_l$ である. また,

$$C_1 = \frac{1+\tau_2}{2} C_2 + \frac{1-\tau_2}{2} \tilde{C}_2$$

となるため,

$$\|C_1\| = \left\| \frac{1+\tau_2}{2} C_2 + \frac{1-\tau_2}{2} \tilde{C}_2 \right\| \le \frac{1+\tau_2}{2} \|C_2\| + \frac{1-\tau_2}{2} \|\tilde{C}_2\| = \|C_2\|$$

が成り立つ. この操作を l 回繰り返すと (C_i は $\xi_1, \ldots, \xi_i, \sigma_{k+1+1}, \ldots, \sigma_l$ が対角に並んだ $m \times n$ 型行列とし, $\tilde{C}_i$ は C_i の (i,i) 要素の符号が反転した行列), 帰納的に

$$\|D\| = \|C_1\| \le \|C_2\| \le \cdots \le \|C_l\|$$

が示せる. ここで, $\|A - A_k\| = \|D\|$ と $\|C_l\| = \|C\| = \|A - B\|$ に注意すると

$$\|A - A_k\| \le \|A - B\|$$

が成り立つことが分かる.

さて, (4.6) を示そう.

行列 C の特異値分解 (4.5) に現れる $\{\boldsymbol{y}_1, \ldots, \boldsymbol{y}_l\}$ を $\mathbb{R}^n$ の正規直交基底 $\{\boldsymbol{y}_1, \ldots, \boldsymbol{y}_l, \ldots, \boldsymbol{y}_n\}$ に拡張する (正規直交基底となりさえすれば, $\boldsymbol{y}_{l+1}, \ldots, \boldsymbol{y}_n$ の取り方は自由). このとき, 任意の単位ベクトル $\boldsymbol{y} \in \mathbb{R}^n$ は, 単位ベクトル $(a_1, \ldots, a_n)^\mathsf{T} \in \mathbb{R}^n$ を用いて $\boldsymbol{y} = \sum_{i=1}^n a_i \boldsymbol{y}_i$ と書け,

$$|C\boldsymbol{y}| = \left| C\Big(\sum_{i=1}^n a_i \boldsymbol{y}_i \Big) \right| = \left| \sum_{i=1}^l a_i \xi_i \boldsymbol{x}_i \right| = \left(\sum_{i=1}^l |a_i \xi_i|^2 \right)^{1/2}$$

が成り立つ (本証明内に限り, 行列のノルムと区別するために, ベクトルのユークリッドノルムには $|\cdot|$ を用いる). したがって, ξ_1 は

$$\xi_1 = |C\boldsymbol{y}_1| = \max\{|C\boldsymbol{v}| \mid \boldsymbol{v} \in \mathbb{R}^n,\ |\boldsymbol{v}| = 1\}$$

と表せる. また, $i = 2, \ldots, l$ に対して

$$\xi_i = |C\boldsymbol{y}_i| = \max\{|C\boldsymbol{v}| \mid \boldsymbol{v} \in \mathbb{R}^n,\ \boldsymbol{y}_1^\mathsf{T} \boldsymbol{v} = \cdots = \boldsymbol{y}_{i-1}^\mathsf{T} \boldsymbol{v} = 0,\ |\boldsymbol{v}| = 1\}$$

である. 行列 B のランクは高々 k だから, 行列 A の特異値分解に現れる $\boldsymbol{v}_1, \ldots, \boldsymbol{v}_{k+1}$ に対し $B[\boldsymbol{v}_1, \ldots, \boldsymbol{v}_{k+1}] \in \mathbb{R}^{n \times (k+1)}$ のランクも高々 k である (列に関してランク落ちしている). したがって, $B[\boldsymbol{v}_1, \ldots, \boldsymbol{v}_{k+1}]\boldsymbol{z}_1 = \boldsymbol{0}$ となる単位ベクトル $\boldsymbol{z}_1 = (a_1, \ldots, a_{k+1})^\mathsf{T} \in \mathbb{R}^{k+1}$ が存在する. ここで, $\tilde{\boldsymbol{z}} = [\boldsymbol{v}_1, \ldots, \boldsymbol{v}_{k+1}]\boldsymbol{z}_1 = a_1 \boldsymbol{v}_1 + \cdots + a_{k+1}\boldsymbol{v}_{k+1}$ とおくと明らかに $B\tilde{\boldsymbol{z}} = \boldsymbol{0}$ で

ある. したがって,

$$\xi_1 = \|A - B\|_2 \geq |(A - B)\tilde{\boldsymbol{z}}| = |A\tilde{\boldsymbol{z}}| = |A(a_1\boldsymbol{v}_1 + \cdots + a_{k+1}\boldsymbol{v}_{k+1})|$$
$$= \left|\sum_{i=1}^{k+1} a_i\sigma_i\boldsymbol{u}_i\right| = \left(\sum_{i=1}^{k+1} |a_i\sigma_i|^2\right)^{1/2} \geq \sigma_{k+1}\left(\sum_{i=1}^{k+1} |a_i|^2\right)^{1/2} = \sigma_{k+1}$$

が成り立つ. 以下, $i = 2, \ldots, l$ に対しても同様の方針で示すが, ポイントは B を拡張することにある. 行列 B_i を

$$B_i = \begin{bmatrix} B \\ \boldsymbol{y}_1^\top \\ \vdots \\ \boldsymbol{y}_{i-1}^\top \end{bmatrix} \in \mathbb{R}^{m+i-1 \times n}$$

で定義すると, B_i のランクは高々 $k + i - 1$ であり, $B_i[\boldsymbol{v}_1, \ldots, \boldsymbol{v}_{k+i}] \in \mathbb{R}^{(m+i-1) \times (k+i)}$ のランクも高々 $k + i - 1$ である（列に関してランク落ちしている）. したがって, $B_i[\boldsymbol{v}_1, \ldots, \boldsymbol{v}_{k+i}]\boldsymbol{z}_i = \boldsymbol{0}$ となる単位ベクトル $\boldsymbol{z}_i = (b_1, \ldots, b_{k+i})^\top \in \mathbb{R}^{k+i}$ が存在する. ここで, $\tilde{\boldsymbol{z}}_i = [\boldsymbol{v}_1, \ldots, \boldsymbol{v}_{k+i}]\boldsymbol{z}_i = b_1\boldsymbol{v}_1 + \cdots + b_{k+i}\boldsymbol{v}_{k+i}$ とおくと明らかに $B_i\tilde{\boldsymbol{z}}_i = \boldsymbol{0}$ であり, $B_i\tilde{\boldsymbol{z}}_i = \boldsymbol{0}$ は $B\tilde{\boldsymbol{z}}_i = \boldsymbol{0}$, $\boldsymbol{y}_j^\top\tilde{\boldsymbol{z}}_i = 0$ $(j = 1, \ldots, i-1)$ と言い換えられる. したがって,

$$\xi_i \geq |(A - B)\tilde{\boldsymbol{z}}_i| = |A\tilde{\boldsymbol{z}}_i| = |A(b_1\boldsymbol{v}_1 + \cdots + b_{k+i}\boldsymbol{v}_{k+i})|$$
$$= \left|\sum_{j=1}^{k+i} b_j\sigma_j\boldsymbol{u}_j\right| = \left(\sum_{i=1}^{k+i} |b_j\sigma_j|^2\right)^{1/2} \geq \sigma_{k+i}\left(\sum_{j=1}^{k+i} |b_i|^2\right)^{1/2} = \sigma_{k+i}$$

が成り立つ. □

4.2　本章で用いる記号の定義

本章で今後用いる記法を導入する（一部 2.7 節と重複するものもある）. まず, 登場頻度は少ないが, $k \times k$ 型正則行列の集合

$$\mathrm{GL}(k) = \{Y \mid \det Y \neq 0\}$$

導入しておく. 本章でより重要なのは

$$\mathcal{V}_{m,k} = \{Y \in \mathbb{R}^{m \times k} \mid Y^\top Y = I_k\}$$

で定義される $\mathcal{V}_{m,k}$ である. この集合は多様体の構造を持ち, Stiefel 多様体と呼ばれる. Stiefel 多様体上の $Y \in \mathcal{V}_{m,k}$ における接空間（→ 注意 4.3 を参照）は

$$T_Y \mathcal{V}_{m,k} = \{\delta Y \in \mathbb{R}^{m \times k} \mid (\delta Y)^\mathsf{T} Y + Y^\mathsf{T}(\delta Y) = O\} \tag{4.7}$$

となる．また，ランクが k の $m \times n$ 型行列の集合を

$$\mathcal{M}_k^{m,n} = \{Y \in \mathbb{R}^{m \times n} \mid \mathrm{rank}(Y) = k\}$$

で表し（しばしば上付き添字を省略し，$\mathcal{M}_k$ と書くこともある），この集合も多様体の構造を持つ．任意の $Y \in \mathcal{M}_k^{m \times n}$ は，適当な $U \in \mathcal{V}_{m,k}$ および $V \in \mathcal{V}_{n,k}$ と正則行列 $S \in \mathbb{R}^{k \times k}$ を用いて

$$Y = USV^\mathsf{T} \tag{4.8}$$

と表現できる．このような表現が少なくとも一つ存在することは自明であり，Y の特異値分解（特異値が 0 に対応する部分を省いたもの）そのものである．一方で，S を対角行列に限定しなければこのような表現は無数に存在することを注意しておく．実際，任意の直交行列 $P, Q \in \mathrm{O}(k)$ に対して，$\tilde{U} = UP$, $\tilde{V} = VQ$, $\tilde{S} = P^\mathsf{T} S Q$ とすれば $Y = \tilde{U} \tilde{S} \tilde{V}^\mathsf{T}$ となる．ランク k 行列 $Y \in \mathcal{M}_k^{m \times n}$ における接空間を考えよう．この行列 $Y \in \mathcal{M}_k^{m \times n}$ が (4.8) の形に分解されていると仮定すると，このとき，接空間は

$$
\begin{aligned}
T_Y \mathcal{M}_k^{m \times n} = \{ &(\delta U) S V^\mathsf{T} + U(\delta S) V^\mathsf{T} + US(\delta V)^\mathsf{T} \\
&\mid \delta U \in T_U \mathcal{V}_{m,k}, \ \delta S \in \mathbb{R}^{k \times k}, \ \delta V \in T_V \mathcal{V}_{n,k} \}
\end{aligned}
\tag{4.9}
$$

と表現される．

注意 4.3. ここで，多様体に関する用語を用いずに，上述の二つの接空間 (4.7) および (4.9) について直感的な理解を述べておこう．まず，$T_Y \mathcal{V}_{m,k}$ について，集合 $\mathcal{V}_{m,k}$ の中で Y を通る滑らかな曲線を考え，その曲線はパラメータ t で特徴付けられるとし，特に $Y(0) = Y$ であるとする．このような曲線は無数に考えられるが，その様々な曲線に対応する $\dot{Y}(0)$ をすべて集めた集合が $T_Y \mathcal{V}_{m,k}$ である．したがって，$T_Y \mathcal{V}_{m,k}$ の表現を得るには，$\dot{Y}(0)$ の満たすべき関係式を導けばよい．$Y(t) \in \mathcal{V}_{m,k}$ より $Y(t)^\mathsf{T} Y(t) = I$ であるから，これを t で微分すれば $\dot{Y}(t)^\mathsf{T} Y(t) + Y(t)^\mathsf{T} \dot{Y}(t) = O$ となる．ここで，$t = 0$ を代入すれば，$Y(0) = Y$ に注意すれば $\dot{Y}(0)^\mathsf{T} Y + Y^\mathsf{T} \dot{Y}(0) = O$ となるため，$Y(0) = Y$ を満たす任意の滑らかな $\dot{Y}(t) \in \mathcal{V}_{m,k}$ に対して $\dot{Y}(0)$ を集めた集合はまさに (4.7) となることが分かる．

接空間 $T_Y \mathcal{M}_k^{m \times n}$ についても同様に解釈できる．条件 $Y(0) = Y$ を満たす曲線 $Y(t) = U(t) S(t) V(t)^\mathsf{T} \in \mathcal{M}_k^{m \times n}$ を考えよう．ただし，$U(t) \in \mathcal{V}_{m,k}$, $S(t) \in \mathrm{GL}(k)$, $V(t) \in \mathcal{V}_{n,k}$ は t に関して滑らかであるとする．このとき，$\dot{Y}(0)$ は

$$\dot{Y}(0) = \dot{U}(0) S V^\mathsf{T} + U \dot{S}(0) V^\mathsf{T} + US \dot{V}(0)^\mathsf{T}$$

となる．ここで，$\dot{U}(0) \in T_U \mathcal{V}_{m,k}$, $\dot{V}(0) \in T_V \mathcal{V}_{n,k}$ は明らかであろう．注意すべきは $\dot{S}(0)$ についてだが，実は GL(k) も多様体の構造を持ち，さらに任意の正則行列に対する接空間は $k \times k$ 型行列全体 $\mathbb{R}^{k \times k}$ となる．したがって，$\dot{S}$ は $k \times k$ 型行列全体を取り得ると考えてよい．以上を総合すれば，$T_Y \mathcal{M}_k^{m \times n}$ が (4.9) と表現できることが分かる．

4.3　動的低ランク近似

変数 t に関して連続な行列 $A(t) \in \mathbb{R}^{m \times n}$ を考える．各 t に関して，$A(t)$ についての最適なランク k 近似を求める問題は次のように定式化される：

$$\|X(t) - A(t)\|_{\mathrm{F}} \text{ を最小にする } X(t) \in \mathcal{M}_k \text{ を求めよ．} \tag{4.10}$$

明らかに，各 t に対して最適解 $X(t)$ は特異値分解に基づいて構成できる．しかし，行列 A が大規模な場合には特異値分解の計算コストは莫大となり，関心のあるすべての t に対し何度も特異値分解を行うことは計算コストの観点で必ずしも現実的ではない．

もし $Y(t) \in \mathcal{M}_k$ が t に関して滑らかであれば，$\dot{Y}(t) \in T_{Y(t)} \mathcal{M}_k$ である．このことに注意して，次のような定式化を考えよう：

$$\|\dot{Y}(t) - \dot{A}(t)\|_{\mathrm{F}} \text{ を最小にする } \dot{Y}(t) \in T_{Y(t)} \mathcal{M}_k \text{ を求めよ．} \tag{4.11}$$

この定式化は，$Y(t)$ が多様体 $\mathcal{M}_k$ 上のある種の微分方程式の解であることを意味しており，例えば初期時刻（仮に $t = 0$ としよう）において (4.10) を解くことで得られる $X(0)$ を $Y(t)$ についての初期値とし，初期値問題としての微分方程式を近似的に解けば，良いランク k 近似が得られることを期待するものである．実際，ある条件のもとでは，

$$\|Y(t) - X(t)\|_{\mathrm{F}} \le C(t) \int_0^t \|X(s) - A(s)\|_{\mathrm{F}} \, \mathrm{d}s$$

のような評価が成り立つ [60]．すなわち，(4.11) について初期時刻を $t_0 = 0$ としたときの $Y(t)$ と (4.10) を解いて得られる本来の最適解 $X(t)$ の誤差は，最適な低ランク近似の蓄積（積分）の定数倍で上から評価できる．したがって，右辺が小さい状況では $Y(t)$ は $X(t)$ の良い近似であると解釈できる（この性質を準最適性という）．以後，上記の問題 (4.11) を「**動的低ランク近似問題**」と呼ぶ．

　一方で，$A(t)$ 次第では，$Y(t)$ は必ずしも $X(t)$ の良い近似にはならない（準最適性が満たされない）ことも注意しておく．例えば，$A(t) = \begin{bmatrix} \mathrm{e}^{-t} & 0 \\ 0 & \mathrm{e}^t \end{bmatrix}$ のランク 1 近似を考えてみよう．e^t と e^{-t} の大小関係は $t < 0$ と $t > 0$ で異なる

4.3　動的低ランク近似　**73**

ことに注意すると，本来の最適解 $X(t)$ は明らかに

$$X(t) = \begin{bmatrix} \mathrm{e}^{-t} & 0 \\ 0 & 0 \end{bmatrix} \quad (t < 0), \quad X(t) = \begin{bmatrix} 0 & 0 \\ 0 & \mathrm{e}^{t} \end{bmatrix} \quad (t > 0)$$

である．ところが，もし $t_0 < 0$ のときに $Y(t_0) = X(t_0)$ として (4.11) を解くと

$$Y(t) = \begin{bmatrix} \mathrm{e}^{-t} & 0 \\ 0 & 0 \end{bmatrix} \quad (t > t_0)$$

となり，$t > 0$ では $X(t)$ と $Y(t)$ の乖離は指数的に大きくなる．このような現象の原因は $A(t)$ の二つの特異値が $t = 0$ で交差することにあるが，こういった状況では基準となる t を再設定するなどの対策が必要となる．

本章では，以下，動的低ランク近似 (4.11) の計算方法について紹介する．

4.4　動的低ランク近似の $\dot{Y}(t)$ の表現

本節の目的は，動的低ランク近似 (4.11) の解 $\dot{Y}(t)$ を $\dot{A}(t)$ の情報を用いて表現することにある．これはすなわち，$Y(t)$ についての常微分方程式を定式化することにほかならない（これまで常微分方程式といったときには，その従属変数はスカラーまたは縦ベクトルを想定していたが，本節では従属変数として行列を考える）．

準備として，次の補題を用意する．$Y \in \mathcal{M}_k^{m \times n}$ に対する接空間が (4.9) と表現されることはすでに述べた通りだが，実は，接空間の元 $\delta Y \in T_Y \mathcal{M}_k$ に対して (4.9) を満たす $\delta U, \delta S, \delta V$ は（以下の補題中の条件 (4.12) は必要だが）本質的に一意に定まる．

補題 4.1. $Y \in \mathcal{M}_k^{m \times n}$ の任意の $\delta Y \in T_Y \mathcal{M}_k$ に対して，(4.9) を満たす δU, $\delta S, \delta V$ は，δU および δV に直交性

$$U^{\mathsf{T}} \delta U = O, \quad V^{\mathsf{T}} \delta V = O \tag{4.12}$$

を要請すれば一意に定まり，

$$\begin{aligned} \delta S &= U^{\mathsf{T}}(\delta Y)V, \\ \delta U &= (I - UU^{\mathsf{T}})(\delta Y)VS^{-1}, \\ \delta V &= (I - VV^{\mathsf{T}})(\delta Y)^{\mathsf{T}}US^{-\mathsf{T}} \end{aligned}$$

である．

証明　まず，δS について示す．$\delta Y = (\delta U)SV^{\mathsf{T}} + U(\delta S)V^{\mathsf{T}} + US(\delta V)^{\mathsf{T}}$ の両辺に左から U^{T}，右から V を掛け，直交性 (4.12) を用いると，直ちに

74　第 4 章　動的低ランク近似

$\delta S = U^\mathsf{T}(\delta Y)V$ が得られる（$U^\mathsf{T}U = V^\mathsf{T}V = I_k$ に注意）．次に，δU について
だが，δY の式に右から V を掛け，δS の表現を利用すれば

$$(\delta Y)V = (\delta U)S + U\delta S = (\delta U)S + UU^\mathsf{T}(\delta Y)V$$

となり，これを整理すれば δU の表現が得られる．また，δV についても，左
から U^T を掛ければ同様に示せる． $\qquad\qquad\square$

以上より，

$$\{(\delta S, \delta U, \delta V) \in \mathbb{R}^{k\times k} \times \mathbb{R}^{m\times k} \times \mathbb{R}^{n\times k} \mid U^\mathsf{T}\delta U = O, V^\mathsf{T}\delta V = O\}$$

と $T_Y\mathcal{M}_k$ は同型であることが分かる．

さて，問題 (4.11) の考察に戻ろう．この問題の $\dot{Y}(t)$ についての最適性条件
は，$\dot{A}(t)$ の接空間 $T_{Y(t)}\mathcal{M}_k$ への直交射影と同値である．すなわち，次のよう
に定式化できる：

$$\begin{aligned}&\text{任意の } \delta Y \in T_Y\mathcal{M}_k \text{ に対して } \langle \dot{Y} - \dot{A}, \delta Y\rangle = 0 \\ &\text{となる } \dot{Y} \in T_Y\mathcal{M}_k \text{ を求めよ．}\end{aligned} \qquad (4.13)$$

ここで，$\langle A, B\rangle = \mathrm{trace}(A^\mathsf{T}B)$ である[4]．

定理 4.4 ([60])．$Y \in \mathcal{M}_k$ が，正則行列 $S \in \mathbb{R}^{k\times k}$ および列に関して正規直交
な二つの行列 $U \in \mathbb{R}^{m\times k}$, $V \in \mathbb{R}^{n\times k}$ を用いて $Y = USV^\mathsf{T}$ と表されていると
する．このとき，(4.11) または (4.13) の条件は，$\dot{Y} = \dot{U}SV^\mathsf{T} + U\dot{S}V^\mathsf{T} + US\dot{V}^\mathsf{T}$
と同値である．ただし，

$$\dot{S} = U^\mathsf{T}\dot{A}V, \qquad\qquad\qquad\qquad\qquad (4.14)$$

$$\dot{U} = (I - UU^\mathsf{T})\dot{A}VS^{-1}, \qquad\qquad\qquad (4.15)$$

$$\dot{V} = (I - VV^\mathsf{T})\dot{A}^\mathsf{T}US^{-\mathsf{T}} \qquad\qquad\qquad (4.16)$$

である．

証明 以下，(4.12) の観点から，$\dot{Y}$ の表現を一意に定めるため，$U^\mathsf{T}\dot{U} = V^\mathsf{T}\dot{V} =$
O を要請する．また，$\boldsymbol{u} \in \mathbb{R}^m$, $\boldsymbol{v} \in \mathbb{R}^n$, $B \in \mathbb{R}^{m\times n}$ に対して

$$\langle B, \boldsymbol{u}\boldsymbol{v}^\mathsf{T}\rangle = \boldsymbol{u}^\mathsf{T}B\boldsymbol{v}$$

であることを注意しておく[5]．

まず，$\boldsymbol{u}_i$, $\boldsymbol{v}_j$ をそれぞれ U と V の第 i, j 列として，$\delta Y = \boldsymbol{u}_i\boldsymbol{v}_j^\mathsf{T}$（これは，
$Y = USV^\mathsf{T}$ に対して，$\delta U = \delta V = O$ で δS が (i,j) 成分のみに非零要素を持

---

[4] この内積から自然にフロベニウスノルムが導かれる．

[5] $\boldsymbol{u}^\mathsf{T}B\boldsymbol{v}$ がスカラーであることに注意すると，トレースの性質より $\langle B, \boldsymbol{u}\boldsymbol{v}^\mathsf{T}\rangle =$
$\mathrm{trace}(B^\mathsf{T}\boldsymbol{u}\boldsymbol{v}^\mathsf{T}) = \mathrm{trace}(\boldsymbol{v}\boldsymbol{u}^\mathsf{T}B) = \mathrm{trace}(\boldsymbol{u}^\mathsf{T}B\boldsymbol{v}) = \boldsymbol{u}^\mathsf{T}B\boldsymbol{v}$.

つ（他はすべて 0）場合に対応するので $T_Y\mathcal{M}_k$ の元である）を (4.13) に代入すると，$\langle \dot{Y} - \dot{A}, \boldsymbol{u}_i\boldsymbol{v}_j^\mathsf{T}\rangle = \boldsymbol{u}_i^\mathsf{T}(\dot{Y} - \dot{A})\boldsymbol{v}_j = 0$ が得られる．これを $i, j = 1, \ldots, k$ に対して行うと，$U^\mathsf{T}(\dot{Y} - \dot{A})V = O$ となる．ここで $Y = USV^\mathsf{T}$ を代入し，$U^\mathsf{T}U = V^\mathsf{T}V = I$ と $U^\mathsf{T}\dot{U} = V^\mathsf{T}\dot{V} = O$ に注意して整理すると (4.14) が得られる．

次に，$U^\mathsf{T}\delta\boldsymbol{u} = \boldsymbol{0}$ を満たす任意の $\delta\boldsymbol{u}$ に対して $\delta Y = \sum_{j=1}^{k} \delta\boldsymbol{u}\, s_{ij}\boldsymbol{v}_j^\mathsf{T}$（これは，$Y = USV^\mathsf{T}$ に対して，$\delta S = \delta V = O$ で δU は i 列目が $\delta\boldsymbol{u}$ で他の成分はすべて 0 の場合に対応するので $T_Y\mathcal{M}_k$ の元である）を代入して整理すると

$$(\delta\boldsymbol{u})^\mathsf{T}(\dot{Y} - \dot{A})VS^\mathsf{T} = \boldsymbol{0}^\mathsf{T}$$

となるが，S は正則だから

$$(\delta\boldsymbol{u})^\mathsf{T}(\dot{Y} - \dot{A})V = \boldsymbol{0}^\mathsf{T}$$

である．さらに，$\delta\boldsymbol{u}$ は $U^\mathsf{T}\delta\boldsymbol{u} = \boldsymbol{0}$ を満たす任意のベクトルであったから，$(I - UU^\mathsf{T})(\dot{Y} - \dot{A})V = O$ である[6]．ここで，$\dot{S}$ の場合と同様に $Y = USV^\mathsf{T}$ を代入し整理すれば (4.15) が得られる．同様に $\delta Y = \sum_{j=1}^{k} \boldsymbol{u}_j s_{ji}\delta\boldsymbol{v}^\mathsf{T}$ を代入すると (4.16) が得られる． $\qquad\square$

注意 4.4. もし $\dot{A}(t)$ が $\dot{A} = F(A)$ のように微分方程式の形で与えられているならば，(4.14)–(4.16) に現れる $\dot{A}$ を $F(A)$ に置き換えればよい．

4.5 動的低ランク近似の微分方程式表現の離散化

さて，ここからは，$t_0 = 0$ として，特異値分解により $A(0)$ のランク k 近似が得られているもとで，それを $Y(0) = U(0)S(0)V(0)^\mathsf{T}$ として，$Y(t)$ の時間発展，すなわち U, S, V の時間発展を近似的に計算することを考える．したがって，微分方程式 (4.14)–(4.16) を近似計算することになるが，離散化にあたり注意すべきことがいくつかある．

設定したランクの値 k が小さくても，もとの行列のサイズ（m や n）が大きければ，微分方程式の従属変数の自由度もそれなりには大きくなるので，計算コストには留意しなければならない．また，$S(t)$ に対する近似解が正則でありさえすれば，微分方程式 (4.14)–(4.16) の近似的な時間発展を進めること

---

[6] $U^\mathsf{T}\delta\boldsymbol{u} = \boldsymbol{0}$ より，$\delta\boldsymbol{u}$ は U の像空間の直交補空間の任意の元であることに注意すると，$\delta\boldsymbol{u}^\mathsf{T}X = \boldsymbol{0}^\mathsf{T}$ ならば $(I - UU^\mathsf{T})X = O$（$X = [\boldsymbol{x}_1, \boldsymbol{x}_2, \ldots]$ とすれば，$\delta\boldsymbol{u}^\mathsf{T}\boldsymbol{x}_i = 0$ ならば $(I - UU^\mathsf{T})\boldsymbol{x}_i = \boldsymbol{0}$）となることが分かる．この事実は次のように確認できる．まず，$\boldsymbol{x}_i$ は $\boldsymbol{x}_i = (I - UU^\mathsf{T})\boldsymbol{x}_i + UU^\mathsf{T}\boldsymbol{x}_i$ と分解できるが，右辺第二項は U の像空間の元であり，第一項はその直交補空間の元となっている（実際，$U^\mathsf{T}U = I$ に注意して第一項と第二項の内積が 0 になることが直ちに分かる）．$\delta\boldsymbol{u}^\mathsf{T}\boldsymbol{x}_i = 0$ は U の像空間の直交補空間に直交する成分がないことを示しているわけだから，分解した際の第一項が $\boldsymbol{0}$，すなわち $(I - UU^\mathsf{T})\boldsymbol{x}_i = \boldsymbol{0}$ である．

はできそうだが，$U(t)S(t)V(t)^\mathsf{T}$ の近似解の階数が k 未満になる可能性がある．階数が k 未満になれば，当然，近似の性能は悪化し得る．したがって，$Y(t_n)$ の近似解の階数が k であることを保証するように近似計算を行うことが望ましい．言い換えれば，$S(t_n)$, $U(t_n)$, $V(t_n)$ に対する近似解 S_n, U_n, V_n が $S_n \in \mathrm{GL}(k)$, $U_n \in \mathcal{V}_{m,k}$, $V_n \in \mathcal{V}_{n,k}$ を満たすように離散化する必要がある．特に，$U_n \in \mathcal{V}_{m,k}$, $V_n \in \mathcal{V}_{n,k}$ には注意しなければならない．

以下，3種類のアイデアを検討しよう．種明かしをすれば，一つ目は実はうまく動かないが，2.3.3 節の内容（特に注意 2.3）に関する注意にもなっている．二つ目は比較的素朴なアイデアに基づいたものであり，多様体の知識などを利用するため，数学的にも面白さはある．しかし，（三つ目の方法と比較すると）計算コストは大きく，実装の工夫も求められる．三つ目が，本書の執筆段階で定番といってよい方法であり，絶妙なトリックで，陽的な時間発展を実現している．

4.5.1 シンプレクティック Runge–Kutta 法

そもそも，(4.14)–(4.16) の解に沿って $U(t)^\mathsf{T}U(t) = V(t)^\mathsf{T}V(t) = I_k$ が成り立つわけだが，この関係を具体的に書き下せば

$$\boldsymbol{u}_i(t)^\mathsf{T}\boldsymbol{u}_j(t) = \boldsymbol{v}_i(t)^\mathsf{T}\boldsymbol{v}_j(t) = \delta_{ij}, \quad i,j = 1,\dots,k$$

であり，これらは 2 次の保存量であると解釈できる．したがって，(4.14)–(4.16) の組に対して，中点則に代表されるシンプレクティック RK 法を適用すると，これらの保存量は自動的に再現されそうではあるが，実はそうはなっていない．簡単のため，S と V を固定して (4.15) について考えたとき，確かにある時刻で $U^\mathsf{T}U = I$ ならば $U^\mathsf{T}U$ は保存量だが，$U^\mathsf{T}U \neq I$ の場合 $U^\mathsf{T}U$ は保存量ではない．注意 2.3 で述べたように，そのような場合にはシンプレクティック RK 法で保存量を再現することはできない．

4.5.2 射影を組み合わせた分解解法

微分方程式 (4.14)–(4.16) において，$S(t)$, $U(t)$, $V(t)$ は多様体上を動くことから，多様体上の微分方程式の数値解法を適用することが考えられる．基本的には射影を用いることになるが，とはいえ，三つの行列を同時に時間発展するのは，変数が多すぎる．しかし，射影を組み合わせた分解解法を考えれば，行列を一つずつ更新していくことができる．

ここでは，$Y_0 = U_0 S_0 V_0^\mathsf{T}$ の分解が与えられているとして，Lie–Trotter 分解に基づく離散的時間発展写像 $Y_0 \mapsto Y_1 = U_1 S_1 V_1^\mathsf{T}$ を考えよう．以下，(4.14)→(4.15)→(4.16) の順番に時間発展写像を合成することを考えるが，当然，この順序には任意性がある．また，Strang 分解に基づく時間発展（さらに，それを合成した高精度な解法）も定義できる．

ステップ **1**：$(U_0, S_0, V_0) \mapsto (U_0, S_1, V_0)$

U_0 と V_0 を固定して，(4.14) に基づき S を時間発展させる．すなわち，微分方程式

$$\dot{S}(t) = U_0^\top \dot{A} V_0, \quad S(t_0) = S_0$$

の時間発展を考えるわけだが，この微分方程式の解は

$$S_1 = S(t_1) = S_0 + U_0^\top (A(t_1) - A(t_0)) V_0$$

で与えられる（近似計算を考える必要はない）．

ステップ **2**：$(U_0, S_1, V_0) \mapsto (U_1, S_1, V_0)$

S_1 と V_0 を固定して，(4.15) に基づき U を時間発展させる．すなわち，微分方程式

$$\dot{U}(t) = (I - U(t)U(t)^\top)\dot{A}V_0 S_1^{-1}, \quad U(t_0) = U_0 \tag{4.17}$$

の時間発展を考えるわけだが，この微分方程式の解は陽に表現することができない．$U(t)$ は Stiefel 多様体上を動くことから，2.7 節で述べたような解法を利用して近似計算する．ただし，特に Strang 分解を利用する場合など高精度な離散化を考える場合は，所望の精度に応じて，(4.17) の離散化の精度を設定する必要があることを注意しておく．

ステップ **3**：$(U_1, S_1, V_0) \mapsto (U_1, S_1, V_1)$

最後に，U_1 と S_1 を固定して，(4.16) に基づき U を時間発展させる．すなわち，微分方程式

$$\dot{V}(t) = (I - V(t)V(t)^\top)\dot{A}U_1 S_1^{-\top}, \quad V(t_0) = V_0 \tag{4.18}$$

の時間発展を考えるわけだが，この方程式の近似的な時間発展は，ステップ 2 の場合と同様に扱う．

4.5.3　陽的な分解解法

ここまで見てきたように，方程式 (4.14)–(4.16) を離散化する際には，特に U と V は Stiefel 多様上で時間変化することを強く意識して離散化を行わねばならない．

しかし，従属変数を変換すれば，（少なくとも実装の観点で）より簡単な離散化を得ることができる．大雑把にイメージを掴むため，詳細な議論の前に，少々強引な考察をしてみよう．例えば，$K = US$ という変数を導入して，K が満たすべき方程式を考えると，連鎖律および (4.14), (4.15) から

$$\dot{K} = \dot{U}S + U\dot{S} = (I - UU^\top)\dot{A}VS^{-1}S + UU^\top\dot{A}V = \dot{A}V \tag{4.19}$$

となる．ここで，K は U と同じく $m \times k$ 型行列だが，$\mathrm{rank}(K) = k$ は期待

したいものの，$K^\mathsf{T}K = I_k$ を満たす必要はない．したがって，もしこの方程式 (4.19) を離散化するのであれば，K の列フルランク性のみ注意すればよいであろう．また，微分方程式の右辺ベクトルの評価にかかる演算量の観点では，(4.15) に現れる UU^T の扱いも回避できるという利点もありそうである．同様に，$L = SV^\mathsf{T}$ という変数を導入すると，

$$\dot{L} = \dot{S}V^\mathsf{T} + S\dot{V}^\mathsf{T} = U^\mathsf{T}\dot{A}VV^\mathsf{T} + S\big((I - VV^\mathsf{T})\dot{A}^\mathsf{T}US^{-\mathsf{T}}\big)^\mathsf{T} = U^\mathsf{T}\dot{A}$$

となり，K の場合と同様の議論が成り立ちそうである．

実はこのような考え方は以下のように正当化できる [69]．

方程式 (4.14)–(4.16) の解 $S(t), U(t), V(t)$ に対して，$Y(t) = U(t)S(t)V(t)^\mathsf{T}$ が満たすべき微分方程式を改めて書き下すと，

$$\begin{aligned}
\dot{Y} &= \dot{U}SV^\mathsf{T} + U\dot{S}V^\mathsf{T} + US\dot{V}^\mathsf{T} \\
&= (I - UU^\mathsf{T})\dot{A}VS^{-1}SV^\mathsf{T} + UU^\mathsf{T}\dot{A}VV^\mathsf{T} + US\big((I - VV^\mathsf{T})\dot{A}^\mathsf{T}US^{-\mathsf{T}}\big)^\mathsf{T} \\
&= \dot{A}VV^\mathsf{T} - UU^\mathsf{T}\dot{A}VV^\mathsf{T} + UU^\mathsf{T}\dot{A} \tag{4.20}
\end{aligned}$$

となる．ここで，右辺の各項 $\dot{A}VV^\mathsf{T}, UU^\mathsf{T}\dot{A}VV^\mathsf{T}, UU^\mathsf{T}\dot{A}$ はいずれも $Y \in \mathcal{M}_k$ の接空間 $T_Y\mathcal{M}_k$ の元であることに注意すると，次の 3 個の方程式

$$\begin{aligned}
(\dot{U}S)V^\mathsf{T} &= \dot{A}VV^\mathsf{T} & &(V \text{ を固定して } US \text{ を時間発展}), \\
U\dot{S}V^\mathsf{T} &= -UU^\mathsf{T}\dot{A}VV^\mathsf{T} & &(U, V \text{ を固定して } S \text{ を時間発展}), \\
U(\dot{S}V^\mathsf{T}) &= UU^\mathsf{T}\dot{A} & &(U \text{ を固定して } SV^\mathsf{T} \text{ を時間発展})
\end{aligned}$$

の（近似）解の合成で (4.20) の解の近似を構成できる．

$Y_0 = U_0 S_0 V_0^\mathsf{T}$ の分解が与えられているとして，Lie–Trotter 分解に基づく離散的時間発展写像 $Y_0 \mapsto Y_1$ は以下のように定義される．

ステップ 1（K-ステップ）：$(U_0, S_0) \mapsto (U_1, \hat{S}_1)$

微分方程式

$$\dot{K}(t) = \dot{A}(t)V_0, \quad K(t_0) = U_0 S_0$$

の解

$$K(t_1) = K(t_0) + (A(t_1) - A(t_0))V_0$$

を QR 分解し，$K(t_1) = U_1 \hat{S}_1$ を求める．この QR 分解（行列を直交行列と上三角行列の積に分解）により U_1 が直交行列であること保証される．

ステップ 2（S-ステップ）：$\hat{S}_1 \mapsto \tilde{S}_0$

微分方程式

$$\dot{S}(t) = -U_1^\mathsf{T}\dot{A}(t)V_0, \quad S(t_0) = \hat{S}_1$$

4.5 動的低ランク近似の微分方程式表現の離散化　**79**

の解

$$S(t_1) = S(t_0) - U_1^\mathsf{T}(A(t_1) - A(t_0))V_0$$

を用いて,$\tilde{S}_0 = S(t_1)$ とする.

ステップ 3(*L*-ステップ):$(V_0, \tilde{S}_0) \mapsto (V_1, S_1)$

微分方程式

$$\dot{L}(t) = U_1^\mathsf{T}\dot{A}(t), \quad L(t_0) = \tilde{S}_0 V_0^\mathsf{T}$$

の解

$$L(t_1) = L(t_0) + U_1^\mathsf{T}(A(t_1) - A(t_0))$$

を QR 分解し,$L(t_1) = S_1 V_1^\mathsf{T}$ を求める.

　ステップの順序には任意性があるが,上記の $K \to S \to L$ タイプの解法を以下では **KSL 法** と呼ぶことにする.また,例えば,$K \to L \to S$ の順序にした場合は **KLS 法** と呼ぶことにする.

注意 4.5. 上記の分解解法において,$A(t)$ が t の関数として陽に与えられている場合には,$A(t_1) - A(t_0)$ は直ちに計算できる.しかし,$A(t)$ が,行列形式の微分方程式 $\dot{A}(t) = F(A)$ の解のような場合には,$A(t_1) - A(t_0)$ の代わりに $F(Y_0)$ を用いるといった工夫が必要になる.

4.6 数値実験

　ここでは,簡単な数値実験を行い,離散化方法による性能の違いを観察する.文献 [60], [69] にならって,次のように行列 $A(t)$ を準備する:

$$A(t) = Q_1(t)\big(A_1 + \exp(t)A_2\big)Q_2(t)^\mathsf{T}.$$

ここで,$Q_1(t)$ および $Q_2(t)$ は,T_1 と T_2 をランダムに生成された歪対称行列として,微分方程式

$$\dot{Q}_i = T_i Q_i, \quad i = 1, 2$$

を満たす直交行列とする.また,A_1 と A_2 は次のように生成する.まず,$m \times m$ 型の単位行列を準備し,そのすべての要素に対し,区間 $[0, 0.5]$ から一様にサンプリングされた値を加える.同様に,$n \times n$ 型の単位行列を準備し,そのすべての要素に対し,区間 $[0, \varepsilon]$ から一様にサンプリングされた値を加える.ここで,$m < n$ であるとし,二つ目の行列の左上の $m \times m$ のブロックに,一つ目の行列を加える.もし ε が 0 に近ければ,このように生成された行列は,($m + 1$ 番目以降の固有値が 0 に近づくという意味において)ランク m

の行列に近くなる.

以上の設定のもと,以下の4通りの離散化手法を比較する.

1. 1次のKSL法.
2. 対称化した2次のKSL法.
3. 1次のKLS法.
4. 対称化した2次のKLS法.

これらを次の観点で比較する.

- 1次法と2次法の性能差.
- KSL法とKLS法の違い.

なお,数値実験において,最適な低ランク近似は,特異値分解により求めることとする.

以下の数値実験では,$m = 20$,$n = 200$とし,低ランク近似する際のランクの設定は$k = 20, 40$の2通りを試した.図4.1に結果を示す.

まず,1次法と2次法の性能差について観察しよう.KSL法もKLS法も,1次法よりも対称化した2次法のほうが同等かそれ以上に精度が向上している.次に,KSL法とKLS法を比較すると,KLS法のほうが格段に誤差が小さい.また,KLS法については1次法も2次法も,ほぼ同じような誤差の振舞いが観察される.

特筆すべきこととして,$\varepsilon = 0$のときのKSL法の結果は,最適低ランク近似と丸め誤差のレベルで一致していそうである.次節で見るように,この観察は数学的に正当化されるものである.

4.7 離散化のロバスト性

ここから,動的低ランク近似アルゴリズムのロバスト性について考察したい.ロバスト性には様々な観点があるが,例えば,$A(t)$がはじめから低ランクだった場合,動的低ランク近似アルゴリズムの出力は$A(t)$そのものであることが望ましい.実際,前節の数値実験(特に$\varepsilon = 0$の場合)で見たように,KSL法についてはこの性質を持つことが示唆されている.

実は,KSL法の特徴として,以下の定理が示すように,$A(t)$のランクが高々kの場合,$Y_1 = A(t_1)$が成り立つ.ただし,Lie–Trotter分解における合成の順番を「K-ステップ → S-ステップ → L-ステップ」から変えてしまうと(例えば$L \to S \to K$にすると),この性質は成り立たない.そのため,動的低ランク近似の文脈では,合成の順序は極めて重要である.

定理 4.5 ([69]). $A(t)$のランクはすべてのtに対して高々kであると仮定する.$Y_0 = A(t_0)$から始めた上記のアルゴリズムは厳密である.すなわち,$Y_1 = A(t_1)$が成り立つ.

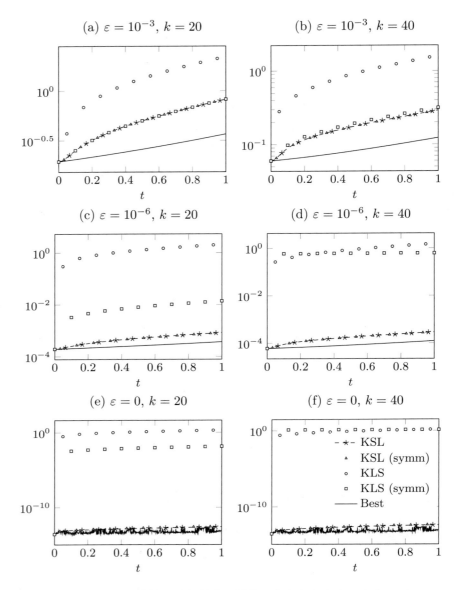

図 4.1 動的低ランク近似の近似誤差．摂動の大きさを表す ε としては，$\varepsilon = 10^{-3}, 10^{-6}, 0$ の 3 通りの結果を示している．縦軸は，近似行列と $A(t)$ の差のフロベニウスノルムによる評価．比較のため，各時刻における最適な低ランク近似の誤差は実線で示している．

証明 $A(t)$ を $A(t) = U(t)S(t)V(t)^\mathsf{T}$ と分解する．ここで，$U(t) \in \mathcal{V}_{m,k}$，$V(t) \in \mathcal{V}_{n,k}$ であり，$S(t)$ は $k \times k$ 型行列とする．$\operatorname{rank} A(t) \leq k$ より，常にこのような分解が可能である（$S(t)$ は必ずしも正則ではない）．以下，$V(t_1)^\mathsf{T} V(t_0)$ が正則の場合について証明する．なお，正則でない場合は，同様の行列式が正則になるように摂動を加えた $A_\varepsilon(t) \approx A(t)$ に対して，同様の議論を行い，最後に極限 $\varepsilon \to 0$ をとることで示すことができる．以下では，$A_1 = A(t_1)$，

$A_0 = A(t_0)$ と表記する.

アルゴリズムのステップ 1（K-ステップ）では,$Y_0 = U_0 S_0 V_0^\mathsf{T} = U(t_0)S(t_0) \times V(t_0)^\mathsf{T} = A(t_0)$ から始め,$K(t_0) = A(t_0)V_0$ であることに注意すると

$$U_1 \hat{S}_1 = A(t_1)V_0 = U(t_1)S(t_1)\big(V(t_1)^\mathsf{T}V(t_0)\big)$$

が成り立つ.したがって,

$$A_1 = A(t_1) = U_1 \hat{S}_1 \big(V(t_1)^\mathsf{T}V(t_0)\big)^{-1}V(t_1)^\mathsf{T}$$

であり,これから

$$U_1 U_1^\mathsf{T} A_1 = A_1 \tag{4.21}$$

であることが分かる.また,

$$A_0 V_0 V_0^\mathsf{T} = (U_0 S_0 V_0^\mathsf{T})V_0 V_0^\mathsf{T} = U_0 S_0 V_0^\mathsf{T} = A_0 \tag{4.22}$$

も明らかであろう.

これらの準備のもと,ステップ 3→2→1 の順で代入していき,$Y_1 = A_1$ であることを示す.実際,$\Delta A = A_1 - A_0$ の記法のもと,計算を進めると

$$
\begin{aligned}
Y_1 &= U_1 S_1 V_1^\mathsf{T} \\
&= U_1 \tilde{S}_0 V_0^\mathsf{T} + U_1 U_1^\mathsf{T} \Delta A \\
&= U_1 \hat{S}_1 V_0^\mathsf{T} - U_1 U_1^\mathsf{T} \Delta A V_0 V_0^\mathsf{T} + U_1 U_1^\mathsf{T} \Delta A \\
&= U_0 S_0 V_0^\mathsf{T} + \Delta A V_0 V_0^\mathsf{T} - U_1 U_1^\mathsf{T} \Delta A V_0 V_0^\mathsf{T} + U_1 U_1^\mathsf{T} \Delta A \\
&= A_0 + A_1 V_0 V_0^\mathsf{T} - A_0 - A_1 V_0 V_0^\mathsf{T} + U_1 U_1^\mathsf{T} A_0 + A_1 - U_1 U_1^\mathsf{T} A_0 \\
&= A_1
\end{aligned}
$$

が成り立つ.最後から二つ目の等号では ΔA を $A_1 - A_0$ に置き換えた上で,(4.21) および (4.22) を用いた. $\qquad\square$

もう一つの観点として,小さな特異値に対するロバスト性を議論しよう.ランク k を大きく設定するほど,$A(t)$ との誤差は小さくなることが期待されるが,一方で,それはより小さな特異値を含むということでもある.言い換えれば,(4.14)–(4.16) において,$S(t)$ が相対的により悪条件となる.このような場合,方程式が $S(t)^{-1}$ を含むことから,一般論としては,離散化には十分注意する必要がある.

最後に,ロバスト性を示す定理を述べる.そのために,いくつか仮定を述べる.

4.7 離散化のロバスト性　**83**

(A1) F はリプシッツ連続であり, かつ有界である. すなわち, 0 以上の実数 L, B が存在し,

$$\|F(t, Y) - F(t, \tilde{Y})\| \le L\|Y - \tilde{Y}\| \quad \text{for all } Y, \tilde{Y} \in \mathbb{R}^{m,n},$$

$$\|F(t, Y)\| \le B \quad \text{for all } Y \in \mathbb{R}^{m,n}$$

が成り立つ.

(A2) $F(t, Y)$ の主要部は, $T_Y \mathcal{M}_k$ に含まれる. すなわち, ある $\varepsilon > 0$ が存在し, 任意の $Y \in T_Y \mathcal{M}_k$ と任意の t に対し,

$$M(t, Y) \in T_Y \mathcal{M}_k, \quad \|R(t, Y)\| \le \varepsilon$$

が成り立つような分解

$$F(t, Y) = M(t, Y) + R(t, Y)$$

が存在する.

(A3) $\|Y_0 - A_0\| \le \delta$.

仮定 (A2) により, 区間 $[0, T]$ において $Y(t) - A(t) = \mathrm{O}(\varepsilon)$ が保証される.

定理 4.6 ([59]). 以上の仮定のもと, $K \to S \to L$ の順序の Lie–Trotter 分解による近似解に対し, $t_n := nh \le T$ と表したとき,

$$\|Y_n - A(t_n)\| \le c_0\delta + c_1\varepsilon + c_2 h$$

が成り立つ. ただし, c_1, c_2, c_3 は L, B, T にのみ依存する定数である.

4.8 関連する話題

本章では, 行列についての動的低ランク近似について述べた. ここでの議論は, 時間発展するテンソルにも拡張されている. 詳細は [25], [26], [61], [70], [71] などを参照されたい.

他にも次のような用途が研究されている.

4.8.1 逆問題・非逐次データ同化への応用

パラメータ付けされた初期値問題

$$\frac{\mathrm{d}}{\mathrm{d}t} \boldsymbol{u}(t; \boldsymbol{\theta}) = \boldsymbol{f}(t, \boldsymbol{u}(t; \boldsymbol{\theta}), \boldsymbol{\theta}), \quad \boldsymbol{u}(0; \boldsymbol{\theta}) = \boldsymbol{u}_0(\boldsymbol{\theta}) \in \mathbb{R}^n$$

に対して, 解の $\boldsymbol{\theta}$ に対する依存性を考えよう. この目的に対し, 複数のパラメータ $\boldsymbol{\theta}_1, \ldots, \boldsymbol{\theta}_m$ に対して近似計算を行うことが考えられるが, n だけでなく, m も大きい場合には, この方法は並列計算可能とはいえ, 時に非常に高コストである.

ここで，時間発展する次のような行列を考えよう：

$$X(t) := [\boldsymbol{u}(t;\boldsymbol{\theta}_1), \boldsymbol{u}(t;\boldsymbol{\theta}_2), \ldots, \boldsymbol{u}(t;\boldsymbol{\theta}_m)].$$

この関数は，

$$F(t, X(t)) := [\boldsymbol{f}(t, \boldsymbol{u}(t;\boldsymbol{\theta}_1), \boldsymbol{\theta}_1), \boldsymbol{f}(t, \boldsymbol{u}(t;\boldsymbol{\theta}_2), \boldsymbol{\theta}_2), \ldots, \boldsymbol{f}(t, \boldsymbol{u}(t;\boldsymbol{\theta}_m), \boldsymbol{\theta}_m)]$$

とすれば，微分方程式

$$\frac{\mathrm{d}}{\mathrm{d}t} X(t) = F(t, X(t))$$

の解である．この方程式に対して動的低ランク近似の手法を活用すれば，もちろん問題依存ではあるものの，n と m が非常に大きな場合でも，効率よく $X(t)$ の近似を得られる可能性がある．

4.8.2 高次元偏微分方程式の数値計算への応用

例えば，**Vlasov–Poisson 方程式**

$$\partial_t f(t, x, v) + v \cdot \nabla_x f(t, x, v) - E(f)(x) \cdot \nabla_v f(t, x, v) = 0, \tag{4.23}$$

$$\nabla \cdot E(f)(x) = - \int f(t, x, v) \, \mathrm{d}v, \tag{4.24}$$

$$\nabla \times E(f)(x) = 0 \tag{4.25}$$

を考えよう．この方程式の従属変数は f であり（本書では，大半の箇所で，常微分方程式の右辺の表記に f や $\boldsymbol{f}$ をあてているため，ここでの表記には注意されたい），独立変数は t, $x \in \Omega_x \subset \mathbb{R}^d$, $v \in \Omega_v \subset \mathbb{R}^d$ である（d は 1, 2 または 3）．特に $d = 3$ のとき，Vlasov–Poisson 方程式は空間 6 次元の偏微分方程式と見ることができる．素朴に各空間変数を n 点で離散近似することを考えると，格子点の総数は $\mathrm{O}(n^{2d})$ となり，特に $d = 3$ の場合，空間変数の離散化後には非常に高自由度な常微分方程式系を計算しなければならない（$n = 10$ であっても $n^6 = 100$ 万である）．高自由度系になると，そもそも計算時間の意味での計算コストの以前に，計算機環境によっては，計算に必要な情報をメモリ上に保持できるか否かも重要な問題である（$n = 10$ であれば，100 万個の浮動小数点数の保持は 8 メガバイト程度で済むものの，$n = 100$ の場合は，8 兆個の保持が必要で，そのためには 8 テラバイトものメモリが必要になる）．

そこで，方程式の解 $f(t, x, v)$ を

$$f(t, x, v) \approx \sum_{i,j=1}^{r} X_i(t, x) S_{ij}(t) V_j(t, v)$$

の形式で近似することを考えよう．もし，このような形式で方程式の解を十分良く近似できるのであれば，メモリと計算コストの両面で大きな効果が期待で

4.8 関連する話題　**85**

きる．各次元を n 点で離散化するとしよう．

- メモリ：各時刻の解を保持するために $\mathrm{O}(n^{2d})$ のメモリが必要であったのに対し，$\mathrm{O}(n^d r)$ で十分である．

- 計算コスト：時間発展の計算コストが自由度におおよそ比例するとする．すると，従来 $\mathrm{O}(n^{2d})$ の計算コストが必要であったのに対し，$\mathrm{O}(n^d r)$ に削減される．ただし，実際には後述するように積分の評価が必要になるため $\mathrm{O}(n^d r^2)$ と評価するのが適切だが，これでも $\mathrm{O}(n^{2d})$ よりは十分に削減されている．

さて，このアイデアを実現するには，X_i, V_j についての偏微分方程式，ならびに S_{ij} についての常微分方程式を導出する必要がある．以下では，[38] に従い，基本的なアイデアを紹介したい．この議論においては，4.5.3 節で述べた分解解法を活用する．なお，詳細な議論を行うには，多くの紙面を必要とし，前節までの内容との関連が不明瞭になる可能性がある．そのため，以下では前節までとの関連を強調することを優先し，空間変数の扱いや式変形に関する記述は必要最小限に留める．

次の多様体を考える：

$$
\mathcal{M} = \Big\{ f \in L^2(\Omega) \mid f(x,v) = \sum_{i,j} X_i(x) S_{ij} V_j(v), \ S = (S_{ij}) \in \mathrm{GL}(r),
$$
$$
X_i \in L^2(\Omega_x), \ V_i \in L^2(\Omega_v), \ \text{with} \ \langle X_i, X_k \rangle_x = \delta_{ik}, \ \langle V_j, V_l \rangle_v = \delta_{jl} \Big\}.
$$

ここで，$\langle \cdot, \cdot \rangle_x$ や $\langle \cdot, \cdot \rangle_v$ は Ω_x や Ω_v における通常の L^2 内積である．また，以下では，$\langle \cdot, \cdot \rangle_{x,v}$ という記法も登場するが，これも Ω における通常の L^2 内積とする．点 $f \in \mathcal{M}$ における接空間は

$$
T_f \mathcal{M} = \Big\{ \dot{f} \in L^2(\Omega) \mid \dot{f}(x,v) = \sum_{i,j} X_i(x) \dot{S}_{ij} V_j(v) + \dot{X}_i(x) S_{ij} V_j(v)
$$
$$
+ X_i(x) S_{ij} \dot{V}_j(v),
$$
$$
\dot{S}_{ij} \in \mathbb{R}^{r \times r}, \ \dot{X}_i \in L^2(\Omega_x), \ \dot{V}_i \in L^2(\Omega_v),
$$
$$
\langle X_i, \dot{X}_k \rangle_x = 0, \ \langle V_j, \dot{V}_l \rangle_v = 0 \Big\}
$$

である．

多様体 $\mathcal{M}$ 上で Vlasov–Poisson 方程式の解を近似することを考えよう．そこで，$P(f)$ を $T_f \mathcal{M}$ への直交射影として，(4.23) の代わりに

$$
\partial_t f = -P(f)(v \cdot \nabla_x f - E(f) \cdot \nabla_v f) \tag{4.26}
$$

を考える．この微分方程式の解軌道は $\mathcal{M}$ 上に制限されることは明らかであろう．この直交射影作用素は，具体的に

$$
P(f)g = \sum_j \langle V_j, g \rangle_v V_j - \sum_{i,j} X_i \langle X_i V_j, g \rangle_{x,v} V_j + \sum_i X_i \langle X_i, g \rangle_x \tag{4.27}
$$

と表せ，さらに

$$\overline{X} = \mathrm{span}\{X_i \mid i = 1, \ldots, r\}, \quad \overline{V} = \mathrm{span}\{V_j \mid j = 1, \ldots, r\}$$

とおくと，

$$P(f)g = P_{\overline{V}}g - P_{\overline{V}}P_{\overline{X}}g + P_{\overline{X}}g$$

と表せる．ただし，$P_{\overline{X}}$ は $g(x,v)$ の変数 x についてのみ作用する作用素であり，$P_{\overline{V}}$ は $g(x,v)$ の変数 v についてのみ作用する作用素である．

さて，$g = v \cdot \nabla_x f - E(f) \cdot \nabla_v f$ を (4.27) に代入することで，(4.26) に対する分解

$$\partial_t f = -P_{\overline{V}}(v \cdot \nabla_x f - E(f) \cdot \nabla_v f), \tag{4.28}$$

$$\partial_t f = P_{\overline{V}}P_{\overline{X}}(v \cdot \nabla_x f - E(f) \cdot \nabla_v f), \tag{4.29}$$

$$\partial_t f = -P_{\overline{X}}(v \cdot \nabla_x f - E(f) \cdot \nabla_v f) \tag{4.30}$$

を得る．この分解に基づいて，Lie–Trotter 分解アルゴリズムを導出しよう．

以下では，初期条件

$$f(0, x, v) = \sum_{i,j} X_i^0(x) S_{ij}^0 V_j^0(v)$$

が与えられているとし，時間刻み幅を h とし，$f(h, x, v)$ の近似を得る方法を考える．なお，すでに多くの記号を導入しているため，f の近似解も f と表記することとする．

以下，(4.28)–(4.30) の扱いについて述べるが，これらは一見すると非常に複雑に思われるかもしれない．しかし，偏微分方程式特有の若干の複雑さはあるものの，その基本的な発想は 4.5.3 節で述べた KSL 法に基づいている．

ステップ 1 （$\boldsymbol{K}$-ステップ）：$(\boldsymbol{X^0}, \boldsymbol{S^0}) \mapsto (\boldsymbol{X^1}, \boldsymbol{\hat{S}_1})$

まず，偏微分方程式 (4.28) の扱いを考える．解 $f(t, x, v)$ の近似を

$$f(t, x, v) = \sum_j K_j(t, x) V_j(t, v), \quad K_j(t, x) = \sum_i X_i(t, x) S_{ij}(t)$$

と表すことにすると，(4.28) は

$$\sum_j \partial_t K_j(t, x) V_j(t, x) + \sum_j K_j(t, x) \partial_t V_j(t, v)$$

$$= -\sum_j \langle V_j(t, \cdot), v \mapsto v \cdot \nabla_x f(t, x, v) - E(f)(t, x) \cdot \nabla_v f(t, x, v) \rangle_v V_j(t, v) \tag{4.31}$$

と表せる（$v \mapsto$ は $\mapsto$ の右側の関数を v の関数とみなすという意味である）．簡単な考察により，この方程式の解は，

$$V_j(t,v) = V_j(0,v) = V_j^0(v),$$

$$\partial_t K_j(t,v) = -\sum_l c_{jl}^1 \cdot \nabla_x K_l(t,x) + \sum_l c_{jl}^2 \cdot E(K)(t,x)K_l(t,x), \quad (4.32)$$

$$K_j(0,x) = K_j^0(x) = \sum_i X_i^0(x)S_{ij}^0$$

で与えられることが分かる．ただし，c_{jl}^1 および c_{jl}^2 は t に依存しない係数で，

$$c_{jl}^1 = \int_{\Omega_v} v V_j^0 V_l^0 \, dv, \quad c_{jl}^2 = \int_{\Omega_v} V_j^0 (\nabla_v V_l^0) \, dv$$

である．この分解で重要なポイントは，V_j の時間発展を計算する必要はなく，K_j の時間発展のみ計算すればよいという点である．

ここで，K_j についての方程式 (4.32) における電場の表記 $E(K)$ について補足しておく．この表記は，電場が $K = (K_1, \ldots, K_r)$ のみに依存することによる．実際，電場は，電荷密度を

$$\rho(f)(t,x) = -\int_{\Omega_v} f(t,x,v) \, dv$$

として，ポテンシャル ϕ を Poisson 方程式 $-\triangle\phi = \rho(f)$ を解くことで求め，$E = -\nabla\phi$ により計算される．一方で，ステップ 1 においては，電荷密度は

$$\rho(t,x) = -\sum_j K_j(t,x)\int_{\Omega_v} V_j^0 \, dv = -\sum_j K_j(t,x)\rho(V_j^0)$$

であるから，K にのみ依存し，したがって，電場も K にのみ依存することが分かる．

方程式 (4.32) を解くことも，電場を求めることも，どちらも（$2d$ 次元ではなく）d 次元の問題である．時間刻み幅を h として，h だけ時間発展した解を $K_j^1(x) = K_j(h,x)$ と書こう．ここから，正規直交基底 X_i^1 $(i = 1, \ldots, r)$ を得，K_j^1 を

$$K_j^1(x) = \sum_i X_i^1(x)\hat{S}_{ij}^0$$

とする．空間離散化後であれば，正規直交基底は QR 分解により求められることを注意しておく．

ステップ 2（S-ステップ）：$\tilde{S}^1 \mapsto \tilde{S}^0$

次に，偏微分方程式 (4.29) の扱いを考える．ここでは，V_j^0 および X_i^1 は固定し，S_{ij} のみの時間発展を考える．対応する常微分方程式（S_{ij} は t のみに依存することに注意）は

$$\partial_t S_{ij}(t)$$
$$= \langle X_i^1(x)V_j^0(v), (v\cdot\nabla_x - E(s)(t,x)\cdot\nabla_v)\sum_{k,l}X_k^1(x)S_{kl}(t)V_l^0(v)\rangle_{x,v}$$

$$= \sum_{k,l} (c_{jl}^1 \cdot d_{ik}^2 - c_{jl}^2 \cdot d_{ik}^1 [E(S(t))]) S_{kl}(t) \tag{4.33}$$

となる．ここで，

$$d_{ik}^1[E] = \int_{\Omega_x} X_i^1 E X_k^1 \, \mathrm{d}x, \quad d_{ik}^2 = \int_{\Omega_x} X_i^1 (\nabla_x X_k^1) \, \mathrm{d}x$$

である．また，電場 $E(S(t))$ を求めるための電荷密度は

$$\rho(t,x) = -\sum_{i,j} X_i^1(x) S_{ij}(t) \rho(V_j^0)$$

であり，確かに S のみに依存する．上記の方程式 (4.33) を，初期条件を $S_{ij}(0) = \hat{S}_{ij}^1$ から h 時間発展させ，$\tilde{S}_{ij}^0 = S_{ij}(h)$ を得る．

ステップ 3（$\boldsymbol{L}$-ステップ）：$(\boldsymbol{V^0}, \tilde{\boldsymbol{S}}^0) \mapsto (\boldsymbol{V^1}, \boldsymbol{S^1})$

最後に，偏微分方程式 (4.30) の扱いを考える．このステップは (4.28) の場合と本質的に同じである．すなわち，

$$f(t,x,v) = \sum_i X_i(t,x) L_i(t,v), \quad L_i(t,v) = \sum_i S_{ij}(t) V_j(t,v)$$

とおき，L_i についての時間発展を考える．対応する微分方程式は

$$\partial_t L_i(t,v)$$
$$= -\Big\langle X_j^1, (v \cdot \nabla_x - E(l)(t,x) \cdot \nabla_v) \sum_k X_k^1 L_k(t,v) \Big\rangle_x$$
$$= \sum_k d_{ik}^1[E(L(t,\cdot))] \cdot \nabla_v L_k(t,v) - \sum_k (d_{ik}^2 \cdot v) L_k(t,v) \tag{4.34}$$

である．電場 $E(L(t,\cdot))$ は電荷密度

$$\rho(t,x) = -\sum_i X_i^1(x) \rho(L_i(t,\cdot))$$

を用いて求める．この微分方程式を，初期値

$$L_i(0,v) = \sum_j \tilde{S}_{ij}^0 V_j^0$$

から h 時間発展させ，その解を $L_i^1(v) = L_i(h,v)$ とおく．QR 分解などを用いた正規直交化により，

$$L_i^1(v) = \sum_j S_{ij}^1 V_j^1(v)$$

を得，最終的に Lie–Trotter 分解の出力として

$$f(h,x,v) \approx \sum_{ij} X_i^1((x) S_{ij}^1 V_j^1(v)$$

を得る.

　もちろん，実際の時間発展の計算には，空間変数と時間変数を適切に離散化する必要があることを注意しておく.

第 5 章
最適化

　何らかの関数を最小化（あるいは最大化）する問題，すなわち最適化問題は現代科学の多くの問題で自然に現れる．最適化問題は，その変数が属する集合が連続的（$\mathbb{R}^d$ など）か離散的（$\mathbb{Z}^d$ など）かによって大別される．本章では，連続最適化問題に対する手法と，微分方程式の数値解法の密接な関係を述べる．

　連続最適化問題において，目的関数（最小化するべき関数）が微分可能な場合には，その勾配（や高階微分）の情報を用いて反復的に目的関数の値を改善していく手法が広く利用されている．この反復において利用される更新式は，連続最適化の研究の歴史の中で数多く提案され，数学解析や数値実験によってその性質が調べられてきた．それらの更新式のうち比較的シンプルなものについては，古くから微分方程式の数値解法との関連が指摘されてきたが，近年，より複雑な更新式に対応する常微分方程式が導出されたり，常微分方程式の視点から新たな最適化手法を構成する試みが活発になっている．

　本章では，連続最適化問題に対する微分方程式やその数値解析を用いたアプローチの基礎を紹介する．最も単純な最適化手法である最急降下法と勾配流に対する陽的 Euler 法の関係を述べた上で，Nesterov の加速勾配法とそれに対応する常微分方程式についても説明する．また，これらの常微分方程式に対して各種の数値解法を適用した結果も紹介する．

5.1　最適化手法と常微分方程式

　無制約**最適化問題**

$$\min_{\boldsymbol{u} \in \mathbb{R}^d} f(\boldsymbol{u}) \tag{5.1}$$

に対する最も単純な手法である**最急降下法**

$$\boldsymbol{u}_{n+1} = \boldsymbol{u}_n - h_n \nabla f(\boldsymbol{u}_n) \tag{5.2}$$

は勾配流 $\frac{\mathrm{d}}{\mathrm{d}t}\boldsymbol{u}(t) = -\nabla f(\boldsymbol{u}(t))$ に対する陽的 Euler 法と対応する．ここで，h_n は最適化の文脈ではステップ幅と呼ばれ，アルミホ条件やウルフ条件などの目的関数がより減少するように設計された基準に基づき選択する．一方で，数値解析の文脈では，h_n はステップ幅や（時間）刻み幅と呼ばれ，安定性や要求精度を基準に，すなわち数値解が厳密解をより良く近似するように選択する．

以下，この章を通して利用する仮定をいくつかまとめておく．まず，目的関数 $f:\mathbb{R}^d \to \mathbb{R}$ の L-平滑性を常に仮定する．すなわち，f は連続的微分可能であり，勾配 $\nabla f:\mathbb{R}^d \to \mathbb{R}^d$ が L-リプシッツ連続である[*1)]．また，f を最小化する $\boldsymbol{u}^\star \in \mathbb{R}^d$ の存在も仮定し，$f^\star := f(\boldsymbol{u}^\star)$ とする．

この章の多くの部分で，関数 f の凸性を仮定する．ここで，関数 $f:\mathbb{R}^d \to \mathbb{R}$ が凸関数であるとは，任意の $\boldsymbol{u},\boldsymbol{v} \in \mathbb{R}^d$ と任意の $\lambda \in [0,1]$ に対して，

$$f((1-\lambda)\boldsymbol{u} + \lambda\boldsymbol{v}) \le (1-\lambda)f(\boldsymbol{u}) + \lambda f(\boldsymbol{v})$$

を満たすことをいう．また，関数 f が μ-強凸であるとは，$f - \frac{\mu}{2}\|\cdot\|^2$ が凸関数であることをいう．通常の凸性は $\mu = 0$ の場合に相当する．μ-強凸関数に関して成立する以下の補題を後に利用する．

補題 5.1. 関数 f が μ-強凸であるとき，任意の $\boldsymbol{u},\boldsymbol{v} \in \mathbb{R}^d$ について，以下の不等式が成立する：

$$f(\boldsymbol{u}) \le f(\boldsymbol{v}) + (\nabla f(\boldsymbol{u}))^\top (\boldsymbol{u} - \boldsymbol{v}) - \frac{\mu}{2}\|\boldsymbol{u} - \boldsymbol{v}\|^2, \tag{5.3}$$

$$\frac{\mu}{2}\|\boldsymbol{u} - \boldsymbol{u}^\star\|^2 \le f(\boldsymbol{u}) - f^\star. \tag{5.4}$$

5.2 代表的な常微分方程式 1：最急降下 ODE

前節で述べたように，勾配流

$$\frac{\mathrm{d}}{\mathrm{d}t}\boldsymbol{u}(t) = -\nabla f(\boldsymbol{u}(t)) \tag{5.5}$$

は最適化手法の連続極限として最も素直なものである．微分方程式の文脈では，(5.5) を勾配流と呼ぶのが通例であるが，ここでは前節で述べた最急降下法との関係を強調して，最急降下 ODE と呼称する．

最急降下 ODE は勾配系 (2.27) における定数行列 S が $-I$ の場合に相当するため，定理 2.3 より散逸的である．すなわち，どのような初期値に対しても $f(\boldsymbol{u}(t))$ は時間とともに減少する．この意味で，最適化手法を表現する ODE として，最急降下 ODE は自然である．

[*1)] 実際には，5.3 節などの連続版の議論では L-平滑性は陽には利用しない．ただし，標準的な ODE の解の存在定理では，ODE を定める関数の（局所）リプシッツ連続性を仮定する．よって，この節では，簡単のために L-平滑性は常に仮定しておく．

92 第 5 章 最適化

本章では (5.5) を最急降下 ODE と呼称するが，この ODE に対応する最適化手法は最急降下法だけではない．例えば，最急降下 ODE (5.5) に陰的 Euler 法を適用したもの

$$\boldsymbol{u}_{n+1} = \boldsymbol{u}_n - h_n \nabla f(\boldsymbol{u}_{n+1}) \tag{5.6}$$

は，**近接点法**と呼ばれる最適化手法と対応している[*2)]．また，後述するように，強凸関数に対する Nesterov 加速勾配法 (5.14) も最急降下 ODE に対する線形多段階法と解釈できることが知られている [106]．

5.3 最急降下 ODE の収束レート

本節では，最急降下 ODE (5.5) の解軌道 $\{\boldsymbol{u}(t)\}_{t=0}^{\infty}$ 上で目的関数がどのように減少していくかを解析する．この解析は，あくまでも微分方程式の解の性質を調べているものであるため，その離散化である最適化手法自身の性質を厳密に保証するものではない．しかしながら，連続系と離散系における収束レートは非常によく対応していること，微分方程式の解析は最適化手法の解析に比べて簡潔であることから，微分方程式の解析は最適化手法の性質に対する直感を得るために有用である．また，ここで紹介するような連続時間における収束レートの証明を最適化手法にも引き継ぐ手法の研究も行われている [116]．

微分方程式における収束レートは，最適化手法と同様に，目的関数の性質に強く依存する．本節では，目的関数のクラスを徐々に狭めながら，どのように収束レートが改善していくかを見ていこう．表 5.1 に，凸関数と強凸関数の場合の，最急降下 ODE と最急降下法の収束レートを示す．表中には，Nesterov の加速勾配法に関する結果も載せているが，こちらは，5.7 節で紹介する．

まず，最急降下 ODE の解が存在する程度の基本的な仮定の下で，以下の定理が成立する．

定理 5.1. 最急降下 ODE (5.5) の解 $\boldsymbol{u}$ について，以下の性質が成り立つ：

$$\min_{0 \leq \tau \leq t} \|\nabla f(\boldsymbol{u}(\tau))\| \leq \sqrt{\frac{f(\boldsymbol{u}_0) - f^{\star}}{t}}.$$

---

*2) 連続最適化の文脈で，近接点法の更新式は，

$$\boldsymbol{u}_{n+1} \in \operatorname*{argmin}_{\boldsymbol{u} \in \mathbb{R}^d} \left\{ f(\boldsymbol{u}) + \frac{\|\boldsymbol{u} - \boldsymbol{u}_n\|^2}{2h_n} \right\}$$

と表現される（このような更新を与える写像を近接写像と呼ぶ）．こちらの表現において最小化する関数の一次の最適性条件が (5.6) と一致する．関数 f が凸の場合，二つの表現は等価である：関数 $f(\boldsymbol{u}) + \frac{\|\boldsymbol{u} - \boldsymbol{u}_n\|^2}{2h_n}$ は $\boldsymbol{u}$ について強凸であり，一次の最適性が最適解であるための必要十分条件になる．ただし，最小化問題による定式化は，本書では扱わないが，f が微分不可能な場合や，より一般の距離空間上の最適化問題などの設定でも通用するという利点がある．

表 5.1　最適化手法とその連続極限である常微分方程式における目的関数の収束レート（最適化手法においては $f(\boldsymbol{u}_n) - f^\star$，常微分方程式においては $f(\boldsymbol{u}(t)) - f^\star$ の収束レート）．

	凸関数	μ-強凸関数
最急降下法	$\mathrm{O}\left(n^{-1}\right)$	$\mathrm{O}\left(\mathrm{e}^{-\frac{\mu}{L}n}\right)$
最急降下 ODE	$\mathrm{O}\left(t^{-1}\right)$	$\mathrm{O}\left(\mathrm{e}^{-2\mu t}\right)$
Nesterov の加速勾配法	$\mathrm{O}\left(n^{-2}\right)$	$\mathrm{O}\left(n^{-3}\right)$
Nesterov ODE	$\mathrm{O}\left(t^{-2}\right)$	$\mathrm{O}\left(t^{-\frac{2r}{3}}\right)$
強凸版 Nesterov の加速勾配法	-	$\mathrm{O}\left(\mathrm{e}^{-\sqrt{\frac{\mu}{L}}n}\right)$
強凸版 Nesterov ODE	-	$\mathrm{O}\left(\mathrm{e}^{-\sqrt{\mu}t}\right)$

証明　$f^\star$ が最適値であることと最急降下 ODE (5.5) から，

$$
\begin{aligned}
f(\boldsymbol{u}_0) - f^\star &\geq f(\boldsymbol{u}_0) - f(\boldsymbol{u}(t)) \\
&= \int_t^0 (\nabla f(\boldsymbol{u}(\tau)))^\mathsf{T}\, \dot{\boldsymbol{u}}(\tau)\mathrm{d}\tau \\
&= \int_0^t \|\nabla f(\boldsymbol{u}(\tau))\|^2\, \mathrm{d}\tau \\
&\geq t \min_{0 \leq \tau \leq t} \|\nabla f(\boldsymbol{u}(\tau))\|^2
\end{aligned}
$$

が成立する．これは定理の成立を示している．　　　　　　　　　　　　　□

続いて，目的関数 f が凸関数である場合には，以下の定理が成立する．

定理 5.2.　目的関数 f は凸関数であると仮定する．このとき，最急降下 ODE (5.5) の解 $\boldsymbol{u}$ について，以下の性質が成り立つ：

$$
f(\boldsymbol{u}(t)) - f^\star \leq \frac{\|\boldsymbol{u}_0 - \boldsymbol{u}^\star\|^2}{2t}.
$$

証明　まず，$\mathcal{E}$ を

$$
\mathcal{E}(t) := t\left(f(\boldsymbol{u}(t)) - f^\star\right) + \frac{1}{2}\|\boldsymbol{u}(t) - \boldsymbol{u}^\star\|^2
$$

で定義する．この $\mathcal{E}$ が単調非増加であることが証明できれば，

$$
t\left(f(\boldsymbol{u}(t)) - f^\star\right) \leq \mathcal{E}(t) \leq \mathcal{E}(0) = \frac{1}{2}\|\boldsymbol{u}_0 - \boldsymbol{u}^\star\|^2
$$

より，定理が成立する．

よって，以下では $\mathcal{E}$ が単調非増加であることを示す．連鎖律と最急降下 ODE の定義より，

$$
\begin{aligned}
\frac{\mathrm{d}}{\mathrm{d}t}\mathcal{E}(t) &= f(\boldsymbol{u}(t)) - f^\star + t\left(\nabla f(\boldsymbol{u}(t))\right)^\mathsf{T} \dot{\boldsymbol{u}}(t) + (\boldsymbol{u}(t) - \boldsymbol{u}^\star)^\mathsf{T} \dot{\boldsymbol{u}}(t) \\
&= f(\boldsymbol{u}(t)) - f^\star + (\boldsymbol{u}^\star - \boldsymbol{u}(t))^\mathsf{T} \nabla f(\boldsymbol{u}(t)) - t\|\nabla f(\boldsymbol{u}(t))\|^2
\end{aligned}
$$

が成立する．ここで，f が凸関数であることから，

$$f(\boldsymbol{u}(t)) + (\boldsymbol{u}^\star - \boldsymbol{u}(t))^\top \nabla f(\boldsymbol{u}(t)) \leq f^\star \tag{5.7}$$

が成立する[*3)]ことを用いれば，$\dot{\mathcal{E}} \leq -t \|\nabla f(\boldsymbol{u}(t))\|^2 \leq 0$ を得る．すなわち，$\mathcal{E}$ は単調非増加である． $\square$

最後に，目的関数 f が強凸関数[*4)]である場合に以下の定理が成立する．

定理 5.3. 目的関数 f は μ-強凸関数であると仮定する．このとき，最急降下 ODE (5.5) の解 $\boldsymbol{u}$ について，以下の性質が成り立つ：

$$f(\boldsymbol{u}(t)) - f^\star \leq \exp(-2\mu t) \left(f(\boldsymbol{u}_0) - f^\star \right).$$

証明 まず，$\mathcal{L}$ を $\mathcal{L}(t) := f(\boldsymbol{u}(t)) - f^\star$ で定義する．この $\mathcal{L}$ について，

$$\begin{aligned}
\frac{\mathrm{d}}{\mathrm{d}t}\mathcal{L}(t) &= (\nabla f(\boldsymbol{u}(t)))^\top \dot{\boldsymbol{u}}(t) \\
&= - \|\nabla f(\boldsymbol{u}(t))\|^2 \\
&\leq -2\mu \left(f(\boldsymbol{u}(t)) - f^\star \right) \\
&= -2\mu\mathcal{L}(t)
\end{aligned}$$

が成立する．よって，$\mathcal{L}(t) \leq \exp(-2\mu t)\mathcal{L}(0)$ である．これより，

$$f(\boldsymbol{u}(t)) - f^\star = \mathcal{L}(t) \leq \exp(-2\mu t)\mathcal{L}(0) = \exp(-2\mu t)\left(f(\boldsymbol{u}_0) - f^\star\right)$$

を得る． $\square$

5.4 最急降下法の収束レート

前節では，最急降下 ODE の解軌道上での目的関数値や勾配ノルムがどのように減るかを解析した．本節では，対応する収束レートが，最急降下 ODE に対する陽的 Euler 法，すなわち最急降下法においても導出できることを示す．

離散版の収束レートの証明は，連続版ほど簡単にはいかず，時間離散化に伴う誤差項 $\|\boldsymbol{u}_{n+1} - \boldsymbol{u}_n\|^2$ が随所に現れ，これを処理するために刻み幅に制限が付く．連続版の収束レートの証明を振り返ると，微分の連鎖律

$$\frac{\mathrm{d}}{\mathrm{d}t}f(\boldsymbol{u}(t)) = (\nabla f(\boldsymbol{u}(t)))^\top \dot{\boldsymbol{u}}(t)$$

[*3)] 凸関数において，勾配を用いた一次近似（左辺）は，真の関数値（右辺）以下になる．不等式 (5.3) において，$\mu = 0$ としたものに相当する．

[*4)] 定理 5.3 の証明中で実際に使用している f の性質は $2\mu\left(f(\boldsymbol{u}) - f^\star\right) \leq \|\nabla f(\boldsymbol{u})\|$ のみである．この不等式は Polyak–Łojasiewicz 不等式と呼ばれており，これを満たす関数のクラスは非凸関数も含む．しかし，ここでは，簡潔さのため，強凸関数に対する結果として紹介している．

を頻繁に使用していた。離散版の収束レートの証明を行うには，連鎖律の代替物が必要になる。目的関数 f の L-平滑性より，任意の $\boldsymbol{u}, \boldsymbol{v} \in \mathbb{R}^d$ に対して，

$$\left|f(\boldsymbol{v}) - f(\boldsymbol{u}) - (\nabla f(\boldsymbol{u}))^{\mathsf{T}} (\boldsymbol{v} - \boldsymbol{u})\right| \leq \frac{L}{2} \|\boldsymbol{v} - \boldsymbol{u}\|^2$$

が成立する。上の不等式を，$\boldsymbol{v} = \boldsymbol{u}_{n+1}$, $\boldsymbol{u} = \boldsymbol{u}_n$ について用いることで導かれる不等式

$$f(\boldsymbol{u}_{n+1}) - f(\boldsymbol{u}_n) \leq (\nabla f(\boldsymbol{u}_n))^{\mathsf{T}} (\boldsymbol{u}_{n+1} - \boldsymbol{u}_n) + \frac{L}{2} \|\boldsymbol{u}_{n+1} - \boldsymbol{u}_n\|^2 \quad (5.8)$$

を，連鎖律の離散対応物に誤差項 $\frac{L}{2} \|\boldsymbol{u}_{n+1} - \boldsymbol{u}_n\|^2$ がついたものと解釈し，本節の証明で利用する。

まず，定理 5.1 の対応物が成立する。

定理 5.4. 目的関数 f は L-平滑であり，刻み幅は $i = 0, 1, \ldots, n-1$ について，$h_i \in (0, 2/L)$ を満たすと仮定する。このとき，最急降下法の解について，以下の性質が成り立つ：

$$\min_{0 \leq i \leq n-1} \|\nabla f(\boldsymbol{u}_n)\| \leq \sqrt{\frac{f(\boldsymbol{u}_0) - f^{\star}}{n H_{\min}}}.$$

ここで，$H_{\min} := \min_{i=0,\ldots,n-1} \left(h_i - \frac{L}{2} h_i^2\right)$ とする。特に，$H_{\min} \in (0, 1/(2L)]$ であり，$h_i = \frac{1}{L} \ (i = 0, 1, \ldots, n-1)$ のときが最良である。

証明 $f^{\star}$ が最適値であること，不等式 (5.8)，最急降下法の更新式から，

$$
\begin{aligned}
f(\boldsymbol{u}_0) - f^{\star} &\geq f(\boldsymbol{u}_0) - f(\boldsymbol{u}_n) \\
&= \sum_{i=0}^{n-1} (f(\boldsymbol{u}_i) - f(\boldsymbol{u}_{i+1})) \\
&\geq \sum_{i=0}^{n-1} \left(-(\nabla f(\boldsymbol{u}_i))^{\mathsf{T}} (\boldsymbol{u}_{i+1} - \boldsymbol{u}_i) - \frac{L}{2} \|\boldsymbol{u}_{i+1} - \boldsymbol{u}_i\|^2 \right) \\
&= \sum_{i=0}^{n-1} \left(h_i - \frac{L}{2} h_i^2 \right) \|\nabla f(\boldsymbol{u}_i)\|^2 \\
&\geq n H_{\min} \min_{0 \leq i \leq n-1} \|\nabla f(\boldsymbol{u}_n)\|
\end{aligned}
$$

が成立する。これは定理の主張が成立することを示している。 □

上記の定理の証明において，誤差項 $\frac{L}{2} \|\boldsymbol{u}_{i+1} - \boldsymbol{u}_i\|^2$ に由来する $-\frac{L}{2} h_i^2$ によって，$h_i - \frac{L}{2} h_i^2$ が非正になってしまうことを防ぐために，刻み幅制限 $h_i < \frac{2}{L}$ が必要となっている。

続いて，目的関数 f が凸関数である場合には，定理 5.2 の対応物が成立する。

定理 5.5. 目的関数 f は L-平滑かつ凸であり，$n = 0, \ldots$ で $h_n \in [0, 1/L]$ であると仮定する。このとき，最急降下法の解について，以下の性質が成り立つ：

96　第 5 章　最適化

$$f(\boldsymbol{u}_n) - f^\star \leq \frac{\|\boldsymbol{u}_0 - \boldsymbol{u}^\star\|^2}{2t_n}.$$

ここで，$t_n = \sum_{i=0}^{n-1} h_i$ とする．特に，$h_n = 1/L$ のときが最良であり，

$$f(\boldsymbol{u}_n) - f^\star \leq \frac{L\|\boldsymbol{u}_0 - \boldsymbol{u}^\star\|^2}{2n}$$

が成立する．

証明　まず，$\mathcal{E}_n$ を

$$\mathcal{E}_n := t_n\left(f(\boldsymbol{u}_n) - f^\star\right) + \frac{1}{2}\|\boldsymbol{u}_n - \boldsymbol{u}^\star\|^2$$

と定義する．連続版と同様に，この $\mathcal{E}_n$ が単調非増加であることが証明できれば，

$$t_n\left(f(\boldsymbol{u}_n) - f^\star\right) \leq \mathcal{E}_n \leq \mathcal{E}_0 = \frac{1}{2}\|\boldsymbol{u}_0 - \boldsymbol{u}^\star\|^2$$

より，定理が成立する．

よって，以下では，$\mathcal{E}_n$ が単調非増加であることを示す．差分を考えると，

$$\begin{aligned}
\mathcal{E}_{n+1} - \mathcal{E}_n &= (t_{n+1} - t_n)\left(f(\boldsymbol{u}_n) - f^\star\right) + t_{n+1}\left(f(\boldsymbol{u}_{n+1}) - f(\boldsymbol{u}_n)\right) \\
&\quad + (\boldsymbol{u}_n - \boldsymbol{u}^\star)^\top(\boldsymbol{u}_{n+1} - \boldsymbol{u}_n) + \frac{1}{2}\|\boldsymbol{u}_{n+1} - \boldsymbol{u}_n\|^2 \\
&\leq h_n\left(f(\boldsymbol{u}_n) - f^\star + (\boldsymbol{u}^\star - \boldsymbol{u}_n)^\top\nabla f(\boldsymbol{u}_n)\right) + \frac{1}{2}\|\boldsymbol{u}_{n+1} - \boldsymbol{u}_n\|^2 \\
&\quad + t_{n+1}\left((\nabla f(\boldsymbol{u}_n))^\top(\boldsymbol{u}_{n+1} - \boldsymbol{u}_n) + \frac{L}{2}\|\boldsymbol{u}_{n+1} - \boldsymbol{u}_n\|^2\right) \\
&\leq \left(t_n h_n\left(-1 + \frac{L}{2}h_n\right) + \frac{h_n^2}{2}\left(-1 + Lh_n\right)\right)\|\nabla f(\boldsymbol{u}_n)\|^2
\end{aligned}$$

である．ここで，最初の等号は，

$$\|\boldsymbol{u}_{n+1} - \boldsymbol{u}^\star\|^2 = \|\boldsymbol{u}_n - \boldsymbol{u}^\star\|^2 + 2(\boldsymbol{u}_n - \boldsymbol{u}^\star)^\top(\boldsymbol{u}_{n+1} - \boldsymbol{u}_n) + \|\boldsymbol{u}_{n+1} - \boldsymbol{u}_n\|^2$$

を用い[*5]，続く不等号は L-平滑性から導かれる不等式 (5.8) を用い，最後の不等式は f の凸性から成立する不等式 (5.7) を用いた．最右辺は $h_n \leq \frac{1}{L}$ のとき，0 以下であるため，$\mathcal{E}_n$ は単調非増加である．　$\square$

最後に，目的関数 f が強凸関数である場合に，定理 5.3 の対応物が成立する．

定理 5.6. 目的関数 f は L-平滑かつ μ-強凸であり，$n = 0, \ldots$ で $h_n \in (0, 2/L)$ であると仮定する．このとき，最急降下法の解について，以下の性質が成り立つ：

[*5]　この部分は，関数 $\frac{1}{2}\|\cdot\|^2$ が 1-平滑であることから，不等式 (5.8) をこの二次関数に対して用いてもよい．

5.4　最急降下法の収束レート　**97**

$$f(\boldsymbol{u}_n) - f^\star \le \exp(-2\mu H_{\min} n)\left(f(\boldsymbol{u}_0) - f^\star\right).$$

ここで, $H_{\min}$ は定理 5.4 で定義したものである. 特に, $h_n = 1/L$ のときに最良であり,

$$f(\boldsymbol{u}_n) - f^\star \le \exp\left(-\frac{\mu}{L}n\right)\left(f(\boldsymbol{u}_0) - f^\star\right)$$

が成立する.

証明　まず, $\mathcal{L}_n := f(\boldsymbol{u}_n) - f^\star$ と定義する. この $\mathcal{L}_n$ について,

$$\begin{aligned}
\mathcal{L}_{n+1} - \mathcal{L}_n &\le (\nabla f(\boldsymbol{u}_n))^\mathsf{T}(\boldsymbol{u}_{n+1} - \boldsymbol{u}_n) + \frac{L}{2}\|\boldsymbol{u}_{n+1} - \boldsymbol{u}_n\|^2 \\
&= -\left(h_n - \frac{L}{2}h_n^2\right)\|\nabla f(\boldsymbol{u}_n)\|^2 \\
&\le -H_{\min}\|\nabla f(\boldsymbol{u}_n)\|^2 \\
&\le -2\mu H_{\min}\left(f(\boldsymbol{u}_n) - f^\star\right) \\
&= -2\mu H_{\min}\mathcal{L}_n
\end{aligned}$$

が成立する. よって,

$$\mathcal{L}_{n+1} \le (1 - 2\mu H_{\min})\mathcal{L}_n \le \exp(-2\mu H_{\min})\mathcal{L}_n$$

である[*6]ため,

$$f(\boldsymbol{u}_n) - f^\star = \mathcal{L}_n \le \exp(-2\mu H_{\min} n)\mathcal{L}_0 = \exp(-2\mu H_{\min} n)\left(f(\boldsymbol{u}_0) - f^\star\right)$$

が成立する. $\qquad\square$

ここで, 上の証明から明らかなように,

$$f(\boldsymbol{u}_n) - f^\star \le (1 - 2\mu H_{\min})^n\left(f(\boldsymbol{u}_0) - f^\star\right)$$

も成立し, こちらのほうがタイトな評価である. しかし, 上の定理では, 連続系との繋がりがより明瞭な収束レートを紹介した.

5.5　安定性の高い陽的解法による最適化手法

前述のように, 最急降下 ODE (5.5) に陽的 Euler 法を適用すると最急降下法が得られるが, このとき, 刻み幅 h_n は f の勾配 ∇f のリプシッツ定数 L に対して, $2/L$ 以下に取る必要がある. この条件は, 最適化の文脈で, 最急降下法の収束を語る際によく現れる（例えば, 定理 5.6）.

一方で, 数値解析の観点からは, 安定性（2.2 節を参照）から同じ条件を導くことができる. すなわち, 最急降下 ODE (5.5) を $\overline{\boldsymbol{u}} \in \mathbb{R}^d$ のまわりで線形

[*6]　任意の実数 x について, $1 + x \le \exp(x)$ が成立する.

化することを考えると，$-\mathsf{H}f(\overline{\boldsymbol{u}})$ についての線形 ODE が得られ[*7]，この固有値は，$[-L,0]$ に含まれる実数であるため，陽的 Euler 法の安定領域（図 2.3）と合わせて，$h_n \leq 2/L$ が導かれる．

この観察から，陽的 Euler 法の代わりに，安定領域が負の実軸を広く含む数値解法を採用することで，刻み幅の制約を緩められると期待される．例えば，2.2 節で見たように，A-安定な解法を採用すれば，刻み幅に制約を受けない．しかし，A-安定な RK 法はすべて陰的であることが知られており [91]，1 ステップあたりの計算量が大きくなるため，最適化手法としては採用しづらい[*8]．

固有値が負の実軸に広く分布するような問題は最急降下 ODE だけではなく，放物型偏微分方程式も同様の特徴を持つ．このため，この種の固有値の分布を持つ問題に特化した手法として**安定化陽的 RK 法**が 1960 年代頃から知られている（cf. [50]）．

安定化陽的 RK 法の基本的なアイデアは，「安定領域が負の実軸を広くカバーする安定性因子を**チェビシェフ多項式**を用いて設計し，それを実現する RK 法を構成する」というものである．まず，安定性因子 R_s は，RK 法の段数 s，減衰係数 η を用いて，

$$R_s(z) = \frac{T_s(w_0 + w_1 z)}{T_s(w_0)}, \qquad w_0 = 1 + \frac{\eta}{s^2}, \qquad w_1 = \frac{T_s(w_0)}{T_s'(w_0)} \qquad (5.9)$$

で定める．ここで，T_s は（第一種）s 次チェビシェフ多項式を表す．図 5.1 に示す通り，この安定性因子に付随する安定領域は s を大きくするごとに非常に広くなっていく．具体的には，負の実軸のうち，安定領域に含まれる部分の長さは，$2w_1/w_0$ であり，η を固定した際，十分大きい s では概ね s^2 に比例する（図 5.2）．

上の R_s を実現する RK 法の具体的な構成はいくつか知られている．例えば，チェビシェフ多項式の根を用いて，1 段や 2 段の RK 法の合成として実現する手法が知られている．しかし，根を並べる順番が内部段の安定性に影響することが知られており，s が大きい RK 法の構成には注意が必要である．一方で，チェビシェフ多項式の 3 項間漸化式を用いた実現 [117]

$$\boldsymbol{U}_0 = \boldsymbol{u}_n,$$
$$\boldsymbol{U}_1 = \boldsymbol{U}_0 - h\frac{w_1}{w_0}\nabla f(\boldsymbol{U}_0),$$
$$\boldsymbol{U}_i = -h\nu_i\frac{w_1}{w_0}\nabla f(\boldsymbol{U}_{i-1}) + \nu_i\boldsymbol{U}_{i-1} - (\nu_i - 1)\boldsymbol{U}_{i-2} \quad (i = 2,3,\ldots,s),$$

[*7]　$\boldsymbol{v}(t) := \boldsymbol{u}(t) - \overline{\boldsymbol{u}}$ とすると，

$$\frac{\mathrm{d}}{\mathrm{d}t}\boldsymbol{v}(t) = -\mathsf{H}f(\overline{\boldsymbol{u}})\boldsymbol{v}(t) - \nabla f(\overline{\boldsymbol{u}}) + \mathrm{O}(\|\boldsymbol{v}\|^2).$$

[*8]　第 5.2 節で紹介した近接点法 (5.6) は，A-安定な数値解法である陰的 Euler 法に対応するが，この手法は，基本的には陰的 Euler 法の 1 ステップが解析的に解けるような状況や，他の手法を導くための中間生成物として利用されることが主である．

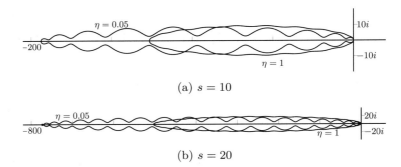

(a) $s = 10$

(b) $s = 20$

図 5.1 安定化陽的 RK 法の安定領域（閉曲線の内側が安定領域）.

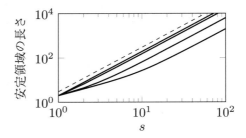

図 5.2 安定化陽的 RK 法の段数に対する安定領域の広がり方．それぞれ $\eta = 0.05, 0.5, 5, 50$ を固定した場合の段数 s に対する安定領域の負の実軸部分の長さ．破線は s^2 を表す.

$$\bm{u}_{n+1} = \bm{U}_s$$

は，内部段を安定に計算できることが知られている．ここで，パラメータ ν_i は

$$\nu_i := \frac{2w_0 T_{i-1}(w_0)}{T_i(w_0)} \quad (i = 1, \ldots, s)$$

で定める[*9].

最急降下 ODE に安定化陽的 RK 法を採用すると，上述のように安定性のための刻み幅の制約が非常に緩くなるため，良い最適化手法が得られると考えられる．実際に，強凸な二次関数（すなわち，正定値対称行列によって定まる二次関数）に対して，（パラメータを適切に選んだ）安定化陽的 RK 法が，RK 法の中で最適であることが従う（cf. [36]）.

二次関数 $f(\bm{u}) = \frac{1}{2}\bm{u}^\mathsf{T} Q\bm{u}$ が目的関数の場合に，最急降下 ODE (5.5) は，線形 ODE $\dot{\bm{u}} = -Q\bm{u}$ となる．これに対して，安定性因子 R を持つ RK 法を適用すると，$\bm{u}_{n+1} = R(-hQ)\bm{u}_n$ が成立する．ここで，行列 $Q \in \mathbb{R}^{d \times d}$ を正定値対称とすると，直交行列 $V \in \mathbb{R}^{d \times d}$ で対角化できる：$\Lambda = V^\mathsf{T} QV$（$\Lambda \in \mathbb{R}^{d \times d}$ は

[*9] パラメータを定めるために，チェビシェフ多項式やその導関数の値が必要であるが，これは第一種および第二種のチェビシェフ多項式が満たす 3 項間漸化式を用いることで容易に計算できる.

Q の固有値 $\lambda_1,\ldots,\lambda_d$ が対角に並ぶ対角行列）．この V を用いて，$\boldsymbol{v}_n = V\boldsymbol{u}_n$ を定めると，$\boldsymbol{v}_{n+1} = R(-h\Lambda)\boldsymbol{v}_n$ が成立する．目的関数値について，

$$
\begin{aligned}
f(\boldsymbol{u}_{n+1}) - f^\star &= \frac{1}{2}\boldsymbol{u}_{n+1}^\top Q\boldsymbol{u}_{n+1}\\
&= \frac{1}{2}\sum_{i=1}^{d}\left(\lambda_i\left(\boldsymbol{v}_{n+1}\right)_i^2\right)\\
&= \frac{1}{2}\sum_{i=1}^{d}\left(\lambda_i\left(R(-h\lambda_i)\right)^2\left(\boldsymbol{v}_n\right)_i^2\right)\\
&\le \max_{i=1,\ldots,n}\left|R(-h\lambda_i)\right|^2\left(\frac{1}{2}\sum_{i=1}^{d}\left(\lambda_i\left(\boldsymbol{v}_n\right)_i^2\right)\right)\\
&= \max_{i=1,\ldots,n}\left|R(-h\lambda_i)\right|^2\left(f(\boldsymbol{u}_n) - f^\star\right)
\end{aligned}
$$

が成立する．よって，二次関数 f が μ-強凸かつ L-平滑であるとき，Q の固有値は区間 $[\mu, L]$ に含まれることを踏まえると，1 次精度以上の s 段 RK 法の中で，強凸二次関数に対する最悪収束レートが最良の手法は，

$$
\min_{R,h}\left\{\max_{\lambda\in[\mu,L]}\left|R(-h\lambda)\right|\ \middle|\ R\in\mathcal{P}_s,\ R(0)=1,\ R'(0)=0,\ h>0\right\}\quad(5.10)
$$

の最適解として得られる．ここで，$\mathcal{P}_s$ は s 次多項式 p の集合であり，s 段 RK 法の安定性因子 R が s 次多項式であることに対応しており，$R(0)=R'(0)=1$ は，RK 法が少なくとも 1 次精度であることを意味している．

　この問題に対する最適解は，以下の定理から，s 次チェビシェフ多項式 T_s を用いて構成できる．

定理 5.7（[109, 定理 3.17]）．$\alpha<\beta,\ \chi\notin[\alpha,\beta]$ のとき，最大最小化問題

$$
\min\left\{\max_{\lambda\in[\mu,L]}\left|P(\lambda)\right|\ \middle|\ P\in\mathcal{P}_s,\ P(\chi)=1\right\}
$$

の解 $P=P_s$ は，

$$
P_s(\lambda) = \frac{T_s\left(\frac{2\lambda-\alpha-\beta}{\beta-\alpha}\right)}{T_s(\delta)},\quad \delta = \frac{2\chi-\alpha-\beta}{\beta-\alpha}
$$

で与えられ，最適値は $1/T_k(|\delta|)$ で与えられる．

　最大最小化問題 (5.10) の制約 $R'(0)=1$ を外し，$z=-h\lambda$ と変形して得られる

$$
\min_{h>0}\left\{\min_R\left\{\max_{z\in[-hL,-h\mu]}\left|R(z)\right|\ \middle|\ R\in\mathcal{P}_s,\ R(0)=1\right\}\right\}\quad(5.11)
$$

を考えると，この問題の最適値は，もとの問題の最適値以下になる．ここで，最大最小化問題 (5.11) の内側の最小化問題については，定理 5.7 において，$\alpha=-hL,\ \beta=-h\mu,\ \chi=0$ と置いたものに相当するため，最適解は

5.5　安定性の高い陽的解法による最適化手法　**101**

$$R(z) = \frac{T_s\left(\frac{2z+hL+h\mu}{h(L-\mu)}\right)}{T_s(\delta)}, \qquad \delta = \frac{L+\mu}{L-\mu}$$

で得られ，最適値は $1/T_s((L+\mu)/(L-\mu))$ であり，h によらない．そこで，h をうまく選んで，外してしまった制約 $R'(0) = 1$ を満足させることを考えると，

$$R'(0) = \frac{T_s'(\delta)}{T_s(\delta)} \times \frac{2}{h(L-\mu)}$$

より，$h = 2T_s'(\delta)/((L-\mu)T_s(\delta))$ と取ればよい．よって，最大最小化問題 (5.10) の解の一つは，

$$R_s(z) = \frac{T_s\left(\delta + \frac{T_s(\delta)}{T_s'(\delta)}z\right)}{T_s(\delta)}, \qquad \delta = \frac{L+\mu}{L-\mu}$$

であることが分かり，これは，$w_0 = \delta$ と取れば，安定化陽的 RK 法の安定性因子 (5.9) に一致する．すなわち，パラメータ η を適切に選んだ安定化陽的 RK 法は，強凸二次関数に対して最良の RK 法である．

5.6 代表的な常微分方程式 2：Nesterov ODE

凸関数に対する Nesterov の**加速勾配法**

$$\begin{aligned}
\boldsymbol{u}_{n+1} &= \boldsymbol{v}_n - s\nabla f(\boldsymbol{v}_n), \\
\boldsymbol{v}_{n+1} &= \boldsymbol{u}_{n+1} + \frac{n}{n+r}(\boldsymbol{u}_{n+1} - \boldsymbol{u}_n)
\end{aligned} \tag{5.12}$$

が 2 階の ODE

$$\ddot{\boldsymbol{u}} + \frac{r}{t}\dot{\boldsymbol{u}} + \nabla f(\boldsymbol{u}) = 0, \quad \boldsymbol{u}(0) = \boldsymbol{u}_0, \quad \dot{\boldsymbol{u}}(0) = 0 \tag{5.13}$$

に対応することが 2016 年に指摘された [108]．定理 5.8 で示すように，パラメータ r は 3 以上であればよいが，$r = 3$ の場合に収束レートの係数が最適になるため，$r = 3$ とすることが多い．連続と離散の対応を確認するために，(5.12) の時間連続極限を考えよう．まず，第 1 式の右辺第 1 項に第 2 式を代入すると，

$$\boldsymbol{u}_{n+1} = \left(\boldsymbol{u}_n + \frac{n-1}{n+r-1}(\boldsymbol{u}_n - \boldsymbol{u}_{n-1})\right) - s\nabla f(\boldsymbol{v}_n)$$

を得る．少し整理すると，

$$\frac{\boldsymbol{u}_{n+1} - 2\boldsymbol{u}_n + \boldsymbol{u}_{n-1}}{s} + \frac{r}{(n+r)\sqrt{s}}\frac{\boldsymbol{u}_n - \boldsymbol{u}_{n-1}}{\sqrt{s}} + \nabla f(\boldsymbol{v}_n) = 0$$

とできる．この式より，$\boldsymbol{u}_n \approx \boldsymbol{u}(n\sqrt{s})$ と解釈することで，$\sqrt{s} \to 0$ の極限で (5.13) が現れることが分かる．ここで，(5.12) の第一式より，$\sqrt{s} \to 0$ で

$\boldsymbol{v}_n \approx \boldsymbol{u}_{n+1}$ であることを用いた.

L-平滑かつ μ-強凸な関数に対する Nesterov の加速勾配法

$$
\begin{aligned}
\boldsymbol{u}_{n+1} &= \boldsymbol{v}_n - \frac{1}{L}\nabla f(\boldsymbol{v}_n), \\
\boldsymbol{v}_{n+1} &= \boldsymbol{u}_{n+1} + \frac{\sqrt{L}-\sqrt{\mu}}{\sqrt{L}+\sqrt{\mu}}(\boldsymbol{u}_{n+1} - \boldsymbol{u}_n)
\end{aligned}
\tag{5.14}
$$

は

$$
\ddot{\boldsymbol{u}} + 2\sqrt{\mu}\dot{\boldsymbol{u}} + \nabla f(\boldsymbol{u}) = 0, \quad \boldsymbol{u}(0) = \boldsymbol{u}_0, \quad \dot{\boldsymbol{u}}(0) = 0
\tag{5.15}
$$

に対応する. こちらの対応関係も, 凸関数の場合と同様の議論で確認できる.

5.7 Nesterov ODE の収束レート

本節では, Nesterov ODE の収束レートを確認する. 最急降下 ODE の場合 (定理 5.2, 5.3) と同様に, 単調非増加な関数 $\mathcal{E}$ や $\mathcal{L}$ をうまく用いることで, 収束レートを証明する.

定理 5.8 ([108]). 目的関数 f は凸関数であると仮定し, $r \geq 3$ とする. このとき, Nesterov ODE (5.13) の解 $\boldsymbol{u}$ について, 以下の性質が成り立つ:

$$
f(\boldsymbol{u}(t)) - f^\star \leq \frac{(r-1)^2 \|\boldsymbol{u}_0 - \boldsymbol{u}^\star\|^2}{2t^2}.
$$

証明 まず, $\mathcal{E}$ を

$$
\mathcal{E}(t) := \frac{2t^2}{r-1}\left(f(\boldsymbol{u}(t)) - f^\star\right) + (r-1)\left\|\boldsymbol{u}(t) + \frac{t}{r-1}\dot{\boldsymbol{u}}(t) - \boldsymbol{u}^\star\right\|^2
$$

で定義する. この $\mathcal{E}$ が単調非増加であることが証明できれば,

$$
\frac{2t^2}{r-1}\left(f(\boldsymbol{u}(t)) - f^\star\right) \leq \mathcal{E}(t) \leq \mathcal{E}(0) = (r-1)\|\boldsymbol{u}_0 - \boldsymbol{u}^\star\|^2
$$

より, 定理が成立する.

よって, 以下では $\mathcal{E}$ が単調非増加であることを示す. 連鎖律と Nesterov ODE の定義 (5.13) より,

$$
\begin{aligned}
\frac{\mathrm{d}}{\mathrm{d}t}\mathcal{E}(t) &= \frac{4t}{r-1}\left(f(\boldsymbol{u}(t)) - f^\star\right) + \frac{2t^2}{r-1}\left(\nabla f\left(\boldsymbol{u}(t)\right)\right)^\top \dot{\boldsymbol{u}}(t) \\
&\quad + 2(r-1)\left(\boldsymbol{u}(t) + \frac{t}{r-1}\dot{\boldsymbol{u}}(t) - \boldsymbol{u}^\star\right)^\top \left(\frac{r}{r-1}\dot{\boldsymbol{u}}(t) + \frac{t}{r-1}\ddot{\boldsymbol{u}}(t)\right) \\
&= \frac{4t}{r-1}\left(f(\boldsymbol{u}(t)) - f^\star\right) + \frac{2t^2}{r-1}\left(\nabla f\left(\boldsymbol{u}(t)\right)\right)^\top \dot{\boldsymbol{u}}(t) \\
&\quad + 2(r-1)\left(\boldsymbol{u}(t) + \frac{t}{r-1}\dot{\boldsymbol{u}}(t) - \boldsymbol{u}^\star\right)^\top \left(-\frac{t}{r-1}\nabla f\left(\boldsymbol{u}(t)\right)\right) \\
&= \frac{4t}{r-1}\left(f(\boldsymbol{u}(t)) - f^\star\right) + 2t\left(\boldsymbol{u}^\star - \boldsymbol{u}(t)\right)^\top \nabla f\left(\boldsymbol{u}(t)\right)
\end{aligned}
$$

5.7 Nesterov ODE の収束レート **103**

$$\leq -\frac{2(r-3)t}{r-1}\left(f(\boldsymbol{u}(t)) - f^\star\right)$$

を得る. 最後の不等式は, 関数 f が凸であるという仮定より, 不等式 (5.7) を用いた. 最右辺は, 仮定 $r \geq 3$ より非正である. すなわち, $\mathcal{E}$ は単調非増加である. $\qquad\square$

強凸版 Nesterov ODE (5.15) について, 以下の定理が成立する [119].

定理 5.9. 目的関数 f は μ-強凸関数であると仮定する. このとき, 強凸版 Nesterov ODE (5.15) の解 $\boldsymbol{u}$ について, 以下の性質が成り立つ:

$$f(\boldsymbol{u}(t)) - f^\star \leq \exp(-\sqrt{\mu}t)\left(f(\boldsymbol{u}_0) - f^\star + \frac{\mu}{2}\|\boldsymbol{u}_0 - \boldsymbol{u}^\star\|^2\right).$$

証明 まず, $\mathcal{E}$ を

$$\mathcal{E}(t) := \mathrm{e}^{\sqrt{\mu}t}\left(f(\boldsymbol{u}(t)) - f^\star + \frac{\mu}{2}\left\|\boldsymbol{u}(t) + \frac{1}{\sqrt{\mu}}\dot{\boldsymbol{u}}(t) - \boldsymbol{u}^\star\right\|^2\right)$$

で定義する. この $\mathcal{E}$ が単調非増加であることが証明できれば,

$$\mathrm{e}^{\sqrt{\mu}t}\left(f(\boldsymbol{u}(t)) - f^\star\right) \leq \mathcal{E}(t) \leq \mathcal{E}(0) = f(\boldsymbol{u}_0) - f^\star + \frac{\mu}{2}\|\boldsymbol{u}_0 - \boldsymbol{u}^\star\|^2$$

と (5.4) より, 定理が成立する.

よって, 以下では $\mathcal{E}$ が単調非増加であることを示す. まず, 連鎖律より,

$$\begin{aligned}\frac{\mathrm{d}}{\mathrm{d}t}\mathcal{E}(t) &= \sqrt{\mu}\mathrm{e}^{\sqrt{\mu}t}\left(f(\boldsymbol{u}(t)) - f^\star + \frac{\mu}{2}\left\|\boldsymbol{u}(t) + \frac{1}{\sqrt{\mu}}\dot{\boldsymbol{u}}(t) - \boldsymbol{u}^\star\right\|^2\right)\\&\quad + \mathrm{e}^{\sqrt{\mu}t}\left(\nabla f(\boldsymbol{u}(t))\right)^\top \dot{\boldsymbol{u}}(t)\\&\quad + \mu\mathrm{e}^{\sqrt{\mu}t}\left(\boldsymbol{u}(t) + \frac{1}{\sqrt{\mu}}\dot{\boldsymbol{u}}(t) - \boldsymbol{u}^\star\right)^\top\left(\dot{\boldsymbol{u}}(t) + \frac{1}{\sqrt{\mu}}\ddot{\boldsymbol{u}}(t)\right)\end{aligned}$$

である. 右辺第 3 項について, 強凸版 Nesterov ODE の定義 (5.15) より,

$$\begin{aligned}&\mu\left(\boldsymbol{u}(t) + \frac{1}{\sqrt{\mu}}\dot{\boldsymbol{u}}(t) - \boldsymbol{u}^\star\right)^\top\left(\dot{\boldsymbol{u}}(t) + \frac{1}{\sqrt{\mu}}\ddot{\boldsymbol{u}}(t)\right)\\&= \mu\left(\boldsymbol{u}(t) + \frac{1}{\sqrt{\mu}}\dot{\boldsymbol{u}}(t) - \boldsymbol{u}^\star\right)^\top\left(\dot{\boldsymbol{u}}(t) + \frac{1}{\sqrt{\mu}}\left(-2\sqrt{\mu}\dot{\boldsymbol{u}}(t) - \nabla f(\boldsymbol{u}(t))\right)\right)\\&= -\mu\left(\boldsymbol{u}(t) + \frac{1}{\sqrt{\mu}}\dot{\boldsymbol{u}}(t) - \boldsymbol{u}^\star\right)^\top\dot{\boldsymbol{u}}(t)\\&\quad - \sqrt{\mu}\left(\boldsymbol{u}(t) - \boldsymbol{u}^\star\right)^\top\nabla f(\boldsymbol{u}(t)) - \left(\dot{\boldsymbol{u}}(t)\right)^\top\nabla f(\boldsymbol{u}(t))\end{aligned}$$

であることを用いると,

$$\begin{aligned}&\frac{\mathrm{d}}{\mathrm{d}t}\mathcal{E}(t)\\&= \sqrt{\mu}\mathrm{e}^{\sqrt{\mu}t}\left(f(\boldsymbol{u}(t)) - f^\star - \left(\boldsymbol{u}(t) - \boldsymbol{u}^\star\right)^\top\nabla f(\boldsymbol{u}(t))\right)\end{aligned}$$

104 第 5 章 最適化

$$
+ \frac{\mu\sqrt{\mu}}{2}\mathrm{e}^{\sqrt{\mu}t}\left(\boldsymbol{u}(t) - \boldsymbol{u}^{\star} + \frac{1}{\sqrt{\mu}}\dot{\boldsymbol{u}}(t)\right)^{\top}\left(\boldsymbol{u}(t) - \boldsymbol{u}^{\star} - \frac{1}{\sqrt{\mu}}\dot{\boldsymbol{u}}(t)\right)
$$
$$
= \sqrt{\mu}\mathrm{e}^{\sqrt{\mu}t}\left(f(\boldsymbol{u}(t)) - f^{\star} - (\boldsymbol{u}(t) - \boldsymbol{u}^{\star})^{\top}\nabla f(\boldsymbol{u}(t)) + \frac{\mu}{2}\|\boldsymbol{u}(t) - \boldsymbol{u}^{\star}\|^2\right)
$$
$$
- \frac{\sqrt{\mu}}{2}\|\dot{\boldsymbol{u}}(t)\|^2
$$

を得る．最右辺の第 1 項は (5.3) より非正であり，第 2 項は自明に非正である
ため，$\mathcal{E}$ は単調非増加である． $\qquad\square$

以上の証明は，最急降下 ODE (5.5) に比べて複雑な ODE を考えていること
もあり，5.3 節よりも証明が複雑と感じられるであろう．しかしながら，紙面
の都合上割愛するが，離散系の証明はより複雑であり，それに比べれば簡潔で
あり，他の系への移行もしやすい．実際に，近年，鏡像降下法（mirror descent
method）と凸関数に対する Nesterov ODE (5.13) を組み合わせた ODE や，
2 種類の Nesterov ODE (5.13) と (5.15) を組み合わせた ODE などが見出さ
れ，それを基に新たな最適化手法が構成されている．

5.8 加速勾配法の線形多段階法としての解釈

前述のように，2 階の ODE (5.15) は，強凸関数に対する Nesterov の加速
勾配法 (5.14) の連続極限であるが，この種の連続極限は実は一意ではなく，異
なる方法で連続極限を取ると，最急降下 ODE (5.5) にも対応する [106]．本節
では，この状況を簡単に説明しよう．

強凸関数に対する Nesterov の加速勾配法 (5.14) において，$\boldsymbol{u}$ を消去すると，

$$
\boldsymbol{v}_{n+1} - (1+\gamma)\boldsymbol{v}_n + \gamma\boldsymbol{v}_{n-1} = \frac{1+\gamma}{L}\left(-\nabla f(\boldsymbol{v}_n)\right) - \frac{\gamma}{L}\left(-\nabla f(\boldsymbol{v}_{n-1})\right) \quad (5.16)
$$

を得る．ここでは，簡潔性のために，$\gamma = \left(\sqrt{L} - \sqrt{\mu}\right)/\left(\sqrt{L} + \sqrt{\mu}\right)$ と置い
た．ここで得られた三項間漸化式 (5.16) は，最急降下 ODE (5.5) に対する**線
形多段階法**の形をしている．実は，実際に，1 次精度の線形多段階法と解釈で
きる．

一般に，最急降下 ODE (5.5) に対する線形 k 段階法は，

$$
\alpha_k\boldsymbol{u}_{n+k} + \cdots + \alpha_0\boldsymbol{u}_n = h\beta_k\left(-\nabla f(\boldsymbol{u}_{n+k})\right) + \cdots + h\beta_0\left(-\nabla f(\boldsymbol{u}_n)\right)
$$

の形をしており，以下の定理によって，容易にその精度を確認できる．

定理 5.10 ([49, III, Theorem 2.4])．線形多段階法が p 次精度であることの必
要十分条件は，$\sum_{i=0}^{k}\alpha_i = 0$ かつ $\sum_{i=0}^{k}\alpha_i i^q = q\sum_{i=0}^{k}\beta_i i^{q-1}$ $(q = 1,\ldots,p)$
が成立することである．

さて，加速勾配法に対応するスキーム (5.16) と，線形多段階法の一般形を比

較すると，$\alpha_0 = \gamma$, $\alpha_1 = -(1+\gamma)$, $\alpha_2 = 1$, $\beta_2 = 0$ である．一方で，β_0 と β_1 に関しては，$h\beta_0 = -\gamma/L$, $h\beta_1 = (1+\gamma)/L$ であることしか分からず，刻み幅 h を定めない限り線形多段階法としてのパラメータは確定しない．そこで，1 次精度の条件を確認すると，以下のようにパラメータを決定できる：

- $\alpha_0 + \alpha_1 + \alpha_2 = 0$：満たされる．
- $\alpha_1 + 2\alpha_2 = \beta_0 + \beta_1 + \beta_2$：$h = 1/(L(1-\gamma))$，すなわち $\beta_1 = (1-\gamma)^2$, $\beta_0 = -\gamma(1-\gamma)$ であれば満たされる．

以上より，1 次精度の線形 2 段階法

$$\boldsymbol{v}_{n+2} - (1+\gamma)\boldsymbol{v}_{n+1} + \gamma\boldsymbol{v}_n$$
$$= h\left((1-\gamma^2)\left(-\nabla f(\boldsymbol{v}_{n+1})\right) - \gamma(1-\gamma)\left(-\nabla f(\boldsymbol{u}_n)\right)\right) \tag{5.17}$$

が加速勾配法に相当する．

続いて，この数値解法について，2.2.5 節と同様に安定性を調べよう．スカラー線形常微分方程式 (2.13) に線形多段階法 (5.17) を適用すると，線形 3 項間漸化式

$$u_{n+2} - (1+\gamma)\left(1+z(1-\gamma)\right)u_{n+1} + \gamma\left(1+z(1-\gamma)\right)u_n = 0$$

を得る（$z = h\lambda$）．この 3 項間漸化式の解が（任意の初期値について）発散しないための必要十分条件は，特性多項式

$$\pi(\zeta; z) = \zeta^2 - (1+\gamma)\left(1+z(1-\gamma)\right)\zeta + \gamma\left(1+z(1-\gamma)\right)$$

が，ζ の多項式として，以下の根条件[*10)]を満たすことである：

- すべての根の絶対値は 1 以下である．
- 根の絶対値がちょうど 1 であるとき，単根である．

よって，根条件を満足する z の集合を線形多段階法 (5.17) の安定領域という[*11)]．

安定領域の形状を図 5.3 に示す．ここで，安定領域の形状は条件数と呼ばれる L/μ に依存して異なるため，いくつかの値に関してプロットしている．図を見ると分かるように，条件数 L/μ が大きくなるほど，負の実軸方向に安定領域が長くなっていく．つまり，加速勾配法の線形多段階法としての解釈においては，条件数に応じて異なる線形多段階法を適切に用いることで，より大きな刻み幅を選択し，収束を速くしているという形で，収束レートの加速が説明される．この見方は，前節での説明にあるような，加速勾配法は最急降下 ODE

---

*10) この条件は，線形多段階法の安定性を調べるときに使われる，よく知られた条件である．

*11) 線形多段階法の文脈では，零安定性という特有の安定性が重要であり，線形多段階法の導入において必ず説明されるものである．しかし，ここでは，加速勾配法の解釈の一つとして簡潔に説明することを優先し，割愛している．興味のある読者は，例えば [49] などを参照されたい．

106 第 5 章 最適化

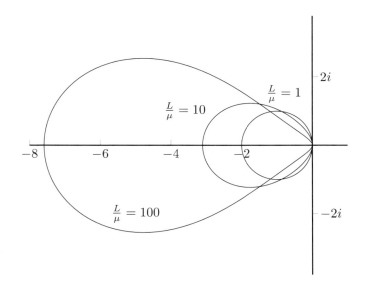

図 5.3 加速勾配法に相当する線形多段階法 (5.17) の安定領域（閉曲線の内側が安定領域）．

より速く収束する ODE の離散化であるため速く収束する，という立場とは大きく異なる．現在のところ，どちらの立場が優れているとも言えないが，後者の立場を取る研究がより多く行われている．

5.9 種々の数値解法の適用例

本節では，以下の 2 次関数[*12]を用いて数値実験を行う：

$$f(\boldsymbol{u}) = \frac{1}{2}(u_1)^2 + \frac{1}{2}\sum_{i=1}^{d-1}(u_i - u_{i+1})^2 + \frac{1}{2}(u_d)^2 - u_1. \tag{5.18}$$

この目的関数は，

$$f(\boldsymbol{u}) = \frac{1}{2}\boldsymbol{u}^\top Q \boldsymbol{u} + \boldsymbol{l}^\top \boldsymbol{u}, \quad Q = \begin{bmatrix} 2 & -1 & & & \\ -1 & 2 & -1 & & \\ & \ddots & \ddots & \ddots & \\ & & -1 & 2 & -1 \\ & & & -1 & 2 \end{bmatrix}, \quad \boldsymbol{l} = \begin{bmatrix} -1 \\ 0 \\ \vdots \\ 0 \end{bmatrix}$$

と書き換えられ，この記法のもとで $\nabla f(\boldsymbol{u}) = Q\boldsymbol{u} + \boldsymbol{l}$, $\mathsf{H}f = Q$ である．よく知られているように，行列 Q の固有値は，$j = 1, \ldots, d$ について，$2 - 2\cos\left(\frac{j\pi}{d+1}\right)$ であるため，目的関数 f は，$L = 2 + 2\cos\left(\frac{\pi}{d+1}\right)$, $\mu = 2 - 2\cos\left(\frac{\pi}{d+1}\right)$ として，L-平滑かつ μ-強凸である．

[*12] Nesterov [90] で収束レートの下界を示すために利用されている関数である．

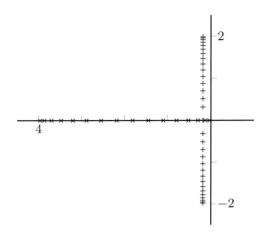

図 5.4 2 次関数 (5.18)（$d = 16$）に対する最急降下 ODE と Nesterov ODE を定める行列の固有値分布（最急降下 ODE：×，Nesterov ODE：+）．

この目的関数に対して，最急降下 ODE (5.5) は，

$$\dot{\boldsymbol{u}} = -Q\boldsymbol{u} - \boldsymbol{l} \tag{5.19}$$

となり，強凸関数に対する Nesterov ODE (5.15) は $\boldsymbol{v} = \dot{\boldsymbol{u}}$ を導入し，

$$\frac{\mathrm{d}}{\mathrm{d}t}\begin{bmatrix} \boldsymbol{u} \\ \boldsymbol{v} \end{bmatrix} = \begin{bmatrix} O & I \\ -Q & -2\sqrt{\mu}I \end{bmatrix}\begin{bmatrix} \boldsymbol{u} \\ \boldsymbol{v} \end{bmatrix} - \begin{bmatrix} \boldsymbol{0} \\ \boldsymbol{l} \end{bmatrix} \tag{5.20}$$

となる．これらの線形 ODE に各種の数値解法を適用する．その前に，上記の二つの ODE を定める行列の固有値を確認しよう．まず，(5.19) については，$-Q$ の固有値を考えればよいので，$-2 + 2\cos\left(\frac{j\pi}{d+1}\right)$ $(j = 1, \ldots, d)$ である．続いて，(5.20) を定める行列の固有値は

$$-\sqrt{2 - 2\cos\left(\frac{\pi}{d+1}\right)} \pm \mathrm{i}\sqrt{2\left(\cos\left(\frac{\pi}{d+1}\right) - \cos\left(\frac{j\pi}{d+1}\right)\right)}$$

である（複号と $j = 1, \ldots, d$ で合計 $2d$ 個）．図 5.4 に，$d = 16$ の場合の固有値分布を表示する．最急降下 ODE の固有値は負の実軸に分布し，Nesterov ODE の固有値は，虚軸に並行に虚軸に非常に近い場所に分布している．この傾向は，d が大きくなっても概ね同様である．

以下の数値実験では，$d = 128$ とする．このとき，$L \approx 3.9994$，$\mu \approx 5.9306 \times 10^{-4}$ であり，条件数は，$L/\mu \approx 6.7437 \times 10^4$ である．また勾配の呼び出し回数が 1 万回に達するか，勾配ノルムが 10^{-8} 以下になったら計算を終了する．

まず，最急降下 ODE (5.19) に対して各種の数値解法を適用した結果を図 5.5 にまとめる．ここでは，陽的 Euler 法，安定化陽的 RK 法 (5.5 節)，加速勾配法に対応する線形多段階法 (5.17)，4 段 4 次のいわゆる RK 法 (2.2 節) を適

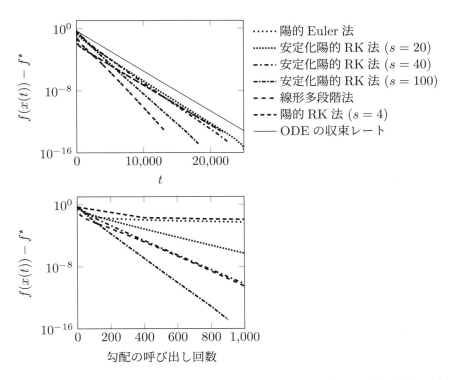

図 5.5 最急降下 ODE (5.19) に対する各種数値解法の挙動（$d = 128$）．上段：時刻 t に対する目的関数の減り方．下段：勾配の呼び出し回数に対する目的関数の減り方．

用した．ここで，ステップ幅は，$\max_{\lambda \in [\mu, L]} |R(-h\lambda)|$ を最小化するように選んだ．また，定理 5.3 の示す収束レートも添えている．

まず，図 5.5 の上段に表示している時刻 t に対する目的関数の挙動については，100 段の安定化陽的 RK 法と線形多段階法を除いて，ODE の収束レートに似た挙動を示している．例外になっている二つの手法は，ステップ幅がそれぞれ約 2022, 10.39 と非常に大きいため，ODE との差が大きくなるのは妥当である．

上段の図は，勾配流の性質とどの程度乖離しているのかを把握するのに有用ではあるが，最適化手法としての性能を比べるのであれば，計算コストに対してどの程度目的関数値が減ったのかを見るほうが適切であろう．この目的で，図 5.5 の下段では，勾配の呼び出し回数に対してどの程度目的関数が減少しているかを表示している．この意味では，100 段の安定化陽的 RK 法が最も性能が良く，線形多段階法と 40 段の安定化陽的 RK 法も比較的良い性能を示している．典型的な数値解法である陽的 Euler 法と 4 段 4 次のいわゆる RK 法は，最急降下 ODE に適用した場合には，最適化手法としての効率は悪い．

続いて，Nesterov ODE (5.20) に対して各種の数値解法を適用した結果を図 5.6 にまとめる．ここでは，陽的 Euler 法，4 段 4 次のいわゆる RK 法，

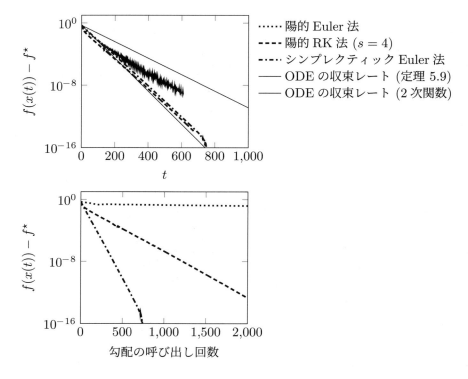

図 5.6 Nesterov ODE (5.20) に対する各種数値解法の挙動 ($d = 128$). 上段：時刻 t に対する目的関数の減り方. 下段：勾配の呼び出し回数に対する目的関数の減り方.

シンプレクティック Euler 法（2.3.4 節）を適用した．ステップ幅の選択基準は最急降下 ODE の場合と同様に定めた．また，定理 5.9 の示す収束レート $\mathrm{O}(\exp(-\sqrt{\mu}t))$ と，2 次関数に限定した場合の Nesterov ODE (5.20) の収束レート $\mathrm{O}(\exp(-2\sqrt{\mu}t))$ も添えている．

まず，図 5.6 と図 5.5 の上段を比較することで，Nesterov ODE のほうが実際に早く目的関数値を小さくしていることが分かる．続いて，数値解法を適用した結果を見ると，4 段 4 次の RK 法とシンプレクティック Euler 法はステップ幅がだいたい 1 程度と大きいものの ODE に非常に近い挙動を示しており，陽的 Euler 法はステップ幅が約 6.0×10^{-3} と小さくとっているものの，途中から振動が生じている．

図 5.6 の下段では，勾配の呼び出し回数に対する目的関数値の振舞いを示している．シンプレクティック Euler 法は 4 段 4 次の RK 法の約 1/4 倍の計算コストで済んでいることが分かる．両手法は，時刻 t に対する振舞いが似ており，概ね同じ大きさのステップ幅が採用できているものの，1 ステップあたりの勾配の呼び出し回数がそれぞれ 1 回と 4 回であることからこの差が生じている．

最急降下 ODE に対しては，陽的 Euler 法と 4 段 4 次の RK 法はどちらもあまり良い性能を発揮しなかったが，Nesterov ODE に適用した際には 4 段 4 次の RK 法は陽的 Euler 法よりもはるかに性能が良かった．この結果は，ODE の固有値（図 5.4）の分布と，両手法の安定領域（図 2.3）を見比べると妥当であることが分かる．まず，陽的 Euler 法と 4 段 4 次の RK 法の安定領域を比べると，負の実軸の大きさはあまり変わらない．したがって，負の実軸に固有値が分布する最急降下 ODE に適用した際には大きな差は生じない．一方で，Nesterov ODE の固有値分布はほぼ虚軸上であり，この種の固有値分布を陽的 Euler 法の安定領域でカバーするのは難しく，4 段 4 次の RK 法の安定領域でカバーするのは容易であるため，大きな差が生じる．

　このように，「ODE の固有値分布の大まかな形状」と「数値解法の安定領域」を見比べて適切な数値解法を選択することは，微分方程式の数値解析の基礎であると同時に，計算の効率を大きく左右する非常に重要な指針である．特に，安定化陽的 RK 法のような，ある種の固有値分布に特化した手法は，適切な問題に適用すれば非常に有効である．

第 6 章
モデル縮減

　常微分方程式を数値計算する際，一般に従属変数の数が多いほど大きな計算コストを要する．しかし，微分方程式の解についての情報を（部分的に）データとして得られる場合，その情報を用いて微分方程式のサイズを小さくすることが考えられる．本章では，固有直交分解などに基づくアプローチを紹介する．

6.1　モデル縮減の基本的な考え方

　常微分方程式の初期値問題

$$\frac{\mathrm{d}}{\mathrm{d}t}\boldsymbol{u}(t) = \boldsymbol{f}(\boldsymbol{u}(t)), \quad \boldsymbol{u}(0) = \boldsymbol{u}_0 \in \mathbb{R}^n \tag{6.1}$$

の数値計算を考えよう．このように，本来解きたい微分方程式のことを，本章では以下，**フルモデル**と呼ぶことにする．ここで，当然，ベクトル $\boldsymbol{u}$ のサイズ n が大きいほど，計算コストは大きくなる．例えば，$\boldsymbol{f}$ が線形だとしても，それを表現する行列が密行列ならば，微分方程式の右辺を評価する演算量は $\mathrm{O}(n^2)$ であるから，n が 10 倍になると，並列化などを行わない単純な見積もりのもとでは，計算コストは最低でも 100 倍ということになる．したがって，計算コストを抑えるための工夫は極めて重要だが，本章では，微分方程式の解ベクトルのサイズを小さくするような近似について議論する．すなわち，次元の小さい別の微分方程式の解を使って，微分方程式 (6.1) の解をよく近似できないかを考える．

　以下，しばらく常微分方程式を対象に議論を進めるが，実用上よく想定されるのは，空間高次元の時間発展型偏微分方程式を空間離散化することで得られる常微分方程式である．この意味で，本章で述べる手法の基本的な考え方は，4.8.2 節で述べた動的低ランク近似の手法と通底するものがある．しかし，4.8.2 節で述べた手法が，空間変数を二つの組に分けることを鍵としているのに対し，本章で述べる手法は，原理的には空間 1 次元の偏微分方程式にも，偏

微分方程式に由来しない常微分方程式に対しても適用でき，比較すればより汎用性の高い手法といえる．一方で，本節の手法は，解に関する何らかのデータを必要とすることを注意しておく．

6.2 Galerkin 射影

微分方程式 (6.1) の解が r 次元部分空間で良く近似できると仮定しよう（「良く近似できる」という表現は，この段階では単にイメージを語っているに過ぎず，特段注意を払う必要はない）．この部分空間の基底ベクトルを

$$\boldsymbol{v}_1, \boldsymbol{v}_2, \ldots, \boldsymbol{v}_r \in \mathbb{R}^n$$

としよう．すなわち，ここで考えている r 次元部分空間は $\mathbb{V}_r = \mathrm{span}\{\boldsymbol{v}_1, \boldsymbol{v}_2, \ldots, \boldsymbol{v}_r\}$ である．また，一般性を失うことなく，$\boldsymbol{v}_1, \boldsymbol{v}_2, \ldots, \boldsymbol{v}_r$ を正規直交基底と仮定してよい．いま，微分方程式 (6.1) の解を，時間変数 t に依存する r 個のスカラー関数 $z_1(t), z_2(t), \ldots, z_r(t)$ を用いて

$$\boldsymbol{u}(t) \approx z_1(t)\boldsymbol{v}_1 + z_2(t)\boldsymbol{v}_2 + \cdots + z_r(t)\boldsymbol{v}_r \tag{6.2}$$

のように近似することを考える．ここで，適切な基底 $\boldsymbol{v}_1, \boldsymbol{v}_2, \ldots, \boldsymbol{v}_r$ をどのように求めるかは次節で考えることとし，基底 $\boldsymbol{v}_1, \boldsymbol{v}_2, \ldots, \boldsymbol{v}_r$ が与えられたと仮定して，適切な係数 $z_1(t), z_2(t), \ldots, z_r(t)$ を求める方法を考える．

行列 V およびベクトル $\boldsymbol{z}(t) \in \mathbb{R}^r$ を

$$V = [\boldsymbol{v}_1, \boldsymbol{v}_2, \ldots, \boldsymbol{v}_r] \in \mathbb{R}^{n \times r}, \quad \boldsymbol{z}(t) = [z_1(t), z_2(t), \ldots, z_r(t)] \in \mathbb{R}^r$$

により定義すると，(6.2) は

$$\boldsymbol{u}(t) \approx V\boldsymbol{z}(t) \tag{6.3}$$

と表せる．ここで，正規直交性の仮定から

$$V^{\mathsf{T}}V = I_r$$

であることを注意しておく．なお，$r < n$ のとき $VV^{\mathsf{T}} \neq I_n$ は明らかであろう．さて，(6.3) を念頭に，微分方程式 (6.1) の $\boldsymbol{u}(t)$ に $V\boldsymbol{z}(t)$ を「形式的」に代入すると

$$V\dot{\boldsymbol{z}}(t) = \boldsymbol{f}(V\boldsymbol{z}(t))$$

を得る．この方程式は r 個の自由度に対して方程式の本数 n のほうが多い優決定系（overdetermined system）であるから，一般に解が存在しない．しかし，ここで両辺に左から V^{T} を掛け，正規直交性 $V^{\mathsf{T}}V = I_r$ を用いると

$$\dot{\boldsymbol{z}}(t) = V^{\mathsf{T}}\boldsymbol{f}(V\boldsymbol{z}(t))$$

を得，自由度の数と方程式の本数がどちらも r に一致する．なお，初期値については $Vz(0) \approx u_0$ を念頭に $z(0) = V^\mathsf{T} u_0$ としよう．以上をまとめると，常微分方程式の初期値問題

$$\dot{z}(t) = V^\mathsf{T} f(Vz(t)), \quad z(0) = V^\mathsf{T} u_0 \tag{6.4}$$

が定式化され，これを**縮減モデル**あるいは**低次元モデル**（reduced order model）と呼ぶ．また，行列 V のことをしばしば縮減行列と呼ぶ．

このように構築した $z(t)$ は次の意味での最適性を持つ．

定理 6.1（[17]）．行列 V が正規直交条件 $V^\mathsf{T} V = I_r$ を満たすとき，Galerkin 射影による縮減は，$\tilde{u}(t) = Vz(t)$ とすると，

$$\frac{\mathrm{d}}{\mathrm{d}t} \tilde{u}(t) = \operatorname*{argmin}_{v \in \mathrm{range}(V)} \|v - f(Vz)\|^2 \tag{6.5}$$

を満たす．

すなわち，(6.4) では，V の値域 $\mathrm{range}(V)$ $(= \mathrm{span}\{v_1, \ldots, v_e\})$ において，微分方程式 (6.1) の残差の ℓ^2 ノルムを最小にするようなベクトル場（速度）になっている．

証明 示すべき (6.5) は

$$\frac{\mathrm{d}}{\mathrm{d}t} z(t) = \operatorname*{argmin}_{\hat{v} \in \mathbb{R}^r} g(\hat{v}), \quad g(\hat{v}) = \|V\hat{v} - f(Vz)\|_2^2 \tag{6.6}$$

と書き換えられる．この $g(\hat{v})$ は狭義凸関数であり，$\hat{v}^\star = V^\mathsf{T} f(Vz)$ のときに最小値をとる．この $\hat{v}^\star$ は縮減モデル (6.4) の右辺と一致する． $\square$

注意 6.1. 上記では，微分方程式の解 $u(t)$ をベクトル空間 $\mathbb{V}_r$ 内で近似することを考えた．ただし，近似を考える集合には自由度があり，アフィン空間などでもよい．一例としては，

$$u(t) \approx u_0 + z_1(t)v_1 + z_2(t)v_2 + \cdots + z_r(t)v_r$$

が挙げられる．この場合も，上述の最適性の主張は成り立つ．

6.3　POD（固有直交分解）

前節で前提として用いていた部分空間 $\mathbb{V}_r$，すなわち r 本の基底ベクトルの組 $\{v_1, v_2, \ldots, v_r\}$ をどのように求めるかを考える．このような問題には様々な立場や考え方があり，それに応じて様々な手法が知られているが，本節では proper orthogonal decomposition（**POD**; 固有直交分解）と呼ばれる手法について述べる．なお，POD は多変量解析などで広く用いられている主成分分

析と数学的に類似しており，数学的には本書で度々登場している**特異値分解**に基づく手法である．

　準備として，もとの方程式 (6.1) の解についてのデータを用意する．理想的には，ある時間区間 $[0, T]$ において，解 $\boldsymbol{u}(t)$ そのものが得られるとよいが，それはそもそも不可能なので，代わりに，ある時刻 $t = t_1, t_2, \ldots, t_s$ において解の近似 $\boldsymbol{y}_1, \boldsymbol{y}_2, \ldots, \boldsymbol{y}_s$ が得られているとしよう．このようなデータは，もとの方程式 (6.1) の数値計算結果や現象の観測などにより構築する．このようなデータを「スナップショット」と呼び，スナップショットをまとめた行列

$$Y = [\boldsymbol{y}_1, \boldsymbol{y}_2, \ldots, \boldsymbol{y}_s] \in \mathbb{R}^{n \times s} \tag{6.7}$$

を「スナップショット行列」と呼ぶ．

　各スナップショット $\boldsymbol{y}_i$ を部分空間 $\mathbb{V}_r$ に射影すると $VV^\mathsf{T}\boldsymbol{y}_i$ となる．そこで，各 $\boldsymbol{y}_i$ に対して射影誤差 $\|\boldsymbol{y}_i - VV^\mathsf{T}\boldsymbol{y}_i\|$ を考え，これの i についての和を最小にするように V を選べばよさそうである．ただし，ここでは $\|\cdot\|$ は通常のユークリッドノルムとする．この考え方は，次の最小化問題として定式化される：

$$\min_{\mathrm{rank}(V)=r} \sum_{i=1}^{s} \|\boldsymbol{y}_i - VV^\mathsf{T}\boldsymbol{y}_i\|^2 \quad \text{s.t.} \ VV^\mathsf{T} = I_r. \tag{6.8}$$

この最小化問題の最適解は特異値分解で得られることが知られている．具体的には，スナップショット行列 Y を特異値分解し，主要な r 個の特異値に対応する左特異ベクトル $\boldsymbol{v}_1, \boldsymbol{v}_2, \ldots, \boldsymbol{v}_r$ を並べて行列化した $V = [\boldsymbol{v}_1, \boldsymbol{v}_2, \ldots, \boldsymbol{v}_r]$ が最適解である．

注意 6.2. 最適化問題 (6.8) の目的関数 $\displaystyle\sum_{i=1}^{s} \|\boldsymbol{y}_i - VV^\mathsf{T}\boldsymbol{y}_i\|^2$ は，行列のフロベニウスノルム $\|\cdot\|_\mathrm{F}$ を用いて

$$\|Y - VV^\mathsf{T}Y\|_\mathrm{F}^2 \tag{6.9}$$

と表現することもできる．実際，この表現が採用されている文献も多い．

6.4　誤差評価

　ここでは，フルモデル (6.1) と縮減モデル (6.4) の解の誤差を評価する．簡単のため，線形な常微分方程式を考えよう．すなわち，$A \in \mathbb{R}^{n \times n}$ を用いて $\boldsymbol{f}(\boldsymbol{u}) = A\boldsymbol{u}$ と表される場合を考える．このとき，フルモデル (6.1) は

$$\frac{\mathrm{d}}{\mathrm{d}t}\boldsymbol{u}(t) = A\boldsymbol{u}(t), \quad \boldsymbol{u}(0) = \boldsymbol{u}_0 \in \mathbb{R}^n, \quad t \in (0, T] \tag{6.10}$$

と表される．一方，縮減モデル (6.4) は，$\hat{A} = V^\mathsf{T}AV$ を用いて

$$\frac{\mathrm{d}}{\mathrm{d}t}\boldsymbol{z}(t) = \hat{A}\boldsymbol{z}(t), \quad \boldsymbol{z}(0) = V^\mathsf{T}\boldsymbol{u}_0 \tag{6.11}$$

と表される．本節では，以下，

$$\int_0^T \|\boldsymbol{u}(t) - V\boldsymbol{z}(t)\|^2\, \mathrm{d}t$$

を評価することを目標とする．

定理 6.2. フルモデル (6.10) の解 $\boldsymbol{u}(t)$ と縮減モデル (6.11) の解 $\boldsymbol{z}(t)$ に対して，

$$\int_0^T \|\boldsymbol{u}(t) - V\boldsymbol{z}(t)\|^2\, \mathrm{d}t \le (1 + Tc(T)\alpha^2) \int_0^T \|\boldsymbol{u}(t) - VV^\mathsf{T}\boldsymbol{u}(t)\|^2\, \mathrm{d}t$$

が成り立つ．ただし，$\alpha = \|V^\mathsf{T}A\|$ であり，$c(t)$ は，

$$a = \mu(A) := \lim_{h \to +0} \frac{\|I_n + hA\| - 1}{h}$$

を用いて

$$c(t) = \begin{cases} \dfrac{1}{2a}(\mathrm{e}^{2at}) & (a \ne 0), \\[2mm] t & (a = 0) \end{cases}$$

で定義される関数である．

この定理は，フルモデル (6.10) の解と縮減モデル (6.11) の解の誤差が，もとの方程式の解の射影誤差

$$\int_0^T \|\boldsymbol{u}(t) - VV^\mathsf{T}\boldsymbol{u}(t)\|^2\, \mathrm{d}t$$

の定数倍で抑えられることを示している．したがって，射影誤差を小さくするように縮減行列 V を構成すれば，フルモデルの解と縮減モデルの解の誤差も小さくなる．そのためには，フルモデルの解 $\boldsymbol{u}(t)$ の情報が必要だが，実際の応用では $\boldsymbol{u}(t)$ の情報は得られないため，離散点上のデータで代用するほかない．このように考えると，前節の最適化問題 (6.8) を考えるのは自然な発想であることが分かる．

注意 6.3. 行列ノルムとしてはスペクトルノルムを採用する．また，$\mu(\cdot)$ は行列の logarithmic ノルムと呼ばれるノルムであり，数値解析学においてもしばしば用いられるものである．スペクトルノルムと区別するため $\mu(\cdot)$ と表す．

証明の方針を述べる．誤差について

$$\boldsymbol{e}(t) := \boldsymbol{u}(t) - V\boldsymbol{z}(t) = \underbrace{\boldsymbol{u}(t) - VV^\mathsf{T}\boldsymbol{u}(t)}_{=:\boldsymbol{\rho}(t)} + \underbrace{VV^\mathsf{T}\boldsymbol{u}(t) - V\boldsymbol{z}(t)}_{=:\boldsymbol{\theta}(t)}$$

と置くと，$\boldsymbol{\rho}(t)^\mathsf{T}\boldsymbol{\theta}(t) = 0$ であることより $\|\boldsymbol{e}(t)\|^2 = \|\boldsymbol{\rho}(t)\|^2 + \|\boldsymbol{\theta}(t)\|^2$ が成り立つ．最終的な目標は $\displaystyle\int_0^T \|\boldsymbol{e}(t)\|^2\, \mathrm{d}t$ を $\displaystyle\int_0^T \|\boldsymbol{\rho}(t)\|^2\, \mathrm{d}t$ の定数倍で抑えること

だから，$\|\boldsymbol{\theta}(t)\|$ を $\|\boldsymbol{\rho}(t)\|$ で評価すればよい．

証明 やや天下り的だが，$\boldsymbol{\theta}(t)$ を t で微分すると，

$$\dot{\boldsymbol{\theta}}(t) = VV^{\mathsf{T}}\dot{\boldsymbol{u}}(t) - V\dot{\boldsymbol{z}}(t) = VV^{\mathsf{T}}A\boldsymbol{u}(t) - V\underbrace{V^{\mathsf{T}}AV}_{=\hat{A}}\boldsymbol{z}(t)$$

$$= VV^{\mathsf{T}}A(\underbrace{\boldsymbol{u}(t) - V\boldsymbol{z}(t)}_{=\boldsymbol{e}(t)}) = VV^{\mathsf{T}}A(\boldsymbol{\rho}(t) + \boldsymbol{\theta}(t))$$

となる．さらに，$\hat{\boldsymbol{\theta}}(t) := V^{\mathsf{T}}\boldsymbol{\theta}(t)(= V^{\mathsf{T}}\boldsymbol{u}(t) - \boldsymbol{z}(t))$ と置くと

$$\dot{\hat{\boldsymbol{\theta}}}(t) = V^{\mathsf{T}}\dot{\boldsymbol{\theta}}(t) = \underbrace{V^{\mathsf{T}}V}_{=I_r}V^{\mathsf{T}}A(\boldsymbol{\rho}(t) + \boldsymbol{\theta}(t)) = V^{\mathsf{T}}A(\boldsymbol{\rho}(t) + \boldsymbol{\theta}(t))$$

$$= \underbrace{V^{\mathsf{T}}A\boldsymbol{\rho}(t)}_{=:\boldsymbol{g}(t)} + \underbrace{V^{\mathsf{T}}AV}_{=\hat{A}}\hat{\boldsymbol{\theta}}(t)$$

を得る．ただし，最後の等式では

$$V^{\mathsf{T}}A\boldsymbol{\theta}(t) = V^{\mathsf{T}}A(VV^{\mathsf{T}}\boldsymbol{u}(t) - V\boldsymbol{z}(t)) = V^{\mathsf{T}}AV(V^{\mathsf{T}}\boldsymbol{u}(t) - \boldsymbol{z}(t))$$
$$= V^{\mathsf{T}}AV\hat{\boldsymbol{\theta}}(t)$$

であることを用いた．また，$\boldsymbol{\theta}(t)$ と $\hat{\boldsymbol{\theta}}(t)$ については以下の関係が成り立つ：

$$\|\hat{\boldsymbol{\theta}}(t)\| = \|\boldsymbol{\theta}(t)\|,$$

$$\boldsymbol{\theta}(0) = \boldsymbol{0},$$

$$\|\hat{\boldsymbol{\theta}}(t)\|\frac{\mathrm{d}}{\mathrm{d}t}\|\hat{\boldsymbol{\theta}}(t)\| = \frac{1}{2}\frac{\mathrm{d}}{\mathrm{d}t}\left(\|\hat{\boldsymbol{\theta}}(t)\|^2\right) = \langle\hat{\boldsymbol{\theta}}(t), \dot{\hat{\boldsymbol{\theta}}}(t)\rangle. \tag{6.12}$$

ここで，(6.12) を用いて $\|\hat{\boldsymbol{\theta}}(t)\|$ の時間変化を評価すると

$$\frac{\mathrm{d}}{\mathrm{d}t}\|\hat{\boldsymbol{\theta}}(t)\| = \frac{1}{\|\hat{\boldsymbol{\theta}}(t)\|}\langle\hat{\boldsymbol{\theta}}(t), \dot{\hat{\boldsymbol{\theta}}}(t)\rangle = \frac{1}{\|\hat{\boldsymbol{\theta}}(t)\|}\langle\hat{\boldsymbol{\theta}}(t), \hat{A}\hat{\boldsymbol{\theta}}(t) + \boldsymbol{g}(t)\rangle$$

$$= \frac{1}{\|\hat{\boldsymbol{\theta}}(t)\|^2}\langle\hat{\boldsymbol{\theta}}(t), \hat{A}\hat{\boldsymbol{\theta}}(t)\rangle\|\hat{\boldsymbol{\theta}}(t)\| + \frac{1}{\|\hat{\boldsymbol{\theta}}(t)\|}\langle\hat{\boldsymbol{\theta}}(t), \boldsymbol{g}(t)\rangle$$

$$\leq \mu(\hat{A})\|\hat{\boldsymbol{\theta}}(t)\| + \frac{1}{\|\hat{\boldsymbol{\theta}}(t)\|}\|\hat{\boldsymbol{\theta}}(t)\|\|\boldsymbol{g}(t)\|$$

$$\leq a\|\hat{\boldsymbol{\theta}}(t)\| + \alpha\|\boldsymbol{\rho}(t)\|$$

を得る．したがって，

$$\|\hat{\boldsymbol{\theta}}(t)\| \leq \underbrace{\|\hat{\boldsymbol{\theta}}(0)\|}_{=0}\mathrm{e}^{at} + \int_0^t \mathrm{e}^{a(t-s)}\alpha\|\boldsymbol{\rho}(s)\|\,\mathrm{d}s$$

$$\leq \alpha\left(\int_0^t \mathrm{e}^{2a(t-s)}\,\mathrm{d}s\right)^{1/2}\left(\int_0^t \|\boldsymbol{\rho}(s)\|^2\,\mathrm{d}s\right)^{1/2} \tag{6.13}$$

が成り立つ．ただし，一つ目の不等号では，スカラーの常微分方程式 $\dot{u} = au + b(t)$（a は定数）の解が

$$u(t) = u(0)e^{at} + \int_0^t e^{a(t-s)} b(s)\,\mathrm{d}s$$

と書けることを用い，二つ目の不等号では Cauchy–Schwarz の不等式

$$\left| \int_0^t p(s)q(s)\,\mathrm{d}s \right|^2 \leq \left(\int_0^t p(s)^2\,\mathrm{d}s \right) \left(\int_0^t q(s)^2\,\mathrm{d}s \right)$$

を用いた．不等式 (6.13) の両辺を二乗すれば

$$\|\hat{\boldsymbol{\theta}}(t)\|^2 \leq \alpha^2 \underbrace{e^{2at} \left(\int_0^t e^{-2as}\,\mathrm{d}s \right)}_{=:c(t)} \left(\int_0^t \|\boldsymbol{\rho}(s)\|^2\,\mathrm{d}s \right)$$

となり，右辺の被積分関数はいずれも非負であることに注意すると，右辺は t に関して単調増加関数である．したがって，両辺を区間 $[0, T]$ で積分すると

$$\int_0^T \|\boldsymbol{\theta}(t)\|^2\,\mathrm{d}t \leq T\alpha^2 c(T) \int_0^T \|\boldsymbol{\rho}(t)\|^2\,\mathrm{d}t$$

となり，$\|\boldsymbol{\theta}(t)\|$ を $\|\boldsymbol{\rho}(t)\|$ で評価するという目標が達成された．最後に，$\int_0^T \|\boldsymbol{r}(t)\|^2\,\mathrm{d}t$ について整理すれば

$$\int_0^T \|\boldsymbol{e}(t)\|^2\,\mathrm{d}t = \int_0^T \|\boldsymbol{\theta}(t)\|^2\,\mathrm{d}t + \int_0^T \|\boldsymbol{\rho}(t)\|^2\,\mathrm{d}t$$
$$\leq (1 + Tc(T)\alpha^2) \int_0^T \|\boldsymbol{\rho}(t)\|^2\,\mathrm{d}t$$

を得る． □

6.5 演算量

　ここまで，小規模な常微分方程式は大規模なものと比べて，より容易かつ効率的に数値計算できる（近似解を構成できる）という考え方に基づいて議論を進めてきた．しかし，この考え方には注意が必要である．

　まず前節で考えた線形常微分方程式を考えよう．フルモデル (6.1) と縮減モデル (6.4) を共に陽的 Euler 法で離散化すると，それぞれ

$$\boldsymbol{u}_{n+1} = \boldsymbol{u}_n + hA\boldsymbol{u}_n,$$
$$\boldsymbol{z}_{n+1} = \boldsymbol{z}_n + h\hat{A}\boldsymbol{z} + n$$

となる．右辺を評価するための主要な演算（四則演算）は行列ベクトル積であり，行列ベクトル積の演算量はサイズの二乗に比例するから，それぞれ $\mathrm{O}(n^2)$ および $\mathrm{O}(r^2)$ である．したがって，縮減モデルの数値計算は元の方程式の数値計算と比べて $(n/r)^2$ 倍効率的（高速）といってよい．

注意 6.4. 行列ベクトル積の演算量はサイズの二乗に比例するのは，行列が密行列の場合である．そのため，A が疎行列の場合には少し注意を要する．この場合，$A\boldsymbol{u}_n$ は，$\mathrm{O}(n^2)$ よりははるかに高速に計算できる．一方で，A が疎行列であっても，$\hat{A}$ は一般に密行列である．

したがって，縮減モデルが効率的であるためには，A の非ゼロ要素数に比べて $\hat{A}$ のそれが大幅に減少していることが重要といえる．

しかし，非線形の場合は事情が異なる．フルモデル (6.1) と縮減モデル (6.4) を陽的 Euler 法で離散化すると，それぞれ

$$\boldsymbol{u}_{n+1} = \boldsymbol{u}_n + h\boldsymbol{f}(\boldsymbol{u}_n),$$
$$\boldsymbol{z}_{n+1} = \boldsymbol{z}_n + hV^\mathsf{T}\boldsymbol{f}(V\boldsymbol{z}_n)$$

となる．前者の右辺を評価する演算量が n に依存するのは当然として，実は後者についても，$V^\mathsf{T}\boldsymbol{f}(V\boldsymbol{z}_n)$ の部分は「ベクトルの拡大 → $\boldsymbol{f}$ の評価 → ベクトルの縮小」であるから，結局，演算量は n に依存してしまい（場合によってはむしろ演算量が増えてしまう！），せっかくモデル縮減を行った応用上の効果が失われてしまう．次節では，この問題を解決する一手法である **離散型経験的補間法**（discrete empirical interpolation method; 以下 **DEIM** と記す）について述べる．

6.6 　離散型経験的補間法：DEIM

フルモデル (6.1) の右辺ベクトルが

$$\boldsymbol{f}(\boldsymbol{u}) = A\boldsymbol{u} + \boldsymbol{g}(\boldsymbol{u}) \tag{6.14}$$

のように，線形項 $A\boldsymbol{u}$ と非線形項 $\boldsymbol{g}(\boldsymbol{u})$ に分かれている場合を考えよう．もちろん，$A \in \mathbb{R}^{n \times n}$, $\boldsymbol{g} : \mathbb{R}^n \to \mathbb{R}^n$ である．このとき，縮減モデル (6.4) は

$$\frac{\mathrm{d}}{\mathrm{d}t}\boldsymbol{z}(t) = \hat{A}\boldsymbol{z}(t) + V^\mathsf{T}\boldsymbol{g}(V\boldsymbol{z}(t))$$

であり，前節で述べたように，$V^\mathsf{T}\boldsymbol{g}(V\boldsymbol{z}(t))$ を評価するコストが問題である．

簡単のため，$\boldsymbol{g}(t) := \boldsymbol{g}(V\boldsymbol{z}(t))$ と表すことにしよう．DEIM [27], [28] の基本的な考え方は，ある行列 $U \in \mathbb{R}^{n \times m}$ $(m \ll n)$ と t に依存するベクトル値関数 $\boldsymbol{c}(t) \in \mathbb{R}^m$ を用いて，

$$\boldsymbol{g}(t) \approx U\boldsymbol{c}(t)$$

なる近似を行うことである．そのためには，行列 U とベクトル値関数 $\boldsymbol{c}(t)$ をどのように構築するかが鍵である．

ここで，$\boldsymbol{g}(t)$ は n 次元ベクトルだが，$\boldsymbol{g}(t)$ と $U\boldsymbol{c}(t)$ が m 変数について一

6.6　離散型経験的補間法：DEIM　**119**

致するようにできないか考えてみよう．すなわち，行列 U の ρ_i 行目を U_{ρ_i} と書き，

$$\boldsymbol{g}_{\rho_i}(t) = U_{\rho_i}\boldsymbol{c}(t), \quad i = 1, \ldots, m \tag{6.15}$$

のようにできないか考えるのである．行列 P を $P = [\mathrm{e}_{\rho_1}, \ldots, \mathrm{e}_{\rho_m}] \in \mathbb{R}^{n \times m}$ で定義すると（e_{ρ_i} は ρ_i 番目の要素のみ 1 で他は 0 の m 次元ベクトル），(6.15) は $P^{\mathsf{T}}\boldsymbol{g}(t) = P^{\mathsf{T}}U\boldsymbol{c}(t)$ と書ける．行列積 $P^{\mathsf{T}}U$ が正則であることを仮定すると，$\boldsymbol{c}(t) = (P^{\mathsf{T}}U)^{-1}P^{\mathsf{T}}\boldsymbol{g}(t)$ となるから，$V^{\mathsf{T}}\boldsymbol{g}(t)$ は

$$V^{\mathsf{T}}\boldsymbol{g}(t) \approx \underbrace{V^{\mathsf{T}}U(P^{\mathsf{T}}U)^{-1}}_{r \times m}\underbrace{P^{\mathsf{T}}\boldsymbol{g}(t)}_{m \times 1}$$

と近似できる．ここで，$V^{\mathsf{T}}U(P^{\mathsf{T}}U)^{-1}$ を一度計算しておけば，その後の計算において行列ベクトル積などの演算量は n に依存しない（$(P^{\mathsf{T}}U)^{-1}$ を連立一次方程式として扱っても同様である）．また，$P^{\mathsf{T}}\boldsymbol{g}(t)$ の計算は，$\boldsymbol{g}(t)$ のうち m 変数のみ計算すればよいわけだから，POD の場合と比べればはるかに効率よく計算できる．まとめると，$V^{\mathsf{T}}\boldsymbol{g}(V(\boldsymbol{z}(t))$ の計算には「ベクトルの拡大 $\to$ $\boldsymbol{g}$ の評価 $\to$ ベクトルの縮小」の操作が必要だったが，DEIM では「ベクトルの拡大 $\to$ $\boldsymbol{g}$ の一部要素の評価」で十分である．とはいえ，一般論としては依然として計算量は n に依存する．しかし，次節で例示するように，多くの応用問題では，ベクトルの拡大と $\boldsymbol{g}$ の一部要素の評価は効率よく計算できる．

最後に，[27] に基づき，U と P の標準的な構成方法の一例を紹介する．ベクトル列 $\boldsymbol{g}_1, \boldsymbol{g}_2, \ldots, \boldsymbol{g}_s$ を $\boldsymbol{g}(\boldsymbol{u}(t))$ のスナップショットとし，スナップショット行列を $G = [\boldsymbol{g}_1, \boldsymbol{g}_2, \ldots, \boldsymbol{g}_s]$ と定義する．POD の場合と同様に，このスナップショット行列を特異値分解して得られる主要な m 個の左特異ベクトル $\boldsymbol{u}_1, \boldsymbol{u}_2, \ldots, \boldsymbol{u}_m$ をまとめて $U = [\boldsymbol{u}_1, \boldsymbol{u}_2, \ldots, \boldsymbol{u}_m]$ とする．行列 U が求まれば行列 P は貪欲法で求める．まず，$|\boldsymbol{u}_1|$ の値が最も大きい要素（の一つ）を ρ_1 とする．次に，ρ_{l-1} まで求まっているときに，ρ_l をどのように求めるかを考える．ここでは，$P[:, 1:l-1]$ が定まっていることを利用して，$(P[:, 1:l-1]^{\mathsf{T}}U[:, 1:l-1])\boldsymbol{c} = P[:, 1:l-1]^{\mathsf{T}}\boldsymbol{u}_l$ を解き，残差 $\boldsymbol{r} = \boldsymbol{u}_l - U[:, 1:l-1]\boldsymbol{c}$ を計算する．そして，残差の要素ごとの絶対値 $|\boldsymbol{r}|$ を見て，その値が最も大きい要素（の一つ）ρ_l とする．全体のアルゴリズムをアルゴリズム 6.1 に示す．

DEIM では，$\boldsymbol{g}(t)$ を $U(P^{\mathsf{T}}U)^{-1}P^{\mathsf{T}}\boldsymbol{g}(t)$ で近似するため，この近似の精度を考えよう．

定理 6.3（[27]）．ベクトル列 $\boldsymbol{u}_1, \ldots, \boldsymbol{u}_m \in \mathbb{R}^n$ $(m \le n)$ は正規直交ベクトルとし，行列 U, P は，アルゴリズム 6.1 の出力とする．任意のベクトル $\boldsymbol{g} \in \mathbb{R}^n$ に対し，ベクトル $\hat{\boldsymbol{g}}$ を

$$\hat{\boldsymbol{g}} = U(P^{\mathsf{T}}U)^{-1}P^{\mathsf{T}}\boldsymbol{g}$$

アルゴリズム 6.1 DEIM

1: Input $\{\boldsymbol{u}_l\}_{l=1}^m \in \mathbb{R}^n$ linearly independent
2: Output $U \in \mathbb{R}^{n \times m}$ and $P \in \mathbb{R}^{n \times m}$
3: $[|\rho|, \varrho_1] = \max\{|\boldsymbol{u}_1|\}$
4: $U = [\boldsymbol{u}_1]$, $P = [\boldsymbol{e}_{\varrho_1}]$
5: **for** $l = 2$ to m **do**
6: $\quad$ Solve $(P^\mathsf{T}U)\boldsymbol{c} = P^\mathsf{T}\boldsymbol{u}_l$ for $\boldsymbol{c}$
7: $\quad$ $\boldsymbol{r} = \boldsymbol{u}_l - U\boldsymbol{c}$
8: $\quad$ $[|\rho|, \varrho_l] = \max\{|\boldsymbol{r}|\}$
9: $\quad$ $U \leftarrow [U\ \boldsymbol{u}_l]$, $P = [P\ \boldsymbol{e}_{\varrho_l}]$
10: **end for**

と定義する．このとき，$\boldsymbol{g}$ を $\hat{\boldsymbol{g}}$ で近似する誤差は，

$$\|\boldsymbol{g} - \hat{\boldsymbol{g}}\|_2 \leq \underbrace{\|(P^\mathsf{T}U)^{-1}\|_2}_{=:C} \|(I - UU^\mathsf{T})\boldsymbol{g}\|_2 \tag{6.16}$$

と評価できる．特に，定数 C について次の評価が成り立つ：

$$C \leq (1 + \sqrt{2n})^{m-1} \|\boldsymbol{u}_1\|_\infty^{-1}. \tag{6.17}$$

この評価においては，(6.16) が本質的である．すなわち，$\hat{\boldsymbol{g}}$ による近似の誤差は，像空間 range(U) における最適な近似誤差 $\|(I - UU^\mathsf{T})\boldsymbol{g}\|_2$ の高々 $\|(P^\mathsf{T}U)^{-1}\|_2$ 倍で抑えられる．定数 C の評価 (6.17) は，P を貪欲法で構成した場合の最悪ケースの評価であり，実用的な評価ではない．実際，最適な近似誤差の何倍程度かを定量的に評価するには，実際に計算した P を用いて，$\|(P^\mathsf{T}U)^{-1}\|_2$ を数値的に評価すればよい．

そのため，以下では，C の評価の証明は省略し，(6.16) までの証明を記す．

証明 像空間 range(U) における $\boldsymbol{g}$ の最適近似を $\boldsymbol{g}_*$ と表すと，

$$\boldsymbol{g}_* = UU^\mathsf{T}\boldsymbol{g}$$

である．ここで，

$$\boldsymbol{g} = (\boldsymbol{g} - \boldsymbol{g}_*) + \boldsymbol{g}_* = \boldsymbol{w} + \boldsymbol{g}_* \tag{6.18}$$

と分解する．この $\boldsymbol{w}$ は $\boldsymbol{w} = (I - UU^\mathsf{T})\boldsymbol{g}$ と表せる．

また，$\mathbb{P} = U(P^\mathsf{T}U)^{-1}P^\mathsf{T}$ と定義すると，$\mathbb{P}^2 = \mathbb{P}$ が成り立つため，$\mathbb{P}$ は射影作用素とみなせる．この $\mathbb{P}$ を用いると，$\hat{\boldsymbol{g}}$ は

$$\hat{\boldsymbol{g}} = \mathbb{P}\boldsymbol{g} = \mathbb{P}(\boldsymbol{w} + \boldsymbol{g}_*) = \mathbb{P}\boldsymbol{w} + \mathbb{P}\boldsymbol{g}_* = \mathbb{P}\boldsymbol{w} + \boldsymbol{g}_* \tag{6.19}$$

と表せる．式 (6.18) と (6.19) を比べると，

$$\|\boldsymbol{g} - \hat{\boldsymbol{g}}\|_2 = \|(I - \mathbb{P})\boldsymbol{w}\|_2 \leq \|I - \mathbb{P}\|_2 \|\boldsymbol{w}\|_2$$

が成り立つ．特に，$\|(I - \mathbb{P})\boldsymbol{w}\|_2$ については，次の評価が成り立つ：

$$\|I - \mathbb{P}\|_2 = \|\mathbb{P}\|_2 = \|U(P^\mathsf{T}U)^{-1}P^\mathsf{T}\|_2$$
$$\leq \underbrace{\|U\|_2}_{=1}\|(P^\mathsf{T}U)^{-1}\|_2\underbrace{\|P^\mathsf{T}\|_2}_{=1} = \|(P^\mathsf{T}U)^{-1}\|_2.$$

なお，最初の等号については，例えば [112] などを参照されたい． $\square$

最終的に，DEIM を利用した縮減モデルは

$$\frac{\mathrm{d}}{\mathrm{d}t}\boldsymbol{z}(t) = \hat{A}\boldsymbol{z}(t) + V^\mathsf{T}\mathbb{P}\boldsymbol{g}(V\boldsymbol{z}(t)) \tag{6.20}$$

となる．このモデルに対し，定理 6.2 に対応する以下のような誤差評価が成り立つ [28]：

$$\int_0^T \|\boldsymbol{u}(t) - V\boldsymbol{z}(t)\|^2\,\mathrm{d}t$$
$$\leq C(T)\left(\int_0^T \|\boldsymbol{u}(t) - VV^\mathsf{T}\boldsymbol{u}(t)\|^2\,\mathrm{d}t + \int_0^T \|\boldsymbol{g}(t) - UU^\mathsf{T}\boldsymbol{g}(t)\|^2\,\mathrm{d}t\right).$$

6.7　KdV 方程式を通した縮減モデルの理解

ここでは，具体的な偏微分方程式を通して，上述の縮減手法のアルゴリズムの理解を深めたい．そこで，例題として **KdV 方程式**（Korteweg–de Vries equation）を取り上げる：

$$u_t + 6uu_x + u_{xxx} = 0 \quad \left(\text{すなわち } \frac{\partial u}{\partial t} = -6u\left(\frac{\partial u}{\partial x}\right) - \frac{\partial^3 u}{\partial x^3}\right). \tag{6.21}$$

モデル縮減が真に有用になるのは，偏微分方程式の空間が 2 次元以上の場合であり，このようなときには空間変数を差分法や有限要素法で離散化した結果現れる常微分方程式は高自由度になる（n が非常に大きくなる）．一方で，KdV 方程式は，空間 1 次元の偏微分方程式であり，その意味で，あまりモデル縮減の例題として用いられることは多くない．しかし，本章では，次のような理由で KdV 方程式を取り上げる．

- KdV 方程式はソリトン解を持つ偏微分方程式として有名であり，方程式も一見とてもシンプルだが，実は想像する以上に数値計算は難しい．より具体的にいえば，標準的な差分法などで空間変数を離散化し，Runge–Kutta 法などで時間発展を計算すると，ある時点から次第に近似解が不可解な挙動を示し，その後発散したりすることがある．そのため，偏微分方程式に対する構造保存数値解法を学ぶ上でも，いろいろな解法を試すことで，非常に勉強になる．他方，空間 1 次元であるがゆえに，プログラムを書いて実行すること自体に大きな困難はない．
- 非線形項 uu_x がとてもシンプルな項であることから，DEIM を用いた縮

減モデルの計算効率が高いことを直感的に理解しやすい.

- 一点目とも関連するが,とはいえ,標準的な POD と DEIM の組合せでは,縮減モデルに対する近似解の性能の観点で,後述するように限界があり,より最先端の手法を学んだり開発する動機付けになる.

KdV 方程式の空間変数を標準的な差分法で離散化しよう(他の手法で離散化しても,以下,同様の議論を続けることができる).境界条件は周期境界条件を仮定する.空間の区間を $[0, L]$ とし,等間隔に n 分割し,$\Delta x = L/n$ とき,$x_i = i\Delta x \ (i = 1, \ldots, n)$ とおく.点 (t, x_i) における $u(t, x_i)$ の近似解を $u_i(t)$ と書くこととし,$i = 1, \ldots, n$ に対してまとめて

$$
\boldsymbol{u}(t) = \begin{bmatrix} u_1(t) \\ \vdots \\ u_n(t) \end{bmatrix}
$$

と表す.

差分スキームを表すため,次の四つの行列を準備する:

$$
D_+ = \frac{1}{\Delta x} \begin{bmatrix} -1 & 1 & & \\ & -1 & 1 & \\ & & \ddots & \ddots \\ 1 & & & -1 \end{bmatrix},
$$

$$
D_1 = \frac{1}{2\Delta x} \begin{bmatrix} & 1 & & -1 \\ -1 & & 1 & \\ & \ddots & & \ddots \\ 1 & & -1 & \end{bmatrix},
$$

$$
D_2 = \frac{1}{\Delta x^2} \begin{bmatrix} -2 & 1 & & 1 \\ 1 & -2 & 1 & \\ & \ddots & \ddots & \ddots \\ 1 & & -2 & 1 \end{bmatrix} (= D_1^\mathsf{T} D_1 = D_1 D_1^\mathsf{T}),
$$

$$
D_3 = D_1 D_2 (= D_2 D_1).
$$

これら四つの行列のうち,D_+ と D_1 は 1 階差分作用素に対応する(D_+ は前進差分,D_1 は中心差分であり,D_+^T は後退差分に対応する).また,D_2 と D_3 はそれぞれ 2 階差分と 3 階差分に対応する.これらの準備のもと,KdV 方程式を次のように離散化しよう:

$$
\frac{\mathrm{d}}{\mathrm{d}t} \boldsymbol{u} = -D_3 \boldsymbol{u} - 6\boldsymbol{u} \odot (D_1 \boldsymbol{u}). \tag{6.22}
$$

ただし,$\boldsymbol{u} \odot \boldsymbol{v}$ は $\boldsymbol{u}$ と $\boldsymbol{v}$ のアダマール積(要素ごとの積)を表すものとする.この方程式は,(6.14) において

$$A = -D_3, \quad \boldsymbol{g}(\boldsymbol{u}) = -6\boldsymbol{u} \odot (D_1\boldsymbol{u})$$

と置いたものに対応する．縮減モデルにおいて $\hat{A} = V^\mathsf{T}AV$ は $r \times r$ 型行列であるから，6.5 節で述べたように，基本的には計算量の削減が達成される[*1]．一方で，$\boldsymbol{g}(\boldsymbol{u})$ の扱いは次のようになる．縮減モデルでは，

$$V^\mathsf{T}U(P^\mathsf{T}U)^{-1}P^\mathsf{T}\boldsymbol{g}(V\boldsymbol{z}(t))$$
$$= V^\mathsf{T}U(P^\mathsf{T}U)^{-1}P^\mathsf{T}\big(-6(V\boldsymbol{z}) \odot (D_1V\boldsymbol{z})\big)$$

を扱うが，これはよく考えれば

$$\underbrace{V^\mathsf{T}U(P^\mathsf{T}U)^{-1}}_{r \times m}\big(-6(P^\mathsf{T}V\boldsymbol{z}) \odot (P^\mathsf{T}D_1V\boldsymbol{z})\big)$$

である．$P^\mathsf{T}V \in \mathbb{R}^{m \times r}$ や $P^\mathsf{T}D_1V \in \mathbb{R}^{m \times r}$ をあらかじめ計算しておけば，この評価にかかる演算量は n に依存しない．

次に，フルモデルのパラメータと，縮減モデルに生成に必要なスナップショット行列について述べる．まず，$L = 20$，$n = 500$ とする．また，KdV 方程式の初期値は

$$u(0, x) = 4.5\,\mathrm{sech}^2\left(\frac{3}{2}(x - 10)\right) \tag{6.23}$$

とする（形状を図 6.1 に示す）．これは，無限区間におけるソリトン解であり（$x = 0$ や $x = 20$ では十分に減衰している），時間発展とともに，波が形状を変えずに右に進み，右端に到達すると，周期境界条件から左端に移動する．時間刻み幅を $h = 0.005$ とし，中点則を用いて $T = 3$ まで計算した結果をスナップショット行列とする．すなわち，$s = 600$ である．時刻 $t = ih$ の近似解を $\boldsymbol{u}_i$ と書き，POD 縮減行列 V を求めるためのスナップショット行列を

$$V = [\boldsymbol{u}_1, \ldots, \boldsymbol{u}_s]$$

とする．ここで，添字の混乱を避けるため，初期値はスナップショット行列の要素から除外したが，大勢に影響はない．

スナップショット行列の特異値分布を図 6.2 に示す．この例の場合，おおよそ $250 \sim 300$ 番目以降の特異値はほぼ 0 であることが分かる．そのため，$r = 250$ 程度に設定し縮減モデルを構築すれば，非常に良い近似ができそうであることは想像に難くない．そこで，初期値を低次元空間に射影したときの形状の変化を観察してみよう．図 6.3 は，様々な r に対し，$VV^\mathsf{T}\boldsymbol{u}_0$ を描画した

[*1]　注意 6.4 で述べたように，今回の例では A が疎行列であるため注意が必要である．KdV 方程式のように，特に空間 1 次元の偏微分方程式由来の問題に対しては，A の疎性によっては，必ずしも縮減モデルが効率的とは限らないが，ここでは，本節の冒頭で述べたように，POD や DEIM の理解を優先して，KdV 方程式に対する縮減モデルの議論を進める．

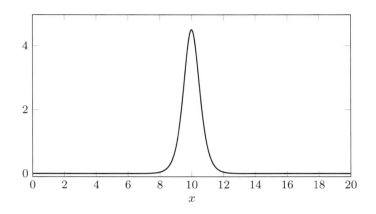

図 6.1　KdV 方程式の初期値 (6.23).

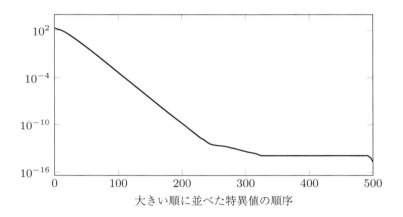

大きい順に並べた特異値の順序

図 6.2　スナップショット行列の特異値分布.

ものである．流石に，$r = 10$ ではソリトンの形状は捉えられていない．一方で，少しずつ r を大きくしていき，$r = 40$ では，若干の振動は見られるものの，ソリトンの形状は概ね保持されており，$r = 80$ では，図 6.1 とほぼ同一の形状であることが読み取れる．

　以上の観察のもと，以下の数値実験では $r = 80$ に設定する．DEIM による縮減モデルを構築するためのパラメータ m は，必ずしも r と同一にする必要はないが，ここでは簡単のため $m = r = 80$ とする．縮減モデルを中点則で離散化し，フルモデルの中点則による近似解（＝縮減モデルを構築するために用いたスナップショット）と比較したものが図 6.4 である．初期時刻から始め，$t = 1.5$ くらいまでは，フルモデルの近似解と遜色ない結果が得られているが，その後は徐々に振動が生じ，$t = 1.75$ では，本来 0 に減衰しているべき区間で大きな振動が生じている．実際，この後も数値計算を続けると，近似解は発散してしまう．

　縮減モデルを考える場合，定理 6.2 から分かるように，フルモデルと縮減モ

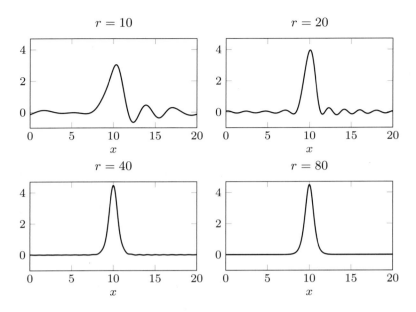

図 6.3 KdV 方程式の初期値 (6.23) の低次元空間への射影.

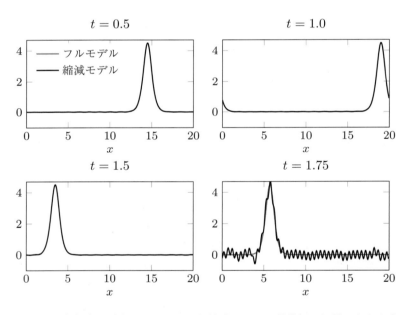

図 6.4 KdV 方程式に対するフルモデルと縮減モデルの数値解の比較. どちらも, 時間発展は時間刻み幅を $h = 0.005$ とする中点則で計算した.

デルの解は時間発展に伴って拡大する傾向にはあるものの, 直感的には, 少なくともスナップショット行列を作ったデータ区間 (上記の例では $t = 3$) においては, ある程度十分な近似が達成されることを期待したい. しかし, 以上の例が示すように, 過信は禁物であり, 縮減モデルの構築自体の工夫や, 時間発展の計算の工夫が必要となることも少なくない.

なお，KdV 方程式の場合，縮減モデルに対する近似解が発散することは次のように理解できる．まず，KdV 方程式は無限個の保存量を持つことが知られているが，その中でも，特に簡単な形式のものに

$$\mathcal{I}[u] = \frac{1}{2} \int_0^L u^2 \, \mathrm{d}x$$

がある．すなわち，KdV 方程式の解に沿って

$$\frac{\mathrm{d}}{\mathrm{d}t} \mathcal{I}[u] = 0$$

が成り立つ．KdV 方程式に対するフルモデル (6.22) は，実は $\mathcal{I}[u]$ の離散版である

$$\mathcal{I}_{\mathrm{d}}[\boldsymbol{u}] = \frac{1}{2} \Delta x \sum_{i=1}^{n} u_i^2$$

を保存する．すなわち，

$$\frac{\mathrm{d}}{\mathrm{d}t} \mathcal{I}_{\mathrm{d}}[\boldsymbol{u}] = 0$$

が成り立つ．この $\mathcal{I}_{\mathrm{d}}[u]$ は 2 次の保存量だから，フルモデル (6.22) を中点則で離散化すれば，その解に対して

$$\mathcal{I}_{\mathrm{d}}[\boldsymbol{u}_n] = \mathcal{I}_{\mathrm{d}}[\boldsymbol{u}_0] \quad (\text{この } n \text{ は時間の添字})$$

が成り立つ（→ 中点則が 2 次の保存量を再現することについては 2.3.3 節を参照）．そのため，フルモデルに対しては中点則により安定な計算が期待できる．一方で，対応する縮減モデルでは，$\mathcal{I}[u]$ に相当する保存量はそもそも失われており，微分方程式系そのものが保存系ではなくなっている．（他の数値計算法を適用しても同様だが）中点則で離散化したところで性質の良い数値計算を行える保証はない（これは，DEIM による縮減モデルでは常に不十分といっているわけではなく，KdV 方程式に対しては十分ではないことの一つの説明である）．実は，KdV 方程式に対しては，$\mathcal{I}[u]$ に相当する保存量を再現する縮減モデルを構築することができ，詳細は，次節やそこで議論される文献を参照されたい．

注意 6.5. 実は，$\mathcal{I}[u]$ に相当する保存量を持つことは，（近似）解が L^2 ノルムの意味で安定であることを意味しているものの，発散しないことまでは保証しない．しかし，そうはいっても，保存量を再現するような縮減モデルや離散化を考えることで，より性質のよい計算が可能になる．なお，KdV 方程式は，

$$\mathcal{H}[u] = \int_0^L \left(u^3 - \frac{1}{2} u_x^2 \right) \mathrm{d}x$$

という保存量を持ち，$\mathcal{I}[u]$ と $\mathcal{H}[u]$ の二つの保存量から，解の絶対値の上界がある定数で抑えられることが導かれる．

偏微分方程式に対して，保存量を再現するような空間離散化方法については，例えば，[24], [29], [39], [40], [77] などを参照されたい．このような手法は，離散変分導関数法（離散変分法）と呼ばれ，主に降簇，松尾らによって開発されてきた日本発の構造保存数値解法である[*2]．初期の頃の離散変分導関数法は，空間変数と時間変数の離散化を同時に行っているが，多くの場合，導出される数値解法は，適切な空間離散化で得られた常微分方程式に離散勾配法（→2.4.1節を参照），特に AVF 法を適用したものと一致する．しかし例外もあり，非線形シュレディンガー方程式などでは，空間変数と時間変数の離散化を同時に扱うことで，分けて扱うと導出できないような優れた解法が導かれることがある．

6.8 構造保存モデル縮減

ここまで考えてきた縮減モデルは，データにうまく合わせることのみを指導原理としていた．そのため，もとの方程式の物理的・数理的な構造は一般には失われる．しかし，もしそのような構造を再現する縮減モデルを構築できれば，安定性や定性的挙動の意味で様々な利点があると考えられる．

近年，多くの構造保存モデル縮減手法が提案されているが，ここでは，ハミルトン系に対してシンプレクティック性やエネルギー保存則に着目した手法を紹介する．

6.8.1 ハミルトン系

ハミルトン系

$$\frac{\mathrm{d}}{\mathrm{d}t}\boldsymbol{u}(t) = \boldsymbol{f}(\boldsymbol{u}(t)) = J_{2\tilde{n}}\nabla_{\boldsymbol{u}}H(\boldsymbol{u}(t)) \tag{6.24}$$

を考えよう．ハミルトン系に対する POD 縮減行列による縮減モデルは

$$\frac{\mathrm{d}}{\mathrm{d}t}\boldsymbol{z}(t) = V^{\mathsf{T}}J_{2\tilde{n}}\nabla_{\boldsymbol{y}}H(V\boldsymbol{z}(t))$$

であるが，これがハミルトン系であるためには，ある関数 $\tilde{H} : \mathbb{R}^{2\tilde{r}} \to \mathbb{R}$ を用いて右辺が

$$J_{2\tilde{r}}\nabla_{\boldsymbol{z}}\tilde{H}(\boldsymbol{z}(t))$$

と表現できなければならない．しかし，一般にこれは成り立たない．

2016 年に Peng, Mohseni によりシンプレクティックモデル縮減という考え方が提案された [96]．アイデアは，Galerkin 射影の代わりに以下で紹介するシンプレクティック射影を用いるというものである．具体的には，これまで縮減

[*2] 2 章では，常微分方程式に対する構造保存数値解法について述べたが，主に 2000 年頃からは偏微分方程式に対する構造保存数値解法の研究も盛んに行われている．離散変分導関数法はそのさきがけともいえる数値解法である．

128　第 6 章　モデル縮減

行列 V には正規直交性 $V^\mathsf{T} V = I_r$ を仮定していたが，代わりに

$$V^\mathsf{T} J_{2\tilde{n}} V = J_{2\tilde{r}}$$

を要請する．さらに，**シンプレクティック逆行列**（縮減行列 V は一般に矩形行列であるから，通常の意味の逆行列ではない）を

$$V^+ := J_{2\tilde{r}}^\mathsf{T} V^\mathsf{T} J_{2\tilde{r}}$$

で定義すると，これは

$$V^+ V = I_{2\tilde{r}}, \quad V^+ J_{2\tilde{n}} = J_{2\tilde{r}} V^\mathsf{T}$$

を満たす．また，

$$\tilde{H}(\boldsymbol{z}) := H(V\boldsymbol{z})$$

と定義する．

以上の準備のもと，優決定系

$$V\dot{\boldsymbol{z}} = J_{2\tilde{n}} \nabla_{\boldsymbol{y}} H(V\boldsymbol{z})$$

に左からシンプレクティック逆行列 V^+ を作用すれば，

$$\dot{\boldsymbol{z}} = V^+ J_{2\tilde{n}} \nabla_{\boldsymbol{y}} H(V\boldsymbol{z}) = J_{2\tilde{r}} V^\mathsf{T} \nabla_{\boldsymbol{y}} H(V\boldsymbol{z}) = J_{2\tilde{r}} \nabla_{\boldsymbol{z}} \tilde{H}(\boldsymbol{z})$$

が得られ，これはサイズが $2\tilde{r}$ のハミルトン系である．すなわち，ハミルトン系をサイズの小さなハミルトン系に縮減できたことになる．なお，最後の等式では連鎖律

$$\nabla_{\boldsymbol{z}} \tilde{H}(\boldsymbol{z}) = \nabla_{\boldsymbol{z}} H(V\boldsymbol{z}) = V^\mathsf{T} \nabla_{\boldsymbol{y}} H(V\boldsymbol{z})$$

を用いた．

縮減行列の作り方にも工夫が必要である．ここでは，$\boldsymbol{u}(t) = [\boldsymbol{q}(t)^\mathsf{T}, \boldsymbol{p}(t)^\mathsf{T}]^\mathsf{T}$ と表せる場合を考える．以下，[96] で提案されている 3 手法のうち 2 手法を述べる（もう 1 手法は非線形計画法を用いる手法である）．より直近に提案された手法としては，例えば [41] などを参照されたい．

- 余接リフト

    スナップショット行列を

$$Y = [\boldsymbol{q}_1, \boldsymbol{q}_2, \ldots, \boldsymbol{q}_s, \boldsymbol{p}_1, \boldsymbol{p}_2, \ldots, \boldsymbol{p}_s]$$

と定義し，対応する POD 縮減行列を $\Phi \in \mathbb{R}^{\bar{n} \times \bar{r}}$ とする．この POD 縮減行列を用いて，V を

$$V = \begin{bmatrix} \Phi & O \\ O & \Phi \end{bmatrix}$$

とする.

- 複素特異値分解

  スナップショット行列を

  $$Y = [\boldsymbol{q}_1 + \mathrm{i}\boldsymbol{p}_1, \boldsymbol{q}_2 + \mathrm{i}\boldsymbol{p}_2, \ldots, \boldsymbol{q}_s + \mathrm{i}\boldsymbol{p}_s]$$

  とし,複素特異値分解により得られる POD 縮減行列を $\Phi + \mathrm{i}\Psi$ とする.
  この POD 縮減行列を用いて,V を

  $$V = \begin{bmatrix} \Phi & -\Psi \\ \Psi & \Phi \end{bmatrix}$$

  とする.

注意 6.6. ハミルトン系をハミルトン系に縮減するアイデアは以上の通りだが,右辺に非線形を含む場合は,POD の場合と同様に,見かけ上の次元は小さくなっていても結局演算量は元のハミルトン系のサイズに依存する.したがって,実際に利用する際には例えば DEIM に相当するアイデアを組み込む必要がある.

近年では,**Vlasov 方程式**((4.23) において,電場 E が外的に与えられていて,粒子自身が作る電場の影響を考慮しない簡略化モデル)などへの応用も研究されている [115](一方で,Vlasov–Poisson 方程式については,単純な応用では必ずしも期待する性能が出ないという報告もある).

注意 6.7. 方程式によっては,ハミルトン系に縮約するよりも非正準ハミルトン系に縮約する方が利点があることもある [45].

6.8.2 エネルギー保存系

歪対称行列 $S \in \mathbb{R}^{n \times n}$ を用いて

$$\frac{\mathrm{d}}{\mathrm{d}t}\boldsymbol{u}(t) = \boldsymbol{f}(\boldsymbol{u}(t)) = S\nabla_{\boldsymbol{u}}H(\boldsymbol{u}(t)) \tag{6.25}$$

で定義される常微分方程式の解に対し,$H(\boldsymbol{u})$ は保存量である.このような常微分方程式に対する自然な縮減モデルは

$$\frac{\mathrm{d}}{\mathrm{d}t}\boldsymbol{z}(t) = V^{\mathsf{T}}S\nabla_{\boldsymbol{u}}H(V\boldsymbol{z}(t)) \tag{6.26}$$

であるが,この縮減モデルの解に対して $H(V\boldsymbol{z}(t))$ は必ずしも保存量ではない.そこで,この保存則を再現するような縮減を考えよう.

Gong らは

$$\frac{\mathrm{d}}{\mathrm{d}t}\boldsymbol{z}(t) = V^{\mathsf{T}}SVV^{\mathsf{T}}\nabla_{\boldsymbol{u}}H(V\boldsymbol{z}(t)) = S_r\nabla_{\boldsymbol{z}}\tilde{H}(\boldsymbol{z}(t)) \tag{6.27}$$

130 第 6 章 モデル縮減

なる縮減モデルを扱うことを提案している [42]. ここで, $S_r := V^\mathsf{T} S V$ は歪対称行列であり, また, $\tilde{H}$ の定義は $\tilde{H}(z) := H(Vz)$ であり, このとき $\nabla_z \tilde{H}(z) = V^\mathsf{T} \nabla_u H(Vz)$ である. このような縮減モデルを考えれば, 確かに $\tilde{H}(z)$ は保存量である. しかし, $VV^\mathsf{T} \neq I_n$ であるから, (6.27) は (6.26) とは異なる上, VV^T が単位行列 I_n に (何らかの意味で) 近いとも限らない. そのため, 縮減モデル (6.27) の解 $z(t)$ に対し, $Vz(t)$ が $u(t)$ の近似となっている保証はない.

この問題を解決する方策の一つとして, スナップショット行列 (6.7) を工夫することが考えられる. 例えば, [42] で提案されているように, $\mu > 0$ をある定数として

$$Y = [\boldsymbol{y}_1, \boldsymbol{y}_2, \ldots, \boldsymbol{y}_s, \mu \nabla_u H(\boldsymbol{y}_1), \mu \nabla_u H(\boldsymbol{y}_2), \ldots, \mu \nabla_u H(\boldsymbol{y}_s)] \in \mathbb{R}^{n \times 2s}$$

をスナップショット行列として用いることにしよう. すると, 対応する POD 縮減行列 V に対し, $VV^\mathsf{T} \nabla_u H(\boldsymbol{u})$ は $\nabla_u H(\boldsymbol{u})$ の良い近似とみなせそうである. 実際, [42] では誤差評価も与えられている.

注意 6.8. ポアソン系に代表されるように, より一般には歪対称行列 S が $\boldsymbol{u}$ に依存する場合を考えることも多い. そのような場合にも上記の Gong らの手法を原理的には適用可能であるが, $V^\mathsf{T} S(Vz) V$ を評価するコストが問題となる (素朴に考えると n に依存する). このような場合の対処法として, 例えば [83] では DEIM の考え方に立脚した手法が提案されている.

第 7 章
微分方程式の数値計算の不確実性定量化

　微分方程式を利用したデータサイエンスでは，現象の観測データなどから微分方程式内の未知パラメータを推定したり，さらに推定したパラメータを用いて将来の予測を行ったりする必要がある．そのためには，多くの場合，微分方程式を数値計算する必要がある．しかし，十分に高精度な数値計算が困難な状況では，数値計算の誤差が推定や予測に及ぼす影響を無視できないため，その影響をきちんと議論する必要がある．

　例えば，微分方程式を数値計算する際，必要以上に高精度に数値計算を行うことは安心感をもたらすかもしれない．しかし，特に従属変数が非常に多くスーパーコンピュータを利用するような大規模な問題に対しては，膨大な電力を必要とし，環境負荷も大きい．一方で，多くの応用分野では，必要最低限の精度は要求したいであろう．このような理由から，数値計算の精度を定量的に論ずる重要性が近年高まっている．ラフに表現すれば，数値計算結果が何桁くらい合っているのか，厳密ではないにせよ，極端に過大評価でも過小評価でもないように評価できることが望ましい．このような評価が可能になれば，必要以上に高精度計算を行っているユーザーには，あとどのくらいの効率化が可能かを示せるであろう．一方で，計算の精度が足りていない場合には，その影響を定量的に評価し，さらに必要な精度を達成するために追加でどれだけの計算コストが必要かを示すことも可能となるだろう．

　本章では，微分方程式のパラメータ推定への応用を念頭に，微分方程式の数値計算の誤差を定量的に評価する手法を紹介する．

7.1　微分方程式のパラメータや初期値の推定

7.1.1　問題設定
　微分方程式のパラメータ推定では，どのような推定手法を採用するにせよ，基本的には，（近似）解がデータによく適合するパラメータを探すことになる．

そのため，パラメータを変えて微分方程式を近似計算する手続きを何度も行う必要が生じる．

少し具体的に，次のような**状態空間モデル**を考えよう：

$$\text{システムモデル：} \quad \frac{\mathrm{d}}{\mathrm{d}t}\boldsymbol{u}(t) = \boldsymbol{f}(\boldsymbol{u}(t)), \quad \boldsymbol{u}(0) = \boldsymbol{\theta}, \tag{7.1}$$

$$\text{観測モデル：} \quad \boldsymbol{y}_i = \mathcal{O}(\boldsymbol{u}(t_i)) + \boldsymbol{w}_i. \tag{7.2}$$

ここで，$\mathcal{O}$ は観測演算子を表し，$\boldsymbol{w}_i$ は観測におけるノイズを表す確率変数とする．本章では正規分布を仮定する．

ここでの目的は，時系列の観測データ $\boldsymbol{y}_1, \boldsymbol{y}_2, \ldots, \boldsymbol{y}_n$ からシステムモデルの初期値 $\boldsymbol{\theta}$ を推定することである．これができれば，さらにシステムモデルをさらに先に時間発展することで，予測を行うこともできる．ここでは，システムモデルを常微分方程式として表現しているが，一般には，空間 2 次元や 3 次元の偏微分方程式を扱う応用分野が多い．このような定式化に基づいて初期値推定を行うことを，特にデータ同化の文脈では **4 次元変分法**という．4 次元変分法はしばしば 4dVar と呼ばれる．

注意 7.1. 「4 次元」という言い回しがしばしば誤解を招くことがあるため注意を述べる．そもそも，時間発展のない定常的なモデルの場合，通常，空間の次元は最大で 3 であり，そのときの**データ同化**手法が 3 次元変分法と呼ばれていた．そこから，時間変数が追加された定式化（すなわち次元が一つ増えた定式化）を考えるため，4 次元変分法と呼ばれている．したがって，4 次元の 4 は時間変数とほぼ同義であり，4 次元変分法といったときの対象は必ずしも空間 3 次元の時間発展型偏微分方程式というわけではない．

注意 7.2. 微分方程式の右辺 $\boldsymbol{f}$ にパラメータを含む場合，システムモデルは (7.1) の代わりに

$$\frac{\mathrm{d}}{\mathrm{d}t}\boldsymbol{u}(t) = \boldsymbol{f}(\boldsymbol{u}(t), \boldsymbol{\theta}), \quad \boldsymbol{u}(0) = \boldsymbol{u}_0(\boldsymbol{\theta})$$

のような定式化になる．また，確率微分方程式などを考えることも少なくない．本章では，$\boldsymbol{\theta}$ は有限次元であることを仮定するが，特に，偏微分方程式を扱う場合には，$\boldsymbol{\theta}$ は関数に相当する無限次元のパラメータであることもある．

注意 7.3. 以上のような問題設定は，予測分布とフィルタ分布を逐次的に求める逐次データ同化とは対照的に，一定の時間区間の観測データが得られた状況で，初期時刻（すなわち，観測が得られている時刻から比べて過去の時刻）の状態を推定することが基本的な考え方であり，非逐次データ同化と呼ばれる．

7.1.2 推定手法

状態空間モデル (7.1), (7.2) を考える．ここでは，上述の通り，観測データ

$\boldsymbol{y}_1, \boldsymbol{y}_2, \ldots, \boldsymbol{y}_n$ が得られた状況で，システムモデルの初期値 $\boldsymbol{\theta}$ を推定する問題を考える．推定手法について，代表的なものを二つ述べる．なお，以下では，観測のベクトル $\boldsymbol{y}_i$ は m 次元ベクトルであるとする．

一つ目は**最尤推定**である．簡単のため，観測ノイズ $\boldsymbol{w}_i$ は独立同一分布に従い，その分布は平均 $\boldsymbol{0}$，分散 Γ の正規分布 $\mathrm{N}(\boldsymbol{0}, \Gamma)$ とする．このとき，尤度関数は

$$L(\boldsymbol{\theta} \mid \{\boldsymbol{y}\}_{n=1}^n)$$
$$= \prod_{i=1}^n \frac{1}{(2\pi)^{d/2}\sqrt{\det(\Gamma)}} \exp\left(-\frac{1}{2}(\boldsymbol{y}_i - \mathcal{O}(\boldsymbol{u}(t_i; \boldsymbol{\theta})))^\mathsf{T} \Gamma^{-1} (\boldsymbol{y}_i - \mathcal{O}(\boldsymbol{u}(t_i; \boldsymbol{\theta})))\right)$$

であるから，最尤推定量 $\hat{\boldsymbol{\theta}}_{\mathrm{ML}}$ は

$$\hat{\boldsymbol{\theta}}_{\mathrm{ML}} = \operatorname*{argmax}_{\boldsymbol{\theta} \in \Theta} L(\boldsymbol{\theta} \mid \{\boldsymbol{y}\}_{i=1}^n)$$
$$= \operatorname*{argmin}_{\boldsymbol{\theta} \in \Theta} \sum_{i=1}^n \frac{1}{2}(\boldsymbol{y}_i - \mathcal{O}(\boldsymbol{u}(t_i; \boldsymbol{\theta})))^\mathsf{T} \Gamma^{-1} (\boldsymbol{y}_i - \mathcal{O}(\boldsymbol{u}(t_i; \boldsymbol{\theta}))) \quad (7.3)$$

で与えられる．この最適化問題を何らかの最適化手法を用いて解けばよいのだが，一般に厳密解 $\boldsymbol{u}(t_i; \boldsymbol{\theta})$ を利用することはできない．そのため，通常は厳密解の代わりに近似解 $\boldsymbol{u}_i(\boldsymbol{\theta}) \approx \boldsymbol{u}(t_i; \boldsymbol{\theta})$ を利用して，

$$\hat{\boldsymbol{\theta}}_{\mathrm{QML}} = \operatorname*{argmin}_{\boldsymbol{\theta} \in \Theta} \sum_{i=1}^n \frac{1}{2}(\boldsymbol{y}_i - \mathcal{O}(\boldsymbol{u}_i(\boldsymbol{\theta})))^\mathsf{T} \Gamma^{-1} (\boldsymbol{y}_i - \mathcal{O}(\boldsymbol{u}_i(\boldsymbol{\theta}))) \quad (7.4)$$

を解くことになる．ここで，ML は最尤推定（maximum likelihood）の頭文字であり，QML は準最尤推定（quasi-maximum likelihood）の頭文字を取ったものである．以下では，(7.4) のような定式化を準最尤推定と呼ぶこととする．

さて，準最尤推定量を何らかの勾配法を用いて求めるためには，目的関数の $\boldsymbol{\theta}$ についての勾配計算が必要である．その際には，3 章で論じた随伴法（特に，随伴方程式の適切な離散化手法）を活用すればよい．また，ヘッセ行列を利用する最適化手法を適用するならば，3.4 節の方法が活用できる．

二つ目はベイズ推定である．推定したい初期値（やパラメータ）$\boldsymbol{\theta}$ について，何らかの事前知識がある場合には，ベイズ推定が利用されることも少なくない．初期値 $\boldsymbol{\theta}$ の事前分布を $\pi(\boldsymbol{\theta})$ とする．尤度関数を $L(\boldsymbol{\theta} \mid \{\boldsymbol{y}\}_{i=1}^n)$ とすると，事後分布は

$$\pi(\boldsymbol{\theta} \mid \{\boldsymbol{y}\}_{i=1}^n) \propto \pi(\boldsymbol{\theta}) L(\boldsymbol{\theta} \mid \{\boldsymbol{y}\}_{i=1}^n) \quad (7.5)$$

となる．もちろん，実際の計算には，最尤推定の場合と同様に近似解が利用される．事後分布からのサンプリングには，**MCMC 法**（マルコフ連鎖モンテカルロ法）などが利用されることが多い．分布全体の形状を把握することで，信用区間を求めるなどして，推定結果に対する信頼性評価も同時に行うことが期待される．一方で，$\boldsymbol{\theta}$ が高次元の場合，高次元空間からのサンプリングが必要

になる．そのような場合は，事後分布からのサンプリングそのものが難しいことが多く，代わりに，事後分布を最大にする θ（MAP 解と呼ばれる）やその信頼性について議論されることも多い．

MAP 解を考える場合，勾配法を利用するならば，事後分布の密度関数 (7.5) の θ についての勾配計算が必要となる．そのため，最尤推定の場合と同様に，なかば必然的に随伴法が必要となる．このことから，研究・応用分野によっては，4 次元変分法のことを，ほぼ同義語のように**随伴法**（adjoint method）と呼ぶこともある．

7.2　微分方程式の数値計算の誤差が推定に与える影響

微分方程式の数値計算の誤差が初期値やパラメータの推定に与える影響について考えよう．もちろん，直感的には，例えば観測ノイズに比べて十分に正確な数値計算ができるのであれば，数値計算の誤差が推定に与える影響は極めて限定的であることが予想される．しかし，発展方程式の数値計算の誤差は，通常，時間発展とともに蓄積していくものであり，しかも，指数的に増えていくこともある．したがって，十分に正確な数値計算が現実的にいつでも可能かというとそうではない．そこで本節では，簡単な例題を通して，微分方程式の数値計算の誤差が推定に与える影響について議論する．

7.2.1　最尤推定

再び，状態空間モデル (7.1), (7.2) において，観測データをもとに微分方程式の初期値 θ を推定する問題を考えよう．以下では，最尤推定量 (7.3) と準最尤推定量 (7.4) を比べたとき，準最尤推定にはバイアスが生じることを観察する．

簡単な例として調和振動子

$$\frac{\mathrm{d}}{\mathrm{d}t}\boldsymbol{u}(t;\boldsymbol{\theta}) = \begin{bmatrix} 0 & 1 \\ -1 & 0 \end{bmatrix} \boldsymbol{u}(t;\boldsymbol{\theta}), \quad \boldsymbol{\theta}(0;\boldsymbol{\theta}) = \boldsymbol{\theta} \in \mathbb{R}^2$$

を考える．観測モデルは

$$\boldsymbol{y}_i = \boldsymbol{u}(t_i;\boldsymbol{\theta}^*) + \boldsymbol{w}_i, \quad \boldsymbol{w}_i \sim \mathrm{N}(\boldsymbol{0}, \gamma^2 I)$$

とする．また，簡単のため $t_n = n\Delta T$ とする．ここで，ΔT は観測の間隔であり，近似計算するために用いる数値解法の刻み幅 h とは異なる．通常，刻み幅 h は ΔT よりずっと小さく取る．以下では，簡単のため $\Delta T/h$ が自然数になるような状況を考える．

初期値 θ に対する厳密解は

$$\boldsymbol{u}(t_n;\boldsymbol{\theta}) = M^n\boldsymbol{\theta}, \quad M = \begin{bmatrix} \cos(\Delta T) & \sin(\Delta T) \\ -\sin(\Delta T) & \cos(\Delta T) \end{bmatrix}$$

と表される．一方で，Runge–Kutta 法（RK 法）による近似解は，RK 法ごと
に定まる行列 $\tilde{M}$ を用いて

$$\boldsymbol{u}_n(\boldsymbol{\theta}) = \tilde{M}^n \boldsymbol{\theta}$$

と書ける．例えば陽的 Euler 法の場合は

$$\tilde{M} = \begin{bmatrix} 1 & h \\ -h & 1 \end{bmatrix}^{\Delta T/h}$$

である．

　RK 法を用いた場合の準最尤推定量を計算しよう．観測ノイズの分散が $\gamma^2 I$
であることより，準最尤推定量は

$$\hat{\boldsymbol{\theta}}_{\mathrm{QML}} = \underset{\boldsymbol{\theta}}{\operatorname{argmin}} \sum_{i=1}^{n} \frac{1}{2\gamma^2} \| \tilde{M}^i \boldsymbol{\theta} - \boldsymbol{y}_i \|^2$$

である．右辺の目的関数は $\boldsymbol{\theta}$ についての 2 次関数であるから，この最適化問題
は陽に解けて，

$$\hat{\boldsymbol{\theta}}_{\mathrm{QML}} = \left(\sum_{i=1}^{n} (\tilde{M}^i)^\mathsf{T} (\tilde{M}^i) \right)^{-1} \left(\sum_{i=1}^{n} (\tilde{M}^i)^\mathsf{T} \boldsymbol{y}_i \right)$$

$$= \boldsymbol{\theta}^* + \boldsymbol{b} + \sum_{i=1}^{n} A_i \boldsymbol{w}_i \quad \sim \quad \mathrm{N}\left(\boldsymbol{\theta}^* + \boldsymbol{b}, \gamma^2 \sum_{i=1}^{n} A_i A_i^\mathsf{T} \right)$$

を得る．ただし，

$$\boldsymbol{b} = \left(\sum_{i=1}^{n} (\tilde{M}^i)^\mathsf{T} (\tilde{M}^i) \right)^{-1} \sum_{i=1}^{n} (\tilde{M}^i)^\mathsf{T} (M^i - \tilde{M}^i) \boldsymbol{\theta}^*,$$

$$A_i = \left(\sum_{i=1}^{n} (\tilde{M}^i)^\mathsf{T} (\tilde{M}^i) \right)^{-1} (\tilde{M}^i)^\mathsf{T}$$

である．ここで，

$$\boldsymbol{\theta}^* = \left(\sum_{i=1}^{n} (\tilde{M}^i)^\mathsf{T} (\tilde{M}^i) \right)^{-1} \sum_{i=1}^{n} (\tilde{M}^i)^\mathsf{T} (\tilde{M}^i) \boldsymbol{\theta}^*$$

であることに注意すれば，この式変形は，平均を $\boldsymbol{\theta}^*$ とそこからのずれ（$= \boldsymbol{b}$）
の形で表現したものである．RK 法について，$M \neq \tilde{M}$ であるから，一般に
$\boldsymbol{b} \neq \boldsymbol{0}$ であり，この $\boldsymbol{b}$ のことを準最尤推定量のバイアスという．さらに，準最
尤推定について平均二乗誤差を計算すると

$$\mathrm{E}_{\boldsymbol{\theta}}\left[\| \hat{\boldsymbol{\theta}}_{\mathrm{QML}} - \boldsymbol{\theta}^* \|^2 \right] = \| \boldsymbol{b} \|^2 + \gamma^2 \sum_{i=1}^{n} \mathrm{trace}(A_i A_i^\mathsf{T})$$

$$= \| \boldsymbol{b} \|^2 + \gamma^2 \, \mathrm{trace}\left(\sum_{i=1}^{n} (\tilde{M}^i)^\mathsf{T} (\tilde{M}^i) \right)^{-1} \tag{7.6}$$

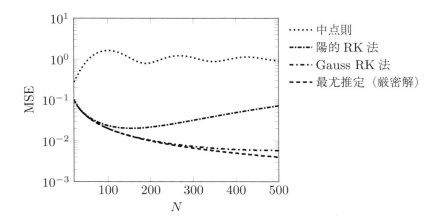

図 7.1 調和振動子に対し，データ数 N を変化させたときの最尤推定（ML）と準最尤推定（QML）の平均二乗誤差（MSE）の振舞い．パラメータの真値は $\boldsymbol{\theta} = (1,0)^\mathsf{T}$，観測と離散化のパラメータは $\Delta T = 2, h = 0.5$ である．また，$\gamma^2 = 1.0$ とした．図からは判別が難しいかもしれないが，図の中の線の上からの順序と，凡例の順序は一致している．

となる．一方で，最尤推定 $\hat{\boldsymbol{\theta}}_{\mathrm{ML}}$ に対する平均二乗誤差は，(7.6) において $\tilde{M} = M$ を代入することで求められ，

$$\mathrm{E}_{\boldsymbol{\theta}}[\|\hat{\boldsymbol{\theta}}_{\mathrm{ML}} - \boldsymbol{\theta}^*\|^2] = \gamma^2 \operatorname{trace}\left(\sum_{i=1}^n (M^i)^\mathsf{T}(M^i)\right)^{-1} = \frac{2\gamma^2}{n}$$

である．

以上に議論により，最尤推定量に関しては，観測数 n を大きくすれば平均二乗誤差は単調に小さくなる一方で，準最尤推定量については，(7.6) の右辺にあるバイアス $\|\boldsymbol{b}\|^2$ の影響により，平均二乗誤差が 0 に収束することはない．また，最右辺の第二項に相当する項についても，n を大きくしても必ずしも 0 に漸近するわけではない．

もう少し具体的に平均二乗誤差を考察をしてみよう．ここでは，中点則（2次），4段4次の陽的 RK 法，4次の Gauss RK 法を取り上げ，観測数 n を変化させたときの平均二乗誤差の振舞いを図 7.1 に示した．比較のため，厳密解を利用した最尤推定についての振舞いも示しており，確かに n を大きくすれば平均二乗誤差は単調に小さくなっていることが読み取れる．一方で，各種数値解法を用いた場合にはそれぞれの様子は大きく異なっている．

中点則 中点則は 2 次精度解法であり，また，刻み幅も $h = 0.5$ と大きめの設定であるため，そもそも数値解の誤差が大きく，n を増やすことで最小二乗誤差が小さくなるような振舞いは見られない．一方で，中点則による近似解の軌道は，図 2.4 で見たように常に円軌道である．そのため，誤差は蓄積しても，円軌道であることは変わりないため，推定された初期値のノ

7.2 微分方程式の数値計算の誤差が推定に与える影響　**137**

ルムは 1 から著しく乖離することはない．そのため，n を大きくしたとき
にはふらふらとした振舞いになっている．

4 段 4 次の陽的 RK 法 RK 法は中点則よりは精度が良く，n を大きくしてい
くと，はじめのうちは，（厳密解を用いた）最尤推定の場合に非常に近い振
舞いが観察される．しかし，徐々に誤差が蓄積されていき，しばらくする
と平均二乗誤差は大きくなっていく傾向が読み取れる．この図には載せて
いないが，同じ設定のもと n を大きくしていくと，$n \approx 2500$ あたりで中
点則よりも平均二乗誤差が大きくなる．

Gauss RK 法 Gauss RK 法は 4 段 4 次の RK 法と同じく 4 次精度解法であ
るが，陽的 RK 法の場合と比べると，より最尤推定に近い振舞いが観察さ
れる．これは，4 次精度であるだけでなく，中点則と同様に近似解は厳密
に円軌道になることから，RK 法よりも優れた振舞いになっていると解釈
できる．ただし，n を大きくしていくと，陽的 RK 法の場合と同様に増大
に転ずる（ただし，増加の振舞いは陽的 RK 法とは異なる）．

以上より，次のことが考察できる．

- 同じ精度（次数）の近似解を用いても，また，それらが一見安定に計算で
きているように見えても，推定の様子は大きく異なり得る．この例に関し
ては，構造保存数値解法を用いることの有用性も示唆される．

- 観測が得られている時間区間全体にわたって十分高精度な数値計算が期待
できるという状況でなければ，限られた計算資源の中で適切な数値解法や
刻み幅を設定することは自明ではないことも読み取れる．

したがって，数値計算の誤差が推定に与える影響は，注意深く考える必要があ
り，そのための第一歩として，数値計算の誤差を定量的に評価することが重要
となる．

7.2.2 ベイズ推定

もう一つ，ベイズ推定における例も見てみよう．例題として，**FitzHugh–
Nagumo 方程式**（以下，しばしば FN 方程式と記す）

$$\frac{\mathrm{d}}{\mathrm{d}t} \begin{bmatrix} V \\ R \end{bmatrix} = \begin{bmatrix} c\left(V - \dfrac{V^3}{3} + R\right) \\ -\dfrac{1}{c}(V - a + bR) \end{bmatrix}, \quad \begin{bmatrix} V(0) \\ R(0) \end{bmatrix} = \begin{bmatrix} 1 \\ -1 \end{bmatrix} \tag{7.7}$$

に対し，時系列観測データからパラメータである (a, b, c) を推定する問題を考
える．このような文脈で，数値計算の影響は次のように発生する．事後分布
(7.5) から MCMC 法などを用いてサンプリングを行う際，提案分布からのサ
ンプリングに対して尤度関数を評価する必要がある．ここで，当然厳密解は使
えないため，通常はしれっと近似解で代用する．この近似解の精度が低いと何
が起こるかを見てみよう．

138　第 7 章　微分方程式の数値計算の不確実性定量化

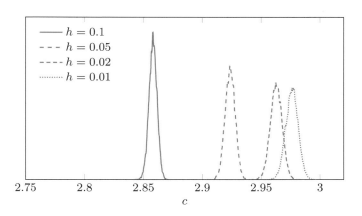

図 7.2 FitzHugh–Nagumo 方程式に対し，パラメータ c に対する事後分布からのサンプリング結果．サンプリングの過程では陽的 Euler 法を用いた．このとき，4 通りの Δt を試し，それらの結果を示したものである．なお，この実験では，標準的なランダムウォーク Metropolis–Hastings 法を用いたが，文献 [31] では，異なる MCMC 法を用いてこの図と非常に近い結果が報告されている．

ここでは，観測データは人工的に生成する．パラメータ $(a, b, c) = (0.2, 0.2, 3)$ に対する厳密解（に十分近い解）を考え，時刻 $t = 5.0, 5.2, \ldots, 50.0$ においてガウスノイズを付加した値を観測データとして用いる．また，事前分布としては，正解パラメータを中心とする正規分布を用いた．これらは，かなり恣意的ではあるが（多くの問題では，現象に対して微分方程式のモデリングにも不確実性があったりする上，観測ノイズがガウスノイズで分散が既知というのも時として強すぎる仮定である），この設定でも問題が生ずることを示すためである．

図 7.2 は，MCMC 法によるサンプリングの過程で尤度関数を評価するときに，厳密解の代わりに陽的 Euler 法を用いると，対応する事後分布（の近似）がどのような形状になるかを示したものである．刻み幅として 4 通り試した結果，特に顕著な違いが現れるパラメータ c についての事後分布からのサンプリング結果を示している[*1)*2)]．いずれのパラメータについても，小さな刻み幅を用いるほど，事後分布の中心は，正解パラメータに近づいていることが観察される．この観察は，期待通りの振舞いであろう．問題は，大きな刻み幅を用いたときの事後分布の形状にある．特に刻み幅が一番大きい $h = 0.1$ のときの結果を見てみると，分布の形状の裾が狭く，すなわち，事後分布の分散が最も小さい．いまは，いくつかの刻み幅を用いたときの結果を比べているため，この結果は明

---

*1) FitzHugh–Nagumo モデルは，容易に高精度計算が可能だが，ここでは数値計算の精度が異なるときの比較が主目的であるため，あえて 1 次精度解法である陽的 Euler 法を比較的大きめの刻み幅で利用した．

*2) サンプリングから事後分布の密度関数を推定し，その結果をプロットした．

らかに不自然であることが分かるが，もし，$h = 0.1$ のときの結果だけを見た場合，ともすると，この推定はとても信頼できるように判断してしまいかねない．

このような不思議な近似事後分布が得られることは，次のように直感的に理解できる．そもそも，この実験においては，（離散化誤差の影響に焦点を当てるため）微分方程式モデルに不確実性はないと仮定しているため，近似事後分布の分散は，事前分布の設定，観測の不確実性（観測ノイズ），数値計算の不確実性（数値計算の誤差）のみの影響を受ける．刻み幅 h を変えたときには，数値計算の不確実性のみ変化し，特に刻み幅 h が大きいときには，数値計算の不確実性も大きいと考えるのが自然であろう．すなわち，大きい h を用いたときの結果としては，より裾の広い近似事後分布が期待される．しかし，図 7.2 によれば，本来大きいはずの数値計算の不確実性が，事前分布の設定や観測の不確実性と相殺されてしまっている．主な要因としては，次のようなことが考えられる．

- 数値計算にどの程度の誤差があるのかという定量的な情報は組み込まれていない．
- 正解パラメータからは大きく離れたパラメータにもかかわらず，対応する近似解が厳密解に非常に近接することがある．

7.3 微分方程式の数値計算の誤差の定量的評価手法の概略

微分方程式の数値計算する際の誤差について，局所誤差であれ大域誤差であれ（→ 定義 2.4 およびその直後の注意を参照），通常の数値解析では，「誤差 $\leq Ch^p$」のような形の評価を行うことが標準的である．これは実際に計算する前に行う数学的な評価であり，このような評価により，例えば，刻み幅を半分にするといまの計算より誤差が相対的にどの程度小さくなるかが分かる．しかし，実際に計算を行った後，各時刻での誤差を定量的に評価をすることは容易ではない．もちろん，局所誤差であれば，少しだけ次数の高い数値解法の結果を比較するなどして定量的な評価を行うことも可能であり，実際に刻み幅制御法などで活用されている．しかし，大域誤差については，局所誤差が線形に積み重なっていくわけではないため，多くの場合，定量的な評価は著しく困難である．

本節では，数値計算の誤差を事後的に定量的に評価する目的で近年提案されているいくつかの手法の概略を紹介する．

注意 7.4（精度保証付き数値計算との関係）．我が国においては，数値解析学の一分野である**精度保証付き数値計算**の研究が盛んである．概略を述べる前に，この精度保証付き数値計算とこれから述べる定量化手法との関係を述べておきたい．精度保証付き数値計算とは，数値計算の過程で発生する誤差をすべて評価し，数値計算結果を区間で出力する計算の理論および手法である [89], [94]．ラフに述べれば，「この範囲に厳密解がある」というような計算結果が得られ

るため，誤差についての定量的な評価を行っているといえる．ただし，精度保証付き数値計算においては，十分に高精度な計算を行うことが通常の想定である．

　一方で，本節における議論は，必ずしも十分に高精度ではないが，定性的特徴は捉えているなど全く駄目というわけではないような計算を念頭に，そのときの誤差を，必ずしも厳密な評価ではなく，確率的に効率よく評価することを想定したものである．

　誤差を定量化に評価する手法として，まず二つの手法の概略を述べる．それらは「ODE フィルタ・スムーザー」と「摂動型解法」と呼ばれるものであり，定量化のためのアルゴリズム自体が確率的なものである．その後，節を改め，「単調回帰に基づく手法」を述べる．この手法に関しては，定量化のためのアルゴリズム自体は決定論的である（ただし，背後には確率・統計的な視点が入っている）．

7.3.1　確率的手法：ODE フィルタ・スムーザー

　ODE フィルタ・スムーザーは，逐次データ同化の基本的なアルゴリズムであるカルマンフィルタやその拡張版（例えばアンサンブルカルマンフィルタや粒子フィルタ）の考え方を利用した定量化手法である．

　逐次データ同化では，離散的な状態空間モデルと実際の観測をもとに，システムモデルを用いた一期先の状態の予測と，観測モデルと実際の物理的な観測をもとに予測を修正するフィルタリングを繰り返す．予測もフィルタも（さらに平滑化も）も出力は条件付き確率分布であり，分布の広がりの情報から，予測や推定の信頼度を測れる．

　このような考え方を常微分方程式の数値解法の文脈に活用したものが ODE フィルタ・スムーザーである [58], [104], [105], [113], [114]．基本的な考え方として，各時刻での近似解の情報は確率分布として得ることを目指す．そこで，そのような分布をどのように得るかを考える．

　標準的な ODE フィルタでは，近似解に対応する確率分布として正規分布を仮定し，その平均と分散共分散行列を逐次的に更新していく．平均をまさに近似解として扱い，分散共分散行列が誤差の定量化を与えると考える．正規分布を考える限りにおいては，平均と分散共分散行列の更新アルゴリズムは決定論的である．しかし，そのためには，非線形作用素をやや強引に線形化するような手続きが必要となる．非線形作用素をそのまま扱うためには，粒子フィルタなどの考え方が必要となり，自ずと更新アルゴリズムも確率的なものとなる．なお，平均自体の更新が決定論的である場合，分散共分散行列の情報を無視すれば，発展方程式に対する通常の意味での離散化とみなすことができる．しかし，よく知られている数値計算公式に対応することは（現時点では）稀であり，Nordsieck 法などとの関連が指摘されている程度である [105]．したがっ

7.3　微分方程式の数値計算の誤差の定量的評価手法の概略　**141**

て，ODE フィルタを理解する上で，既存の数値解法に対して誤差の定量化手法を与えたというよりは，誤差の定量化も付随した新しい離散化手法だとみなすほうが現時点では自然な理解であると思われる．

なお，Python や Julia ではライブラリも整備されつつある．

7.3.2 確率的手法：摂動型解法

発展方程式を RK 法などの特定の数値解法で数値計算し，その際の誤差を定量化する状況を考えよう．摂動型解法とは，1 ステップ計算するごとに近似解に摂動を加えながら計算を進める解法である [31], [68]（摂動を加える代わりに，ステップサイズをランダムに選ぶことで同様の効果を得る手法も提案されている [1]）．初期値から始めてランダムに摂動を加えながらの数値計算を繰り返すと，毎回の計算結果は異なるため，十分多くのサンプルを取れば，各時刻でヒストグラムが得られる．このヒストグラムの情報を誤差の定量化（より一般的にいえば，数値計算の信頼度の定量化）とみなすことが基本的な考え方である．このような手法を活用することで，ベイズ推定などの文脈で数値計算の誤差を無視したために事後分布が極端にデルタ関数的になってしまうような状況（→ 前節を参照）を回避できることが報告されている [31]．

数学的には分かりやすい定式化であり，摂動に関しての収束解析も行われている [31], [67]．このような手法は，十分なサンプル数を必要とするため，それなりに高コストな定量化手法であり，また，適切な摂動の大きさについて特に情報がなければそれも推定しなければならないことには注意を要する．

7.4 非確率的手法：単調回帰

三つ目の定量化手法として，単調回帰に基づく手法を紹介する．

7.4.1 単調回帰に基づく手法

微分方程式のパラメータ推定の文脈では，実際の観測データを活用することで，より低コストな定量化手法が考えられる．後述するように，各時刻での誤差を確率変数でモデル化することが，アイデアの核であり，このことはある意味では上述の 2 手法と共通しているが，加えて，観測ノイズの分散などの情報を既知とすれば，数値解と観測を比較するモデルが立てられる．ここで，数値解と観測がどちらも得られているならば，誤差を記述する確率変数の分散などを何らかの方法で推定し，その情報から誤差の定量化を得られないだろうか？もちろん，誤差を記述する確率変数の分散などの推定については様々な方法による実現が考えられる．本書の著者らの研究では，発展方程式を数値計算すると，多くの場合，時間発展に伴い誤差が蓄積していくという観察に基づき（言い換えれば，数値計算の信頼性は時間発展に伴い通常低下するという経験的観察に基づき），

推定すべき分散について時系列方向に（区分的）単調増加性を仮定した手法を提案している．この手法は統計学における単調回帰理論と密接な関係がある．

中核をなすアイデアは，各時刻における数値計算の誤差を確率変数でモデル化することである．すなわち，時刻 t_i における厳密解 $\boldsymbol{u}(t_i)$ と近似解 $\boldsymbol{u}_i$ の間に，次のような関係を仮定する：

$$\mathcal{O}(\boldsymbol{u}_i) \sim \mathrm{N}(\mathcal{O}(\boldsymbol{u}(t_i)), V_i). \tag{7.8}$$

ただし，$\mathcal{O}$ は観測演算子とする．本来，厳密解も近似解も決定論的に定まるものであるから，その差も決定論的に定まるものである．そのため，その差を確率変数でモデル化することは，奇妙に感じられるかもしれない．このモデルの心は，厳密解を解析的あるいは数値的に得ることができない以上，厳密解と近似解の差を計算あるいは観測することはできず，その意味で不確かなものであるから，確率変数でモデル化しようというのである．

ここで，確率変数でモデル化することが本質であって，正規分布であることや，その平均として厳密解を考えることは，一アイデアに過ぎない．とはいえ，(7.8) のようなモデルを考えるならば，分散共分散行列 V_i が非常に重要であり，この V_i を何らかの方法で推定することが，誤差の定量化に直結することを期待するものである．本章では以後，V_i やそれを変数変換したようなパラメータのことを，しばしば**離散化誤差分散**と呼ぶ．

この離散化誤差分散 V_i の推定にあたって，二つの重要な観察を述べる．
- 本章でここまで述べてきているように，このような研究の動機には，微分方程式のパラメータ推定への応用がある．そこで，時系列のノイズ付きの観測データが利用できることを仮定する．すなわち，利用可能なデータとしては，「近似解」と「観測データ」を想定する[*3]．
- 離散化誤差分散 V_i に，何かしらの定性的な仮定を置く必要がある．

以後，離散化誤差分散に対する定性的な仮定の例として，単調増加性

$$V_1 \preceq V_2 \preceq \cdots \preceq V_n \tag{7.9}$$

を考える．ここで，二つの対称行列 V, W について，$V \preceq W$ は，$W - V$ が半正定値であることを表すものとする．この単調増加性は，離散化による誤差の影響が，時間発展に伴い増大する傾向にあることを表現したものである．もちろん，このような仮定が適切ではない問題設定は多くある上，方程式や数値解法の組合せ次第では，より適切な仮定も考えられるが，本節では，最も単純な定性的考察の一例として，この仮定を考えることとする．

観測ノイズは正規分布に従うと仮定しよう．すなわち，(7.2) において，

[*3]　近似解はともかく，観測データについては，利用しないといけないとまでは主張していない．今後の研究の進展次第では，観測データを必要としない手法の開発の可能性も考えられる．

$$\boldsymbol{w}_i \sim \mathrm{N}(\boldsymbol{0}, \Gamma)$$

であるとする（簡単のため，観測ノイズ分散 Γ は既知とする）．ここで，$\Sigma_i = \Gamma + V_i$ と置くと，単調増加性の仮定は

$$\Gamma \preceq \Sigma_1 \preceq \Sigma_2 \preceq \cdots \preceq \Sigma_n \tag{7.10}$$

と書き換えられる．また，さらに簡単のため，観測ノイズ分散 Γ および離散化誤差分散 V_i は対角行列であることを仮定する（したがって，Σ_i も対角行列である）．この仮定のもと，一般性を失わず，観測演算子は $\mathcal{O} : \mathbb{R}^m \to \mathbb{R}$ と仮定してよく，$\Gamma = \gamma^2$，$\Sigma_i = \sigma_i^2$ と表すことにし，離散化誤差分散を時系列にまとめた集合を $\Sigma = (\sigma_1^2, \sigma_2^2, \ldots, \sigma_n^2)$ と表すこととする．

なお，観測ノイズ分散はともかく，離散化誤差分散行列が対角行列であるという仮定は，離散化による誤差について変数間の相関がないと仮定していることに等しい．この仮定は，一見すると非常に不自然に思えるかもしれない．しかし，この仮定により，以降の小節で述べる定量化手法が効率的に実行可能となり，実際には多くの場合で妥当な結果が得られていることを注意しておく．また，より自然な仮定を導入すれば，定量化アルゴリズムの計算量が増加する可能性が高いことにも留意すべきである．このような研究は，微分方程式の数値計算に十分な計算コストをかけられない状況を想定したものであるため，定量化の計算コストを低く保つことが重要である．したがって，離散化誤差に関する仮定の自然さと定量化アルゴリズムの計算コストとの間にはトレードオフが存在し，何が正解であるかを一義的に定めることはできない．今後の研究の進展により，多様な選択肢が提供されることが期待される．

7.4.2 最尤推定

文献 [75] では，単調増加性の制約 (7.9) のもと，離散化誤差分散と微分方程式のパラメータを同時に推定する手法が提案されている．以下は，その手法のうち，特に離散化誤差分散の推定パートに特化して，その考え方やアルゴリズムを紹介する．

観測と数値解の差を残差と呼び，r_i と表すことにしよう．すなわち，

$$r_i = y_i - \mathcal{O}(\boldsymbol{x}_i)$$

である．観測ノイズと離散化によるノイズが独立であるという仮定のもと，

$$r_i \sim \mathrm{N}(0, \sigma_i^2)$$

と表現できる．以後，$\boldsymbol{r} = (r_1, r_2, \ldots, r_n)$ と表すことにする．すると，残差についての確率密度関数（尤度関数）は

$$L(\Sigma) = p(\boldsymbol{r}; \Sigma) = \prod_{i=1}^{n} \frac{1}{\sqrt{2\pi\sigma_i^2}} \exp\left(\frac{r_i^2}{2\sigma_i^2}\right)$$

144 第 7 章 微分方程式の数値計算の不確実性定量化

と書ける．

　以下では，離散化誤差分散を，単調増加制約のもと尤度関数を最大化することで推定する．すなわち，$-\log L(\Sigma)$ については最小化問題を考えることになることに注意すると，

$$\min_{\gamma^2 \le \sigma_1^2 \le \sigma_2^2 \le \cdots \le \sigma_n^2} \sum_{i=1}^{n} \left(\log(\sigma_i^2) + \frac{r_i^2}{\sigma_i^2} \right) \tag{7.11}$$

を解けばよい．この制約付き最適化問題は，（適切な変数変換のもと）pool adjacent violators algorithm（**PAVA**）と呼ばれるアルゴリズムを用いて効率よく解くことができる [5], [100], [118][*4]．このアルゴリズムの計算量は，最悪ケースで $\mathrm{O}(n^2)$ だが，残差自体がおおよそ単調に増加する傾向にあるデータセットに対しては，ほぼ n に比例し，非常に効率が良い．

7.4.3　ベイズ推定

　今度は，離散化誤差分散 Σ をベイズ推定することを考えよう．離散化誤差分散 Σ に関して事前分布 $\pi(\Sigma)$ を仮定し，事後分布

$$\pi(\Sigma \mid \boldsymbol{r}) \propto \pi(\Sigma)p(\boldsymbol{r}; \Sigma).$$

からのサンプリングを考えることになる．ここで，次の 2 点に注意しなければならない．

- 単調増加制約を考えるならば，単調増加制約が満たされる範囲でのみ，事前分布の密度関数が非負の値を取るように事前分布を設定する必要がある．しかし，そのような事前分布の選び方は無数に存在する．
- 事後分布からのサンプリングアルゴリズムは可能な限り効率的であることが望ましい．

これらは，独立して考えることではなく，サンプリングアルゴリズムをイメージしながら適切な事前分布を考える必要がある．以下では，[86] に基づき，事後分布からのサンプリングが効率よく行えるような事前分布の設定方法の一例を述べる．

　まず，離散化誤差分散 Σ を次のように変数変換する：

$$\begin{aligned} \eta_1 &= \log \sigma_1^2, \\ \eta_j &= \log \sigma_j^2 - \log \sigma_{j-1}^2, \quad j = 2, \ldots, n. \end{aligned} \tag{7.12}$$

以後，$H = (\eta_1, \eta_2, \ldots, \eta_n)$ と Σ を同一視し，H のこともしばしば離散化誤差分散と呼ぶ．この変換の下，単調増加制約

$$0 < \gamma^2 \le \sigma_1^2 \le \sigma_2^2 \le \cdots \le \sigma_n^2$$

[*4]　Julia での実装例は `https://github.com/yutomiyatake/IsoFuns.jl` を参照されたい．

は,

$$\log \gamma^2 \leq \eta_1, \quad 0 \leq \eta_j, \quad j = 2, \ldots, n.$$

と書き換えられる. 以下では, $\mathrm{N}_{\geq \alpha}(\mu, \sigma^2)$ により, 平均 μ, 分散 σ^2 で, $[\alpha, \infty)$ の範囲でのみ正の密度を持つ切断正規分布を表すものとする.

離散化誤差分散 H に対し, 追加の確率変数を利用して, 次の事前分布を導入する.

- η_1 に対する事前分布:

$$\eta_1 \mid \tau_1 \sim \mathrm{N}_{\geq \log \gamma^2}(\log \gamma^2, \tau_1), \quad \tau_1 \mid \nu_1 \sim \mathrm{Ga}(1, \nu_1), \quad \nu_1 \sim \mathrm{Ga}(\tfrac{1}{2}, 1).$$

- η_j $(j = 2, \ldots, n)$ に対する事前分布:

$$\eta_j \mid \tau_j, \lambda \sim \mathrm{N}_{\geq 0}(0, \lambda \tau_j),$$
$$\tau_j \mid \nu_j \sim \mathrm{Ga}(\tfrac{1}{2}, \nu_j), \quad \nu_j \sim \mathrm{Ga}(\tfrac{1}{2}, 1),$$
$$\lambda \mid \xi \sim \mathrm{Ga}(\tfrac{1}{2}, \xi), \quad \xi \sim \mathrm{Ga}(\tfrac{1}{2}, 1).$$

ここで, ガンマ分布 $\mathrm{Ga}(\alpha, \beta)$ の $\alpha > 0$ は形状パラメータ, $\beta > 0$ は尺度パラメータの逆数であり, 密度関数は

$$\mathrm{Ga}(x \mid \alpha, \beta) = \frac{\beta^\alpha}{\Gamma(\alpha)} x^{\alpha-1} \mathrm{e}^{-\beta x}.$$

である.

以上の事前分布において, 特に η_j $(j = 2, \ldots, n)$ に対する事前分布が本質である. 以後, τ_j を局所パラメータ, λ を大域パラメータと呼び, その他を潜在パラメータと呼ぶ. 大域パラメータ λ は, すべての η_j を一様に 0 に縮小させる効果を期待するものであるのに対し, 局所パラメータ η_j は j ごとにカスタマイズされた縮小効果を期待するものである. このようなことから, 上述のような自然分布はしばしば**縮小事前分布**と呼ばれる.

潜在パラメータについて周辺化すると, $\sqrt{\tau_j}$ や $\sqrt{\lambda}$ は half-Cauchy 分布に従う [18], [19]. そのため, そのように表現してもよいのだが, 後で見るように, 潜在パラメータを用いることで, 事後分布からの効率的なサンプリングアルゴリズムを導出できる利点がある.

また, 潜在パラメータを考えることで, 局所パラメータ τ_j や大域パラメータ λ の役割を直感的に理解できる. 例えば, $\tau_j \mid \nu_j \sim \mathrm{Ga}(\tfrac{1}{2}, \nu_j)$ であるから, τ_j の密度は $\tau_j \to 0$ で発散する. このことは, τ_j が 0 に近い値を取る確率が非常に高いことを意味する. そのため, 非常に強い縮小効果になっており, 離散化誤差分散 Σ の観点からは, 隣り合う σ_j^2 と σ_{j-1}^2 が非常に近い値を取ることを意味する. 一方で, $\nu_j \sim \mathrm{Ga}(\tfrac{1}{2}, 1)$ であるから, $\tau_j \to \infty$ のとき, (例えば正規分布などと比べ) さほど密度関数の減衰が早いわけではない (なお, このこ

146 第 7 章 微分方程式の数値計算の不確実性定量化

とは $\sqrt{\tau_j}$ や $\sqrt{\lambda}$ は half-Cauchy 分布に従うことからも理解できる）．結果として，τ_j がしばしば大きな値を取ることを許容しており，離散化誤差分散の事後分布として σ_j^2 がしばしば急峻に増加することを可能にするものである．

さて，局所・大域パラメータおよび潜在パラメータをまとめて Υ と表すことにすると，我々の関心の事後分布は $\pi(\Sigma, \Upsilon \mid r) \propto \pi(\Sigma, \Upsilon)p(r; \Sigma)$ であり，その密度関数は

$$
\pi(\Sigma, \Upsilon \mid \boldsymbol{r})
$$

$$
\propto \prod_{i=1}^{n} \frac{1}{\sqrt{2\pi\sigma_i}} \exp\left(-\frac{1}{2\sigma_i^2} r_i^2\right) \cdot \tau_1^{-1/2} \exp\left(-\frac{(\eta_1 - \log \gamma^2)^2}{2\tau_1}\right)
$$

$$
\cdot \nu_1 \mathrm{e}^{-\nu_1 \tau_1} \cdot \nu_1^{-1/2} \mathrm{e}^{-\nu_1}
$$

$$
\cdot \prod_{j=2}^{n} \lambda^{-1/2} \tau_j^{-1/2} \exp\left(-\frac{\eta_j^2}{2\lambda\tau_j}\right) \cdot \nu_j^{1/2} \tau_j^{-1/2} \mathrm{e}^{-\nu_j \tau_j} \cdot \nu_j^{-1/2} \mathrm{e}^{-\nu_j}
$$

$$
\cdot \xi^{1/2} \lambda^{-1/2} \mathrm{e}^{-\xi\lambda} \cdot \xi^{-1/2} \mathrm{e}^{-\xi}
$$

と書ける．ここから，事後分布からのサンプリングアルゴリズムを導出する．もし，すべての変数について，その他すべての変数で条件付けられた条件付き事後分布から容易にサンプリングができるのであれば，全体としてギブスサンプリングが可能である．そこで，それぞれの変数についての条件付き事後分布を考えることにしよう．

まず，局所・大域パラメータおよび潜在パラメータについての条件付き事後分布は，以下のようになる：

$$
\nu_1 \mid \tau_1 \sim \mathrm{Ga}(\tfrac{3}{2}, 1 + \tau_1),
$$

$$
\tau_1 \mid \eta_1, \nu_1 \sim \mathrm{GIG}(2\nu_1, (\eta_1 - \log \gamma^2)^2, \tfrac{1}{2}),
$$

$$
\nu_j \mid \tau_j \sim \mathrm{Ga}(1, 1 + \tau_j),
$$

$$
\tau_j \mid \eta_j, \nu_j \sim \mathrm{GIG}\left(2\nu_j, \frac{\eta_j^2}{\lambda}, 0\right),
$$

$$
\xi \mid \lambda \sim \mathrm{Ga}(1, 1 + \lambda),
$$

$$
\lambda \mid \eta, \xi \sim \mathrm{GIG}\left(2\xi, \sum_{j=2}^{n} \frac{\eta_j^2}{\tau_j}, \frac{-n+2}{2}\right).
$$

ここで，$\mathrm{GIG}(a, b, p)$ は一般化逆ガウス分布を表し，パラメータ $a > 0$, $b > 0$, $p \in \mathbb{R}$ に対し，その密度関数は

$$
\mathrm{GIG}(x \mid a, b, p) = \frac{(a/b)^{p/2}}{2K_p(\sqrt{ab})} x^{p-1} \mathrm{e}^{-(ax+b/x)/2}, \quad x > 0
$$

で与えられる．ただし，$K_p(\cdot)$ は第二種の修正 Bessel 関数である．

注意 7.5. 一般化逆ガウス分布からのサンプリングには若干の注意が必要であ

7.4 非確率的手法：単調回帰　**147**

る．R など，サンプリングアルゴリズムが実装されている言語もあれば，そうでない言語もあるからである．基本的には，ratio-of-uniforms 法と呼ばれる手法に立脚した棄却アルゴリズム [34], [64] が標準的に用いられるが，実装には以下の 2 点に留意しなければならない．

第一に，b が 0 に近いとき，一般化逆ガウス分布の形状は，ガンマ分布 $\mathrm{Ga}(a, p)$ に近づく．そのため，b がマシンイプシロンに近いスケールで 0 に近いときは，ガンマ分布からのサンプリングで代用する．なお，この近似は，独立 Metropolis–Hastings 法により正当化される．

第二に，$p < 1$ のとき，さらに $|ab|$ が 0 に近づくにつれ，上記の棄却アルゴリズムの性能が悪化する．この場合は，[54] で提案されているアルゴリズムの利用が推奨される．

離散化誤差分散 H に付いての条件付き事後分布を考えよう．ただし，残念なことに，この分布は，よく知られた分布にはならない．そこで，以下の近似を導入する．

残差 r_i が

$$r_i = \varepsilon_i \exp(\eta_i / 2), \quad \varepsilon_i \overset{\text{i.i.d.}}{\sim} \mathrm{N}(0, 1).$$

と書けることに注意する．ここで $z_i = \log r_i^2$ と置けば，

$$z_i = \eta_i + \tilde{\varepsilon}_i, \quad \tilde{\varepsilon}_i = \log \varepsilon_i^2$$

を得る．この $\tilde{\varepsilon}_i$ は log-χ_1^2 分布に従い，その密度関数は

$$f(\tilde{\varepsilon}) = \frac{1}{\sqrt{2\pi}} \exp\left(\frac{\tilde{\varepsilon} - \exp(\tilde{\varepsilon})}{2}\right) \tag{7.13}$$

で与えられる．この密度関数を用いると，残差についての条件付き確率密度関数は

$$p(r; \Sigma) = \prod_{i=1}^{n} f(z_i - \eta_i). \tag{7.14}$$

と表せる．

離散化誤差分散 η_i についての条件付き事後分布からのサンプリングには，この log-χ_1^2 分布からのサンプリングが必要になる．この分布は，正規分布などのように「よく知られた分布」とはいえないかもしれないが，実は**混合正規分布**により非常によく近似できることが知られている [95]. 実際，

$$g(\tilde{\varepsilon}) = \sum_{k=1}^{10} w_k \mathrm{N}(\tilde{\varepsilon} \mid m_k, v_k^2). \tag{7.15}$$

とおけば，表 7.1 で与えられるパラメータを用いると，図 7.3 に示すように g は密度関数 f の非常に良い近似になっている．

表 7.1 文献 [95] で提案されているパラメータ (w_j, m_j, v_j^2) の組.

j	w_j	m_j	v_j^2
1	0.00609	1.92677	0.11265
2	0.04775	1.34744	0.17788
3	0.13057	0.73504	0.26768
4	0.20674	0.02266	0.40611
5	0.22715	−0.85173	0.62699
6	0.18842	−1.97278	0.98583
7	0.12047	−3.46788	1.57469
8	0.05591	−5.55246	2.54498
9	0.01575	−8.68384	4.16591
10	0.00115	−14.65000	7.33342

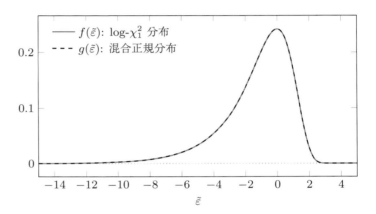

図 7.3 log-χ_1^2 分布の密度関数 (7.13) と $f(\tilde{\varepsilon})$ と混合正規分布の密度関数 (7.15).

この近似を用いると，$g(\tilde{\varepsilon}_i)$ からのサンプリングは次のように行える．まず，$i = 1, \ldots, n$ に対し，$s_i \in \{1, 2, \ldots, 10\}$ となるような潜在変数 $\boldsymbol{s} = (s_1, s_2, \ldots, s_n)$ を導入する．その上で，各 i に対し，階層モデル

$$\tilde{\varepsilon}_i | (s_i = k) \sim \mathrm{N}(\tilde{\varepsilon} \mid m_k, v_k^2),$$
$$p(s_i = k) = w_k, \quad k \in \{1, \ldots, 10\} \tag{7.16}$$

を考えればよい．

潜在変数 $\boldsymbol{s}$ と離散化誤差分散 H についての条件付き事後分布は次のようになる．

- $\boldsymbol{s}$ についての条件付き事後分布

  潜在変数 $\boldsymbol{s}$ は他の確率変数と独立であるから，各 s_i は (7.16) から直接サンプリングすればよい．

- η_1 についての条件付き事後分布：$\pi(\eta_1 \mid \boldsymbol{s}, \tau_1)$

  離散化誤差分散 η_1 についての条件付き事後分布は

$$\eta_1 \mid s, \tau_1 \sim \mathrm{N}_{\geq \log \gamma^2}(\mu_1, w_1^2)$$

で与えられる．ただし，

$$\mu_1 = \frac{\tau_1 \tilde{\mu}_1 + \tilde{\mu}_1^2 \log \gamma^2}{\tilde{w}_1^2 + \tau_1}, \quad w_1^2 = \frac{\tilde{w}_1^2 \tau_1}{\tilde{w}_1^2 + \tau_1}$$

であり，この中の k_i, $\tilde{\mu}_1$ および $\tilde{w}_1^2$ は

$$k_i = z_i - m_{s_i} - \eta_2 - \cdots - \eta_i,$$

$$\tilde{\mu}_1 = \frac{\sum_{i=1}^n v_{s_1}^2 \cdots v_{s_{i-1}}^2 v_{s_{i+1}}^2 \cdots v_{s_n}^2 k_i}{\sum_{i=1}^n v_{s_1}^2 \cdots v_{s_{i-1}}^2 v_{s_{i+1}}^2 \cdots v_{s_n}^2} = \frac{\sum_{i=1}^n \frac{k_i}{v_{s_i}^2}}{\sum_{i=1}^n \frac{1}{v_{s_i}^2}},$$

$$\tilde{w}_1^2 = \frac{v_{s_1}^2 v_{s_2}^2 \cdots v_{s_n}^2}{\sum_{i=1}^n v_{s_1}^2 \cdots v_{s_{i-1}}^2 v_{s_{i+1}}^2 \cdots v_{s_n}^2} = \frac{1}{\sum_{i=1}^n \frac{1}{v_{s_i}^2}}$$

である．

- η_j についての条件付き事後分布：$\pi(\eta_j \mid s, \lambda, \tau_j)$ $(j = 2, \ldots, n)$

  離散化誤差分散 $\eta_2, \ldots, \eta_n$ についての条件付き事後分布は

$$\eta_j \mid s, \lambda, \tau_j \sim \mathrm{N}_{\geq 0}(\mu_j, w_j^2)$$

で与えられる．ただし，

$$\mu_j = \frac{\lambda \tau_j \tilde{\mu}_j}{\tilde{w}_j^2 + \lambda \tau_j},$$

$$w_j^2 = \frac{\tilde{w}_j^2 \lambda \tau_1}{\tilde{w}_j^2 + \lambda \tau_j}$$

であり，この中の $k_{i,j}$, $\tilde{\mu}_j$ および $\tilde{w}_j^2$ は

$$k_{i,j} = z_i - m_{s_i} - \eta_1 - \cdots - \eta_{j-1} - \eta_{j+1} - \cdots - \eta_i$$

$$= k_{i,j-1} - \eta_{j-1} + \eta_j,$$

$$\tilde{\mu}_j = \frac{\sum_{i=j}^n v_{s_j}^2 \cdots v_{s_{i-1}}^2 v_{s_{i+1}}^2 \cdots v_{s_n}^2 k_{i,j}}{\sum_{i=j}^n v_{s_j}^2 \cdots v_{s_{i-1}}^2 v_{s_{i+1}}^2 \cdots v_{s_n}^2} = \frac{\sum_{i=j}^n \frac{k_{i,j}}{v_{s_i}^2}}{\sum_{i=j}^n \frac{1}{v_{s_i}^2}},$$

$$\tilde{w}_j^2 = \frac{v_{s_j}^2 v_{s_{j+1}}^2 \cdots v_{s_n}^2}{\sum_{i=j}^n v_{s_j}^2 \cdots v_{s_{i-1}}^2 v_{s_{i+1}}^2 \cdots v_{s_n}^2} = \frac{1}{\sum_{i=j}^n \frac{1}{v_{s_i}^2}}$$

である．

以上で，すべての確率変数についての条件付き事後分布が得られた．全体のギブスサンプラーをアルゴリズム 7.1 に示す．

7.4.4 数値実験

例題として，FitzHugh–Nagumo 方程式 (7.7) を取り上げる．以下では，パラメータ $(a, b, c) = (0.2, 0.2, 3)$ は既知であるとする．観測は，V と R それぞ

アルゴリズム 7.1 離散化誤差分散 Σ についてのギブスサンプリングアルゴリズム

1: Input z ($z_i = \log r_i^2$ for $i = 1, \ldots, n$)
2: Initialize $s^{(0)}, \eta^{(0)}, \nu^{(0)}, \tau^{(0)}, \xi^{(0)}, \lambda^{(0)}$
3: **for** $t = 1$ to T **do**
4:     Sample $s^{(t)} \sim P(s)$
5:     Sample $\eta_1^{(t)} \sim P(\eta_1 \mid s^{(t)}, \tau_1^{(t-1)})$
6:     Sample $\eta_j^{(t)} \sim P(\eta_j \mid s^{(t)}, \lambda^{(t-1)}, \tau_j^{(t-1)})$ for $j = 2, \ldots, n$
7:     Sample $\nu_1^{(t)} \sim P(\nu_1 \mid \tau_1^{(t-1)})$
8:     Sample $\tau_1^{(t)} \sim P(\tau_1 \mid \eta_1^{(t)}, \nu_1^{(t)})$
9:     Sample $\nu_j^{(t)} \sim P(\nu_j \mid \tau_j^{(t-1)})$ for $j = 2, \ldots, n$
10:     Sample $\tau_1^{(t)} \sim P(\tau_j \mid \eta_j^{(t)}, \nu_j^{(t)})$ for $j = 2, \ldots, n$
11:     Sample $\xi^{(t)} \sim P(\xi \mid \lambda^{(t-1)})$
12:     Sample $\lambda^{(t)} \sim P(\lambda \mid \eta^{(t)}, \xi^{(t)})$
13:     Compute $\{\sigma_i^2\}^{(t)} = \exp(\eta_1^{(t)} + \cdots + \eta_i^{(t)})$
14: **end for**
15: **return** $\Sigma^{(t)} = [\{\sigma_1^2\}^{(t)}, \ldots, \{\sigma_n^2\}^{(t)}]$

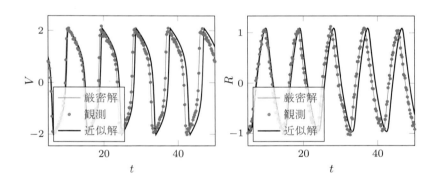

図 7.4 FN 方程式に対する厳密解，観測および近似解．

れに対し，$t = 5$ から $t = 50$ まで $\Delta T = 0.2$ 間隔で得られているものとする．観測ノイズの分散は，どちらの変数についても $\gamma^2 = 0.05^2$ とする．また，数値解法としては陽的 Euler 法を刻み幅 $h = 0.1$ で用いる．この設定において，厳密解（に十分近いと信頼のおける解）と，近似解，観測をそれぞれの変数について示したものが図 7.4 である．

変数 V, R それぞれに対する離散化誤差の定量化の結果を図 7.5 と図 7.6 に示す．事後分布からのサンプリングは，500 burn-in を除いた 2500 サンプルの結果を示している．縦軸はそれぞれの変数についての残差および誤差の絶対値である．左右のグラフは本質的に同じものであり，違いは観測のノイズの影響の有無である．変数 R については，最尤推定の結果とベイズ推定の結果（特に事後分布の平均）がほぼ同一であるものの，変数 V については，大きな違い

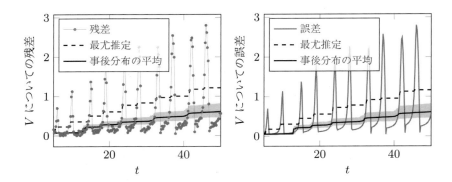

図 7.5 FN 方程式の変数 V についての離散化誤差の定量化の結果．左図は，残差の絶対値 $|r_i|$ と，それに対応して，σ_i についての定量化結果を示している．最尤推定の結果は破線で表し，ベイズ推定の結果は，各時刻で分布の平均を結んだものを実線で表し，95% 信用区間を灰色で示した．右図は，左図から観測に関する情報を除去したものである．すなわち，σ_i の代わりに $\sqrt{\sigma_i^2 - \gamma^2}$ について，左図と同様の情報を示している．

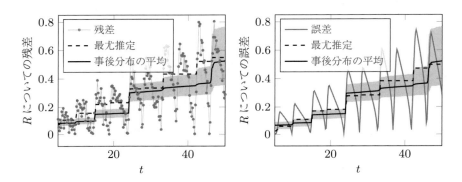

図 7.6 FN 方程式の変数 R についての離散化誤差の定量化の結果．左図は，残差の絶対値 $|r_i|$ と，それに対応して，σ_i についての定量化結果を示している．最尤推定の結果は破線で表し，ベイズ推定の結果は，各時刻で分布の平均を結んだものを実線で表し，95% 信用区間を灰色で示した．右図は，左図から観測に関する情報を除去したものである．すなわち，σ_i の代わりに $\sqrt{\sigma_i^2 - \gamma^2}$ について，左図と同様の情報を示している．

がある．とはいえ，大きな違いといっても 2 倍程度の差であり，「桁数」の観点では概ね一致しているともいえる．

しかし，信用区間の幅は異様に狭く感じられる．その原因は，σ_i や $\sqrt{\sigma_i^2 - \gamma^2}$ についての事後分布を表示していることにある．例えば，残差についてのモデルは $r_i \sim N(0, \sigma_i^2)$ であったから，信用区間を議論するのであれば，サンプリングした σ_i に対し，さらに正規分布から r_i をサンプリングし，このようにして得られた r_i の分布を考えることが適切であろう．対応して，誤差については $N(0, \sigma_i^2 - \gamma^2)$ からのサンプリングに対して信用区間を考える．それぞれの

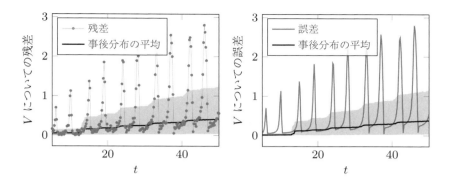

図 7.7 FN 方程式の変数 V について，ベイズ推定による離散化誤差の定量化の結果．左図は $N(0, \sigma_i^2)$ からサンプリングした r_i について $|r_i|$ の分布である（事後分布の平均および 90% 信用区間）．ただし，σ_i^2 はギブスサンプラーでサンプリングされた値である．同様に，右図は $N(0, \sigma_i^2 - \gamma^2)$ からサンプリングした（誤差についての確率変数）ξ_i ついて $|\xi_i|$ の分布である．なお，この実験では，500burn-in を除き，29,500 サンプルの結果を示しているが，もっと少ないサンプル数でもほとんど同一の結果が得られる．

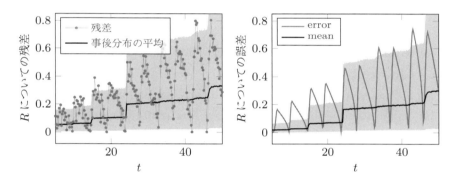

図 7.8 FN 方程式の変数 R について，ベイズ推定による離散化誤差の定量化の結果．左図は $N(0, \sigma_i^2)$ からサンプリングした r_i について $|r_i|$ の分布である（事後分布の平均および 90% 信用区間）．ただし，σ_i^2 はギブスサンプラーでサンプリングされた値である．同様に，右図は $N(0, \sigma_i^2 - \gamma^2)$ からサンプリングした（誤差についての確率変数）ξ_i ついて $|\xi_i|$ の分布である．なお，この実験では，500burn-in を除き，29,500 サンプルの結果を示しているが，もっと少ないサンプル数でもほとんど同一の結果が得られる．

変数についてのこれらの結果を示したのが，図 7.7 および図 7.8 である．なお，これらのグラフにおいては，500 burn-in を除いた 29,500 サンプルの結果を示してある．これらの結果から，90% 信用区間の中に，多くのデータが含まれることが観察される．

参考文献

[1] A. Abdulle and G. Garegnani, Random time step probabilistic methods for uncertainty quantification in chaotic and geometric numerical integration, Stat. Comput. **30** (2020), 907–932.

[2] L. Abia and J. M. Sanz-Serna, Partitioned Runge–Kutta methods for separable Hamiltonian problems, Math. Comput. **60** (1993), 617–634.

[3] P. Amodio, L. Brugnano and F. Iavernaro, Arbitrarily high-order energy-conserving methods for Poisson problems, Numer. Algorithms **91** (2022), 861–894.

[4] U. M. Ascher and L. R. Petzold, Computer Methods for Ordinary Differential Equations and Differential-Algebraic Equations, SIAM, Philadelphia, 1998.

[5] R. E. Barlow, D. J. Bartholomew, J. M. Bremner and H. D. Brunk, Statistical Inference Under Order Restrictions: The Theory and Application of Isotonic Regression, John Wiley & Sons, London-New York-Sydney, 1972.

[6] S. Blanes and F. Casas, A Concise Introduction to Geometric Numerical Integration, CRC press, Boca Raton, 2016.

[7] S. Blanes, F. Casas and A. Escorihuela-Tomàs, Families of efficient low order processed composition methods, Appl. Numer. Math. **204** (2004), 86–100.

[8] P. B. Bochev and C. Scovel, On quadratic invariants and symplectic structure, BIT **34** (1994), 337–345.

[9] J. C. Butcher, On Runge–Kutta processes of high order, J. Austral. Math. Soc. **4** (1964), 179–194.

[10] J. C. Butcher, On the attainable order of Runge–Kutta methods, Math. Comp. **19** (1965), 408–417.

[11] J. C. Butcher, The effective order of Runge–Kutta methods, Lect. Note Math. **109** (1969), 133–139.

[12] J. C. Butcher, The nonexistence of ten stage eighth order explicit Runge–Kutta methods, BIT **25** (1985), 521–540.

[13] J. C. Butcher, Numerical Methods for Ordinary Differential Equations (3rd ed.), John Wiley & Sons, Ltd., Chichester, 2016.

[14] J. C. ブッチャー，B 級数：数値解法の代数的解析，丸善出版，2024．（訳）三井斌友，宮武勇登，佐藤峻．

[15] L. Brugnano, M. Calvo, J. I. Montijano and L. Rández, Energy-preserving methods for Poisson systems, J. Comput. Appl. Math. **236** (2012), 3890–3904.

[16] L. Brugnano, F. Iavernaro and D. Trigiante, Hamiltonian boundary value methods (en-

ergy preserving discrete line integral methods), JNAIAM. J. Numer. Anal. Ind. Appl. Math. **5** (2010), 17–37.

[17] K. Carlberg, M. Barone and H. Antil, Galerkin v. least-squares Petrov–Galerkin projection in nonlinear model reduction, J. Comput. Phys. **330** (2017), 693–734.

[18] C. M. Carvalho, N. G. Polson and J. G. Scott, Handling sparsity via the horseshoe, In: Artificial Intelligence and Statistics, 73–80 (2009).

[19] C. M. Carvalho, N. G. Polson and J. G. Scott, The horseshoe estimator for sparse signals, Biometrika **97** (2010), 465–480.

[20] A. Cayley, XXVIII. On the theory of the analytical forms called trees, Philosophical Magazine Series 4 13 (1857), 172–176.

[21] F. Castella, P. Chartier, S. Descombes and G. Vilmart, Splitting methods with complex times for parabolic equations, BIT **49** (2009), 487–508.

[22] E. Celledoni, S. Eidnes, B. Owren and T. Ringholm, Dissipative numerical schemes on Riemannian manifolds with applications to gradient flows, SIAM J. Sci. Comput. **40** (2018), A3789–A3806.

[23] E. Celledoni, R. I. McLachlan, D. I. McLaren, B. Owren, G. R. W. Quispel and W. M. Wright, Energy-preserving Runge–Kutta methods, ESIAM Math. Model. Numer. Anal. **43** (2009), 645–649.

[24] E. Celledoni, V. Grimm, R. I. McLachlan, D. I. McLaren, D. O'Neale, B. Owren and G. R. W. Quispel, Preserving energy resp. dissipation in numerical PDEs using the "average vector field" method, J. Comput. Phys. **231** (2012), 6770–6789.

[25] G. Ceruti and C. Lubich Time integration of symmetric and anti-symmetric low-rank matrices and Tucker tensors, BIT **60** (2020), 591–614.

[26] G. Ceruti, C. Lubich and S. Sicilia, Rank-adaptive time integration of tree tensor networks, SIAM J. Numer. Anal. **61** (2023), 194–222.

[27] S. Chaturantabut and D. C. Sorensen, Nonlinear model reduction via discrete empirical interpolation, SIAM J. Sci. Comput. **32** (2010), 2737–2764.

[28] S. Chaturantabut and D. C. Sorensen, A state space error estimate for POD-DEIM nonlinear model reduction, SIAM J. Numer. Anal. **50** (2012), 46–63.

[29] S. H. Christiansen, H. Z. Munthe-Kass and B. Owren, Topics in structure-preserving discretization, Acta Numer. **20** (2011), 1–119.

[30] D. Cohen and E. Hairer, Linear energy-preserving integrators for Poisson systems, BIT **51** (2011), 91–101.

[31] P. R. Conrad, M. Girolami, S. Särkkä, A. Stuart and K. Zygalakis, Statistical analysis of differential equations: introducing probability measures on numerical solutions, Stat. Comput. **27** (2017) 1065–1082.

[32] G. J. Cooper, Stability of Runge–Kutta methods for trajectory problems, IMA J. Numer. Anal. **7** (1987), 1–13.

[33] A. R. Curtis, An eighth order Runge–Kutta process with eleven function evaluations per step, Numer. Math. **16** (1970), 268–277.

[34] J. S. Dagpunar, An easily implemented generalised inverse Gaussian generator, Comm. Statist. Simulation Comput. **18** (1989), 703–710.

[35] C. Eckart and G. Young, The approximation of one matrix by another of lower rank, Psychometrika **1** (1936), 211–218.

[36] A. Eftekhari, B. Vandereycken, G. Vilmart and K. C. Zygalakis, Explicit stabilised gradient descent for faster strongly convex optimisation, BIT **61** (2021), 119–139.

[37] S. Eidnes, Order theory for discrete gradient methods, BIT **62** (2022), 1207–1255.

[38] L. Einkemmer and C. Lubich, A low-rank projector-splitting integrator for the Vlasov–Poisson equation, SIAM J. Sci. Comput. **40** (2018) B1330–B1360.

[39] D. Furihata, Finite difference schemes for $\frac{\partial u}{\partial t} = \left(\frac{\partial}{\partial x}\right)^\alpha \frac{\delta G}{\delta u}$ that inherit energy conservation or dissipation property, J. Comput. Phys. **156** (1999), 181–205.

[40] F. Furihata and T. Matsuo, Discrete Variational Derivative Method: A Structure-Preserving Numerical Method for Partial Differential Equations, CRC Press, Boca Raton, FL, 2011.

[41] B. Gao, N. T. Son, P.-A. Absil and T. Stykel, Riemannian optimization on the symplectic Stiefel manifold, SIAM J. Optim. **31** (2021), 1546–1575.

[42] Y. Gong, Q. Wang and Z. Wang, Structure-preserving Galerkin POD reduced-order modeling of Hamiltonian systems, Comput. Methods Appl. Mech. Engrg. **315** (2017), 780–798.

[43] O. Gonzalez, Time integration and discrete Hamiltonian systems, J. Nonlinear Sci. **6** (1996), 449–467.

[44] V. Grimm, R. I. McLachlan, D. McLaren, G. R. W. Quispel and C. B. Schönlieb, Discrete gradient methods for solving variational image regularisation models, J. Phys. A **50** (2017), 295201.

[45] A. Gruber and I. Tezaur, Variationally consistent Hamiltonian model reduction, SIAM J. App. Dyn. Sys. **24** (2025), 376–414.

[46] E. Hairer, A Runge–Kutta method of order 10, J. Inst. Math. Appl. **21** (1978), 47–59.

[47] E. Hairer, Energy-preserving variant of collocation methods, JNAIAM. J. Numer. Anal. Ind. Appl. Math. **5** (2010), 73–84.

[48] E. Hairer, C. Lubich and G. Wanner, Geometric Numerical Integration (2nd ed.), Springer-Verlag, Heidelberg, 2006.

[49] E. Hairer, S. P. Nørsett and G. Wanner, Solving Ordinary Differential Equations I: Non-stiff Problems (2nd ed), Springer-Verlag, Berlin, 1993.

[50] E. Hairer and G. Wanner, Solving Ordinary Differential Equations II: Stiff and Differential-Algebraic Problems (2nd ed), Springer-Verlag, Berlin, 1996.

[51] A. Harten, P. D. Lax and B. van Leer, On upstream differencing and Godunov-type schemes for hyperbolic conservation laws, SIAM Rev. **25** (1983), 35–61.

[52] K. Heun, Neue Methoden zur approximativen Integration der Differentialgleichungen einer unabhängigen Veränderlichen, Z. Math. Phys. **45** (1900), 23–38.

[53] M Hochbruck and A Ostermann, Exponential integrators, Acta Numer. **19** (2010), 209–286.

[54] W. Hörmann and J. Leydold, enerating generalized inverse Gaussian random variates, Stat. Comput. **24** (2014), 547–557.

[55] A. Huťa, Une amélioration de la méthode de Runge–Kutta–Nyström pour la résolution numérique des équations différentielles du premier ordre, Acta Fac. Natur. Univ. Comenian. Math. **1** (1956), 201–224.

[56] S. Ito, T. Matsuda and Y. Miyatake, Adjoint-based exact Hessian computation, BIT Numer. Math. **61** (2021) 503–522.

[57] T. Itoh and K. Abe, Hamiltonian-conserving discrete canonical equations based on variational difference quotients, J. Comput. Phys. **76** (1988), 161–183.

[58] H. Kersting, T. J. Sullivan and P. Hennig, Convergence rates of Gaussian ODE filters, Stat. Comput. **30** (2020), 1791–1816.

[59] E. Kieri, C. Lubich and H. Walach, Discretized dynamical low-rank approximation in the presence of small singular values, SIAM J. Numer. Anal. **54** (2016), 1020–1038.

[60] O. Koch and C. Lubich, Dynamical low-rank approximation, SIAM J. Matrix Anal. Appl. **29** (2007), 434–454.

[61] O. Koch and C. Lubich, Dynamical tensor approximation, SIAM J. Matrix Anal. Appl. **31** (2010), 2360–2375.

[62] W. Kutta, Beitrag zur näherungsweisen Integration totaler Differentialgleichungen, Z. Math. Phys. **46** (1901), 435–453.

[63] F. M. Lasagni, Canonical Runge–Kutta methods, Z. Angew. Math. Phys. **39** (1988), 952–953.

[64] K. Lehner, Erzeugung von Zufallszahlen aus zwei exotischen Verteilungen, Diploma Thesis, Technical University Graz, 1989.

[65] B. Leimkuhler and S. Reich, Simulating Hamiltonian Dynamics, Cambridge University Press, Cambridge, 2004

[66] C.-K. Li and G. Strang, An elementary proof of Mirsky's low rank approximation theorem, Electron. J. Linear Algebra **36** (2020), 694–697.

[67] H. C. Lie, A. M. Stuart and T. J. Sullivan, Strong convergence rates of probabilistic integrators for ordinary differential equations, Stat. Comput. **29** (2019), 1265–1283.

[68] H. C. Lie, M. Stahn and T. J. Sullivan, Randomised one-step time integration methods for deterministic operator differential equations, Calcolo, **59** (2022), Paper No. 13, 33.

[69] C. Lubich and I. V. Oseledets, A projector-splitting integrator for dynamical low-rank approximation, BIT Numer. Math. **54** (2014), 171–188.

[70] C. Lubich, I. V. Oseledets and B. Vandereycken, Time integration of tensor trains, SIAM

J. Numer. Anal. **53** (2015), 917–941.

[71] C. Lubich, T. Rohwedder, R. Schneider and B. Vandereycken, Dynamical approximation by hierarchical Tucker and tensor-train tensors, SIAM J. Matrix Anal. Appl. **34** (2013), 470–494.

[72] T. Matsubara, Y. Miyatake and T. Yaguchi, Symplectic adjoint method for exact gradient of neural ODE with minimal memory, Advances in Neural Information Processing Systems 35 (NeurIPS2021), 2021.

[73] T. Matsubara, Y. Miyatake and T. Yaguchi, The symplectic adjoint method: memory-efficient backpropagation of neural-network-based differential equations, IEEE Trans. Neural Netw. Learn. Syst. **35** (2024), 10526–10538.

[74] T. Matsuda and Y. Miyatake, Generalization of partitioned Runge–Kutta methods for adjoint systems, J. Comput. Appl. Math. **388** (2021) 113308.

[75] T. Matsuda and Y. Miyatake, Estimation of ordinary differential equation models with discretization error quantification, SIAM/ASA J. Uncertain. Quantif. **9** (2021), 302–331.

[76] 松本幸夫，多様体の基礎，東京大学出版会，1988.

[77] 松尾宇泰，宮武勇登，微分方程式に対する構造保存数値解法，日本応用数理学会論文誌，**22** (2012), 213–251.

[78] R.I. McLachlan, Families of high-order composition methods, Numer. Algorithms **31** (2002), 233–246.

[79] R. I. McLachlan, G. R. W. Quispel and N. Robidoux, Geometric integration using discrete gradients, R. Soc. Lond. Philos. Trans. Ser. A Math. Phys. Eng. Sci. **357** (1999), 1021–1045.

[80] R. H. Merson, An operational method for the study of integration processes, Proc. Symp. Data Processing, Weapons Research Establishment, Salisbury, S, Australia, 1957.

[81] Y. Miyatake, An energy-preserving exponentially-fitted continuous stage Runge–Kutta method for Hamiltonian systems, BIT **54** (2014), 777–799.

[82] Y. Miyatake, A derivation of energy-preserving exponentially-fitted integrators for Poisson systems, Comput. Phys. Commun. **187** (2015), 156–161.

[83] Y. Miyatake, Structure-preserving model reduction for dynamical systems with a first integral, Japan J. Indust. Appl. Math. **36** (2019), 1021–1037.

[84] Y. Miyatake, A new family of fourth-order energy-preserving integrators, Numer. Algorithms **96** (2024), 1269–1293.

[85] Y. Miyatake and J. C. Butcher, A characterization of energy-preserving methods and the construction of parallel integrators for Hamiltonian systems, SIAM J. Numer. Anal. **54** (2016), 1993–2013.

[86] Y. Miyatake, K. Irie and T. Matsuda, Quantifying uncertainty in the numerical integration of evolution equations based on Bayesian isotonic regression, arXiv:2411.08338, 2024.

[87] Y. Miyatake, T. Sogabe and S.-L. Zhang, On the equivalence between SOR-type methods for linear systems and the discrete gradient methods for gradient systems, J. Comput. Appl. Math. **342** (2018), 58–69.

[88] L. Mirsky, Symmetric gauge functions and unitarily invariant norms, Quart. J. Math. Oxford Ser. **11** (1960), 50–59.

[89] 中尾充宏，渡辺善隆，別冊数理科学：実例で学ぶ精度保証付き数値計算（SGC ライブラリ 85），サイエンス社，2011（電子版：2019）.

[90] Y. Nesterov, Introductory Lectures on Convex Optimization, Springer New York, New York, 2004.

[91] O. Nevanlinna and A. H. Sipilä, A nonexistence theorem for explicit A-stable methods, Math. Comput. **28** (1974), 1053–1056.

[92] I. Newton, Philosophiae Naturalis Principia Mathematica, Londini anno MDCLXXXVII, 1687.

[93] E. J. Nyström, Ueber die numerische Integration von Differentialgleichungen, Acta Soc. Sci. Fenn. **50** (1925), 1–54.

[94] 大石進一（編著），精度保証付き数値計算の基礎，コロナ社，2018.

[95] Y. Omori, S. Chib, N. Shephard and J. Nakajima, Stochastic volatility with leverage: Fast and efficient likelihood inference, J. Econom. **140** (2007), 425–449.

[96] L. Peng and K. Mohseni, Symplectic model reduction of Hamiltonian systems, SIAM J. Sci. Comput. **38** (2016), A1–A27.

[97] G. R. W. Quispel and H. Capel, Solving ODEs numerically while preserving a first integral, Phys. Lett. A **218** (1996), 223–228.

[98] G. R. W. Quispel and D. I. McLaren, A new class of energy-preserving numerical integration methods, J. Phys. A **41** (2008), 045206.

[99] M. Raissi, P. Perdikaris and G. E. Karniadakis, Physics-informed neural networks: a deep learning framework for solving forward and inverse problems involving nonlinear partial differential equations, J. Comput. Phys. **378** (2019), 686–707.

[100] T. Robertson, F. T. Wright and R. L. Dykstra, Order Restricted Statistical Inference, John Wiley & Sons, Chichester, 1988.

[101] C. Runge, Ueber die numerische Auflösung von Differentialgleichungen, Math. Ann. **46** (1895), 167–178.

[102] J. M. Sanz-Serna, Runge–Kutta schemes for Hamiltonian systems, BIT **28** (1988), 877–883.

[103] J. M. Sanz-Serna, Symplectic Runge–Kutta schemes for adjoint equations, automatic differentiation, optimal control, and more, SIAM Rev. **58** (2016), 3–33.

[104] M. Schober, D. Duvenaud and P. Hennig, Probabilistic ODE solvers with Runge–Kutta means, In: Advances in Neural Information Processing Systems (NeurIPS), 2014.

[105] M. Schober, S. Särkkä and P. Hennig, A probabilistic model for the numerical solution

of initial value problems, Stat. Comput. **29** (2019), 99–122.

[106] D. Scieur, V. Roulet, F. Bach and A. d'Aspremont, Integration methods and optimization algorithms, Adv. Neural Inf. Process. Syst. **30** (2017).

[107] G. Strang, Linear Algebra and Learning from Data, Wellesley-Cambridge Press, Wellesley, MA, 2019.

[108] W. Su, S. Boyd and E. J. Candès, A differential equation for modeling Nesterov's accelerated gradient method: Theory and insights, J. Mach. Learn. Res. **17** (2016), 1–43.

[109] 杉原正顯，室田一雄，線形計算の数理，岩波書店，2009

[110] Y. B. Suris, On the conservation of the symplectic structure in the numerical solution of Hamiltonian systems (in Russian), in Numerical Solution of Ordinary Differential Equations, Keldysh Institute of Applied Mathematics, USSR Academy of Sciences, Moscow, 1988, 148–160.

[111] M. Suzuki, Fractal decomposition of exponential operators with applications to many-body theories and Monte Carlo simulations, Phys. Lett. A **146** (1990), 319–323.

[112] D. B. Szyld, The many proofs of an identity on the norm of oblique projections, Numer. Algorithms **42** (2006), 309–323.

[113] F. Tronarp, H. Kersting, S. Särkkä and P. Hennig, Probabilistic solutions to ordinary differential equations as nonlinear Bayesian filtering: a new perspective, Stat. Comput. **29** (2019), 1297–1315.

[114] F. Tronarp, S. Särkkä and P. Hennig, Bayesian ODE solvers: the maximum a posteriori estimate, Stat. Comput. **31** (2021), Paper No. 23, 18.

[115] T. M. Tyranowski and M. Kraus, Symplectic model reduction methods for the Vlasov equation, Contrib. Plasma Phys. **63** (2023), e202200046.

[116] K. Ushiyama, S. Sato and T. Matsuo, A unified discretization framework for differential equation approach with Lyapunov arguments for convex optimization, Advances in Neural Information Processing Systems 37 (NeurIPS2023), 2023.

[117] P. J. van der Houwen and B. P. Sommeijer, On the internal stability of explicit, m-stage Runge–Kutta methods for large m-values, Z. Angew. Math. Mech. **60** (1960), 479–485.

[118] C. van Eeden, Restricted Parameter Space Estimation Problems, Springer, New York, 2006.

[119] A. C. Wilson, B. Recht and M. I. Jordan, A Lyapunov analysis of accelerated methods in optimization, J. Mach. Learn. Res. **22** (2021), 1–34.

[120] H. Yoshida, Construction of high order symplectic integrators, Phys. Lett. A **150** (1990), 262–268.

[121] D. K. Zhang, An explicit 16-stage Runge–Kutta method of order 10 discovered by numerical search, Numer. Algorithms **96** (2024), 1243–1267.

索　引

ア

一段法　7

運動方程式　5

カ

加速勾配法　102

幾何学的数値解法　23

逆問題　84

共役勾配法　59

局所離散化誤差　15

近接点法　93

クリロフ部分空間法　59, 61

合成解法　41

構造保存数値解法　23

勾配流　92

固有直交分解　114

混合正規分布　148

サ

最急降下法　91

最適化問題　91

最尤推定　134

差分法　63, 122, 123

次数　15

射影作用素　121

射影法　34, 48

縮減モデル　114

縮小事前分布　146

状態空間モデル　133

常微分方程式　5

初期値問題　6

シンプレクティック Euler 法　31

シンプレクティック解法　37

シンプレクティック逆行列　129

シンプレクティック射影　128

シンプレクティック性　33

信用区間　152

随伴法　52, 135
　　2 次の―　59
　　シンプレクティック―　55

随伴方程式　52, 53
　　2 次の―　59

数値解析　3

鈴木のフラクタル　43

スペクトルノルム　116

精度　15

精度保証付き数値計算　140

接空間　46, 72

線形多段階法　105

双線形形式　31

ソリトン　122

タ

大域誤差　15

台形則　9

対称な解法　39

多段法　7

単調回帰　143

チェビシェフ多項式　99

調和振動子　62, 135

テイラー展開　14, 54

低ランク近似　66

データサイエンス　1

データ同化　50, 84, 133

動的低ランク近似　73

特異値分解　67, 115, 120

凸関数　92

ナ

根付き木　18

ハ

ハミルトン系　33, 128

微分方程式　1

フルモデル　112
フロベニウスノルム　66
分解解法　44

ヘッセ行列　59
変分方程式　52

ポアソン系　37, 131
保存量　24

マ

メモリ　85

ヤ

有限要素法　122

吉田のトリプル・ジャンプ　42

ラ

ラグランジュの未定乗数法　54

離散化誤差分散　143, 145
離散型経験的補間法　119
離散勾配法　34
離散変数法　7

欧数字

4 次元変分法　133

Allen–Cahn 方程式　63
A 安定　21

Butcher の実効次数法　44
Butcher の障壁　16
Butcher 配列　12
B 級数（Butcher 級数）　19

Cauchy–Schwarz の不等式　118

DEIM　119

Eckart–Young–Mirsky の定理　68

Euler 法
　陰的—　8
　陽的—　8, 136

FitzHugh–Nagumo 方程式　138, 150

Galerkin 射影　113
Gauss RK 法　13

Heun 法　13

KdV 方程式　122
KLS 法　80
KSL 法　80

Lie–Trotter 分解　44

MCMC 法　134

Neumann 境界条件　63
Neural operator　7

ODE Net　50

PAVA (pool adjacent violators algorithm)　145
PINNs　7
POD　114

Runge–Kutta 法　8, 136
　Gauss—　13
　安定化陽的—　99
　シンプレクティック—　77
　—の安定性　19
　—の安定領域　21
　—（の）精度　15
　—（の）内部段　11
　分離型—　30

Störmer–Verlet 法　32, 45, 46
Stiefel 多様体　46, 71
Strang 分解　45

Vlasov–Poisson 方程式　85
Vlasov 方程式　130

著者略歴

宮武 勇登
みやたけ ゆうと

2015 年　東京大学大学院情報理工学系研究科数理情報学専攻
　　　　　博士課程修了
　　　　　博士（情報理工学）
2015 年　名古屋大学大学院工学研究科計算理工学専攻
　　　　　助教
2018 年　大阪大学 D3 センター（旧サイバーメディアセンター）
　　　　　准教授
専門・研究分野　応用数学・数値解析
主要著訳書
『B 級数：数値解法の代数的解析』（J.C. ブッチャー著）
（三井斌友，佐藤峻と共訳，丸善出版，2024）

佐藤 峻
さ とう しゅん

2019 年　東京大学大学院情報理工学系研究科数理情報学専攻
　　　　　博士課程修了
　　　　　博士（情報理工学）
2019 年　東京大学大学院情報理工学系研究科数理情報学専攻
　　　　　助教
2025 年　東京都立大学大学院理学研究科数理科学専攻
　　　　　准教授
専門・研究分野　応用数学・数値解析
主要著訳書
『B 級数：数値解法の代数的解析』（J.C. ブッチャー著）
（三井斌友，宮武勇登と共訳，丸善出版，2024）

SGC ライブラリ-199
微分方程式の数値解析とデータサイエンス

2025 年 4 月 25 日 ⓒ　　　　　　　　初 版 発 行

著　者　宮武 勇登　　　　　発行者　森平 敏孝
　　　　佐藤 峻　　　　　　印刷者　山岡 影光

発行所　　　株式会社　サイエンス社

〒151-0051　東京都渋谷区千駄ヶ谷 1 丁目 3 番 25 号
営業 ☎ (03) 5474-8500（代）　　振替 00170-7-2387
編集 ☎ (03) 5474-8600（代）
FAX ☎ (03) 5474-8900　　　　　表紙デザイン：長谷部貴志

印刷・製本　三美印刷 (株)

《検印省略》

本書の内容を無断で複写複製することは，著作者および
出版者の権利を侵害することがありますので，その場合
にはあらかじめ小社あて許諾をお求め下さい.

サイエンス社のホームページのご案内
https://www.saiensu.co.jp
ご意見・ご要望は
sk@saiensu.co.jp　まで.

ISBN978-4-7819-1632-3

PRINTED IN JAPAN

SGC ライブラリ- 197 : for Senior & Graduate Courses

重点解説
モンテカルロ法と
準モンテカルロ法

鈴木航介・合田隆　共著

定価 2530 円

今日では，自然科学，工学全般，機械学習・深層学習を含む統計学，数理ファイナンス，グラフィックス，オペレーションズ・リサーチなど多様な分野でモンテカルロ法・準モンテカルロ法が使われている．本書では，モンテカルロ法・準モンテカルロ法を理解し，使えるようになることを目指す．

第 1 章　統計的推定とモンテカルロ法

第 2 章　乱数生成

第 3 章　分散減少法

第 4 章　マルチレベルモンテカルロ法

第 5 章　準モンテカルロ法の理論

第 6 章　再生核ヒルベルト空間

第 7 章　準モンテカルロ法─格子

第 8 章　準モンテカルロ法─デジタルネット

第 9 章　いくつかの応用

サイエンス社

SGC ライブラリ-160 : for Senior & Graduate Courses

時系列解析入門
[第2版]
線形システムから非線形システムへ

宮野尚哉・後藤田浩　共著

定価 2420 円

「時系列解析」は，自然現象，社会現象，両方の解明において重要である．18年を経た今回の改訂では初版を補強するとともに，情報エントロピーに基づく時系列解析と複雑ネットワーク科学に基づく時系列解析の章を，また，第3章と第5章ではそれぞれ，不規則遷移振動に基づくカオス現象論，および，リザーバーコンピューティングの時系列予測への応用に関する記述を追加した．

第1章　確率過程と時系列

第2章　線形予測

第3章　カオスと時系列

第4章　情報エントロピーとカオス

第5章　非線形予測

第6章　複雑ネットワークと時系列

サイエンス社

SGC ライブラリ- 180 : for Senior & Graduate Courses

リーマン積分から
ルベーグ積分へ
積分論と実解析

小川　卓克　著

定価 2530 円

積分の概念それ自身は非常に古い．それは，面積を求めることが，古来作物の作付け面積や，領土の確保と言った社会体制の基盤に直結する問題だったからである．本書では，Riemann 積分を起点に広義積分を導入し，広義積分と上半レベル集合によって Lebesgue 積分を定義し，Lebesgue 積分を基礎とした微積分学の再構築とそこから得られる解析学的応用の糸口までの解説を試みる．

第 0 章　序章 積分論の導入

第 1 章　Riemann 積分概説

第 2 章　Lebesgue 測度

第 3 章　Lebesgue 積分

第 4 章　Lebesgue 積分と収束定理

第 5 章　Lebesgue 非可測集合と Borel 集合体

第 6 章　直積測度と Fubini の定理

第 7 章　Radon-Nikodym の定理

第 8 章　Lebesgue 空間 L^p の性質

第 9 章　極大函数と Hardy-Littlewood の定理

第 10 章　函数の再配列と Lorentz 空間

サイエンス社

SGC ライブラリ- 185 : for Senior & Graduate Courses

深層学習と統計神経力学

甘利　俊一　著

定価 2420 円

驚くほどの速さで発展を続ける AI の中核技術である超多層の深層学習．その原理は未だよく理解されているとは言い難い．本書は，深層学習がうまく働く仕組みを統計神経力学の手法を用いて理論的に明らかにしたいと考えた著者の試みと成果を伝える．「数理科学」誌に連載された論説に，深層学習の仕組みと歴史をまとめた序章をはじめ，新たな章を加え一冊にまとめた待望の書．

序　章　深層学習：その仕組みと歴史

第1章　層状のランダム結合神経回路

第2章　深層ランダム神経回路による信号変換

第3章　再帰結合のランダム回路と統計神経力学の基礎

第4章　深層回路の学習

第5章　神経接核理論（NTK）

第6章　自然勾配学習法と Fisher 情報行列―学習の加速

第7章　汎化誤差曲線：二重降下

第8章　巨視的変数の力学，神経場の力学

サイエンス社

SGC ライブラリ-176 : for Senior & Graduate Courses

確率論と関数論
伊藤解析からの視点

厚地　淳　著

定価 2530 円

確率微積分から関数論の何が見えるか．学部 4 年から修士課程程度の数学・応用数理系の学生を対象に，予備知識として，解析学，積分論，確率論，関数論，微分幾何の初歩を仮定していくつかの話題を紹介．

第 1 章　確率微積分からの準備

第 2 章　調和関数とブラウン運動

第 3 章　リーマン多様体上のブラウン運動

第 4 章　多様体上のブラウン運動と関数論

第 5 章　調和写像・正則写像とブラウン運動

第 6 章　ネヴァンリンナ理論とブラウン運動

第 7 章　補遺

サイエンス社